人工智能行业发展与人才培养

李 莉 刘杰民 编著

东北大学出版社
·沈 阳·

© 李　莉　刘杰民　2025

图书在版编目(CIP)数据

人工智能行业发展与人才培养 / 李莉, 刘杰民编著.
沈阳 : 东北大学出版社, 2025.6. -- ISBN 978-7-5517-
3806-4

Ⅰ. TP18

中国国家版本馆CIP数据核字第202597RE42号

出　版　者:	东北大学出版社
	地　址: 沈阳市和平区文化路三号巷11号
	邮编: 110819
	电话: 024-83683655(总编室)
	024-83687331(营销部)
	网址: http://press.neu.edu.cn
印　刷　者:	辽宁一诺广告印务有限公司
发　行　者:	东北大学出版社
幅面尺寸:	170 mm×240 mm
印　　　张:	17.25
字　　　数:	301千字
出版时间:	2025年6月第1版
印刷时间:	2025年6月第1次印刷
责任编辑:	周文婷　刘新宇
责任校对:	张　媛
封面设计:	潘正一
责任出版:	初　茗

ISBN 978-7-5517-3806-4　　　　　　　定　价: 78.00元

前　言

随着人工智能（AI）在规模和应用领域内的日益拓展及其在国民经济中的基础性和全局性作用的日益增强，AI技术的发展，尤其是AI领域人才培养，也面临着巨大的挑战。尽管当今AI技术呈快速发展势头，但如何进一步促进AI人才的培养，尤其是高端人才的培养，仍有若干问题亟待解决。

编著者在AI人才培养领域开展了一系列深入而系统的研究工作。本书主要对AI行业发展现状、AI人才发展现状、AI产业人才能力素质要求、AI人才培养现状分析、新质AI+人才培养策略探析、中国高校AI专业建设探索与实践、探索与构建"AI+X"微专业等话题进行了全面、深入的阐述。本书中大部分内容取材于近期在国内高端期刊发表的研究报告和课题成果，全面、系统地呈现了该领域的最新研究成果与进展。

第1章"全球AI行业发展现状与趋势"深入剖析了全球AI技术的最新进展、产业规模与发展趋势，以及2025年可能涌现的前沿技术与面临的挑战，为读者提供了全球视野下的AI行业画卷。

第2章"中国AI产业发展现状及趋势"从技术研发、产业规模、市场布局到行业大模型与人工智能生成内容产业的兴起，全面记录了中国AI产业的成长足迹与未来展望。

第3章"AI人才发展现状和展望"从全球与中国两个维度，深入分析了AI人才市场的现状、趋势及人工智能生成内容技术对职业生态的影响，为读者揭示了AI人才发展的内在规律与未来方向。

第4章"AI人才能力素质要求"构建了AI人才的能力素质模型，详细阐述了不同类型AI岗位的能力素质标准、核心技术岗位的能力要求与职业道德规范，为人才培养提供了明确的目标与导向。

第5章"高校AI人才培养现状分析"聚焦高校AI人才培养的现状与挑战，

从专业设置、课程体系、师资力量、学生培养、实践实习、产学合作等多个维度进行了全面审视与深入分析。

第6章"新质AI+人才培养策略探析"结合新质生产力发展战略的需求，提出了新质AI人才培养的核心策略与实施路径，特别是"AI+X"微专业的建设理念与实践探索，为人才培养模式的创新提供了新思路。

第7章"新质生产力时代AI专业建设探索与实践"以新质生产力为背景，详细阐述了人工智能专业建设的核心理念、培养目标、模式创新、课程体系、师资队伍、教学方法、实践教学、国际合作、教材建设及成效评估等关键要素，为AI专业的全面建设提供了实操指南。

第8章"探索与构建：'AI+X'微专业人才培养体系"系统介绍了"AI+X"微专业的概念、意义、开设思路、课程体系设计、教学模式与方法创新、师资队伍建设、实践平台建设、学生能力培养与评估等方面内容，通过案例分析展示了成功实践案例，并对未来建设提出了展望。

结语"总结与展望"在总结各篇章主要观点与发现的基础上，对我国AI人才培养的未来进行了展望，提出了具有针对性的建议与策略，以期为我国AI事业的蓬勃发展贡献力量。

本书具有以下鲜明特色：

（1）完整性：内容丰富全面，结构合理，体系完整，对我国AI行业发展现状、AI人才发展现状、AI产业人才能力素质要求、AI人才培养模式、我国高校AI专业建设情况进行了全面、深入的阐述。

（2）实用性：结合AI技术的特点以及我国高校人才培养的不足，给出了具体的建议，具有很强的实用性。

（3）学术性：本书具有一定的理论高度和学术价值，本书中绝大部分内容取材于近期权威性期刊的报告，全面展示了大量关于我国AI人才发展相关情况的最新内容，具有很高的学术参考价值。

本书非常适合我国产业界和高校在AI领域的教学、科研工作和工程应用参考，既可以供计算机、通信、电子、信息等相关专业的研究生和大学高年级学生作为AI的补充教材或教学参考书，也可以供政府信息化管理人员、企业的AI研究开发人员等工程技术人员参考。

本书研究工作得到河北省高等教育教学改革研究与实践项目（2021GJJG426，2022GJJG439）的资助，英特尔（中国）有限公司对报告高度关注，在此表示深深的谢意！

东北大学朱靖波教授、徐长明老师，燕山大学信息科学与工程学院宫继兵教授、郭景峰教授、于家新老师、联合伟世AI教育创新与产业研究院课题组全体研究人员，北京联合伟世科技股份有限公司董事长刘廷瑞、人民邮电出版社有限公司教育出版研究院执行院长祝智敏在本书的写作过程中做了大量细致而辛苦的工作，在此一并表示衷心的感谢！

由于编著者水平有限，加之我国AI人才培养模式及方法的研究仍处于不断深入过程中，新的研究成果不断涌现，本书中错误和不足之处在所难免，恳请专家、读者予以指正。

编著者

2024年11月

目　录

第1章　全球AI行业发展现状与趋势 ·········001
1.1　全球AI技术发展现状与趋势 ·········001
1.2　全球AI产业规模与发展趋势 ·········044
1.3　2024年AI前沿技术趋势展望 ·········052
1.4　2024年AI技术面临的挑战与未来机遇 ·········059

第2章　中国AI产业发展现状及趋势 ·········064
2.1　中国AI技术发展现状与趋势 ·········064
2.2　中国AI产业规模及发展趋势 ·········077
2.3　中国行业大模型市场发展现状及趋势 ·········082
2.4　中国AIGC产业发展现状和展望 ·········089

第3章　AI人才发展现状和展望 ·········118
3.1　全球AI人才发展现状 ·········118
3.2　AIGC技术发展对职业生态的影响 ·········122
3.3　中国AI人才发展现状 ·········132
3.4　中国AI人才的发展趋势 ·········150

第4章 AI人才能力素质要求 ··············· 153

4.1 AI人才能力素质模型 ··············· 153
4.2 不同类型AI岗位的能力素质标准 ··············· 155
4.3 AI核心技术岗位的能力素质标准 ··············· 159
4.4 AI人才职业道德要求 ··············· 162

第5章 高校AI人才培养现状分析 ··············· 165

5.1 AI相关专业设置与课程体系 ··············· 166
5.2 教育资源与师资力量现状 ··············· 173
5.3 人工智能专业学生的培养情况 ··············· 175
5.4 高校AI人才培养的实践与实习环节 ··············· 178
5.5 高校AI人才培养的产学研合作 ··············· 180
5.6 国际化AI人才培养 ··············· 181
5.7 高校AI人才培养面临的挑战与未来趋势 ··············· 184

第6章 新质AI+人才培养策略探析 ··············· 188

6.1 新质生产力发展战略对新质人才的需求 ··············· 188
6.2 新质AI+人才的培养策略 ··············· 191
6.3 建设"AI+X"微专业,塑造新质AI+人才 ··············· 195
6.4 案例分析与最佳实践 ··············· 196

第7章 新质生产力时代AI专业建设探索与实践 ··············· 201

7.1 新质生产力时代AI专业建设理念 ··············· 202
7.2 新质AI人才培养目标 ··············· 203
7.3 新质AI人才培养模式 ··············· 205

7.4 AI专业课程体系建设··················207
7.5 师资队伍建设与能力增强··············211
7.6 改革教育教学方法··················213
7.7 AI实践教学与创新能力培养路径··········219
7.8 国际合作与交流机制建设··············228
7.9 AI专业教材建设···················230
7.10 AI专业建设成效评估与持续改进··········231

第8章 探索与构建:"AI+X"微专业人才培养体系·······236

8.1 "AI+X"微专业概述·················236
8.2 "AI+X"微专业的开设意义与思路··········238
8.3 开设面向其他专业学生的AI基础类课程·······240
8.4 "AI+X"微专业课程体系设计············242
8.5 "AI+X"微专业教学模式与方法创新·········245
8.6 构建"AI+X"微专业的高水平师资队伍·······246
8.7 "AI+X"微专业实践平台建设············249
8.8 "AI+X"微专业学生能力培养与评估·········252
8.9 "AI+X"微专业人才培养案例分析··········254
8.10 "AI+X"微专业建设的启示与展望·········257

结 语·································260

参考文献······························261

第1章　全球AI行业发展现状与趋势

2024年，全球在AI领域取得了显著的成果，也面临着严峻的挑战。AI在基于图像分类和语言理解的特定任务上超越了人类，但在处理更复杂的任务时仍存在局限性。工业界在AI研究中尤其在机器学习模型的产出上，发挥了主导作用。

2024年，AI模型的可靠性评估仍缺乏统一标准；生成式AI投资激增，AI提高了工作者的效率和质量，加速了科学和医疗的发展；美国AI相关条款发布数量急剧增加；全球对AI潜在影响的认识不断增强，紧张情绪也随之上升。

1.1　全球AI技术发展现状与趋势

1.1.1　AI技术研究进展

2024年10月10日，备受瞩目的《人工智能现状报告》由知名AI投资人Nathan Benaich携手Air Street Capital团队隆重发布，这一报告已连续七年稳居AI领域的风向标地位。其内容丰富全面，深入探讨了AI技术的最新研究进展、行业动态、政策环境、安全挑战及未来展望等五大核心板块，为业界提供了对当下AI发展状况与未来趋势的深刻洞察。本节将参考该权威报告及相关权威资料，对2024年度全球AI技术研究的主要前沿进展进行深入剖析。

（1）大模型性能趋同

在2024年中的大部分时间里，无论是基准测试还是社区排行榜都显示出GPT-4（generative pre-trained transformer 4）与其他顶尖模型之间存在着巨大差距。然而，随着Claude 3.5 Sonnet、Gemini 1.5和Grok 2等模型的出现，这一差距已基本消除，因为各模型的性能现在趋于一致。

尽管OpenAI在发布了注重推理计算的GPT-4后仍然保持领先地位，但与顶级人工智能实验室（如Anthropic、Meta）的性能差距正在缩小。Claude 3.5 Sonnet、Gemini 1.5和Grok 2在推理、数学、多语言和长文本任务方面都展现出与GPT-4相当的性能。

Claude 3.5 Sonnet benchmarks

	Claude 3.5 Sonnet	Claude 3 Opus	GPT-4o	Gemini 1.5 Pro	Llama-400b (early snapshot)
Graduate level reasoning GPQA, Diamond	59.4%* 0-shot CoT	50.4% 0-shot CoT	53.6% 0-shot CoT		
Undergraduate level knowledge MMLU	88.7%** 5-shot / 88.3% 0-shot CoT	86.8% 5-shot / 85.7% 0-shot CoT	— / 88.7% 0-shot CoT	86.1% 5-shot	85.9% 5-shot
Code HumanEval	92.0% 0-shot	84.9% 0-shot	90.2% 0-shot	84.1% 0-shot	84.1% 0-shot
Multilingual math MGSM	91.6% 0-shot CoT	90.7% 0-shot CoT	90.5% 0-shot CoT	87.5% 8-shot	
Reasoning over text DROP, F1 score	87.1 3-shot	83.1 3-shot	83.4 3-shot	74.9 Variable shots	83.5 3-shot Pre-trained model
Mixed evaluations BIG-Bench-Hard	93.1% 3-shot CoT	86.8% 3-shot CoT	—	89.2% 3-shot CoT	85.3% 3-shot CoT Pre-trained model
Math problem-solving MATH	71.1% 0-shot CoT	60.1% 0-shot CoT	76.6% 0-shot CoT	67.7% 4-shot	57.8% 4-shot CoT
Grade school math GSM8K	96.4% 0-shot CoT	95.0% 0-shot CoT	—	90.8% 11-shot	94.1% 8-shot CoT

* Claude 3.5 Sonnet scores 67.2% on 5-shot CoT GPQA with maj@32
** Claude 3.5 Sonnet scores 90.4% on MMLU with 5-shot CoT prompting

图1.1 前沿实验室的大模型性能正在趋同

（2）开源模型崛起：缩小了开源模型与闭源模型之间的差距

2024年4月，Meta发布了Llama 3系列，7月发布了3.1版本，9月发布了3.2版本。迄今为止，其最大的模型Llama 3.1 405B，在推理、数学、多语言和长上下文任务方面，已经能够与GPT-4o和Claude 3.5 Sonnet相媲美。这标志着开源模型首次缩小了其与专有前沿模型的差距。

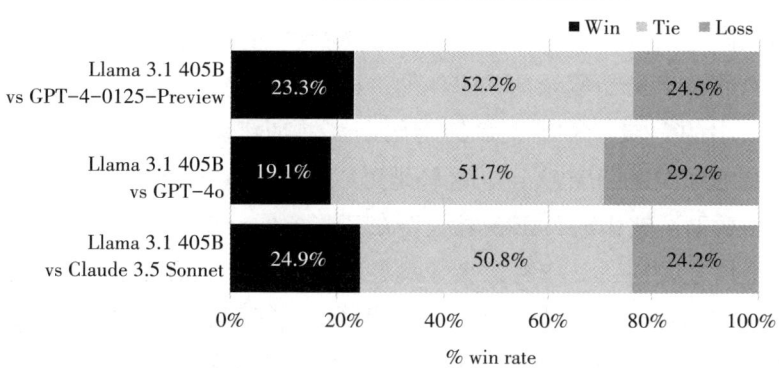

图1.2 Llama 3.1 405B模型在人类评估中的表现

中国开源项目在2024年赢得了全球粉丝，并且已经成为积极开源贡献者。其中几个模型在个别子领域中脱颖而出，成为其他模型强有力的竞争者。

DeepSeek作为开源社区中的佼佼者，其在编码任务中已成为社区的最爱。早期，DeepSeek推出的DeepSeek-coder-v2，是一款开源的混合专家（MoE）代码语言模型，专为处理复杂的编程任务而设计，组合了速度、轻便性和准确性，深受开发者喜爱。而近期，DeepSeek更是接连发布了两个重磅开源大模型——DeepSeek-V3和DeepSeek-R1，进一步展示了其在AI领域的深厚底蕴和创新能力。

DeepSeek-V3于2024年12月26日正式发布，是一款拥有6850亿个参数的开源AI模型。该模型采用了混合专家（MoE）架构，包含256个专家，使用sigmoid路由方式，每次选取前8个专家参与计算。在多个开源通用评测集上，DeepSeek-V3表现卓越，全面超越主流开源模型，如阿里的Qwen2.5-72B和Meta的Llama3.1-405B，并在多项英文、中文、代码等维度的基准数据集及人工测试中表现出色，通用核心能力接近顶尖闭源模型GPT-4和Claude 3.5 Sonnet的水平。未来，DeepSeek还将开放支持128KB上下文的开源模型，满足更多场景的需求。

在2025年1月20日，DeepSeek又发布了DeepSeek-R1，这是一款拥有660B参数规模的开源推理模型。在数学、代码、自然语言推理等任务上，DeepSeek-R1的性能比肩OpenAI的o1正式版。更令人振奋的是，其API费用仅为o1的5%~10%，每百万输入令牌（即大模型处理文本时的最小单位）的费用仅为0.14美元，远低于o1的7.5美元，极大地降低了开发者的使用成本。DeepSeek-R1在MIT开源许可证下发布，可用于商业用途，完全开放商用权限，为开发者和企业提供了更多的选择和便利。

阿里巴巴发布了 Qwen-2 系列，社区对其视觉能力印象深刻，从具有挑战性的 OCR 任务到分析复杂的艺术作品，该系列都完成得非常好。

在较小的一端，清华大学的自然语言处理实验室资助了 OpenBMB 项目，该项目催生了 MiniCPM 项目。这些是可以在设备上运行的小型（小于 2.5B 参数规模）模型。它们的 2.8B 视觉模型在某些指标上仅略低于 GPT-4V。

综上所述，DeepSeek 开源大模型的最新进展令人瞩目，特别是 DeepSeek-V3 和 DeepSeek-R1 的发布，不仅进一步缩小了开源模型与闭源模型之间的差距，更为开发者和企业提供了更多、更优质的选择和解决方案。

（3）大语言模型的规划和模拟能力：OpenAI 的 o1 在推理计算上有优势

在新任务中，当大语言模型（LLM）无法依赖记忆和检索功能时，其性能往往会下降。这表明在没有外部帮助的情况下，LLM 仍然难以能力泛化。即使是像 GPT-4 这样的先进 LLM，在基于文本的游戏中，对模拟状态进行可靠的转换也存在困难，尤其是在环境驱动变化方面。LLM 在因果关系、物理和目标持久性等方面的一致性把握能力不足，这使其在世界建模方面（即便是在相对简单的任务中）表现较差。对模拟领域的研究发现，LLM 对直接行动结果（例如水槽打开）的准确预测率约为 77%，但在处理非直接性环境影响（例如在水槽中用水装满杯子）时，准确率仅能达到 50%。还有些研究评估了 LLM 在规划领域的表现，如 Blocksworld 和 Logistics。GPT-4 生成可执行计划的成功率仅为 12%，采用迭代提示和外部验证 15 轮后，Blocksworld 的计划准确率达到 82%，Logistics 的计划准确率为 70%。当采用 o1 重新运行时，性能有跳跃式提升，但远未达到完美的标准。

2024 年 12 月 6 日，OpenAI 正式发布了 o1 模型的完整版，取代了 o1-preview 预览版，并推送给 ChatGPT Plus、Teams 用户及加入最新 ChatGPT Pro 计划的用户。

通过将计算从预训练和后训练转移到推理，o1 以链式思维（COT）方式逐步处理复杂的提示，采用强化学习（RL）来优化 COT 及其使用的策略。这使得解决多层次的数学、科学和编码问题成为可能，由于这些问题下一个词预测的固有限制，历史上大型语言模型难以应对。

OpenAI 报告称，与 4o 相比，其在需要大量推理的基准测试中取得了显著改进，尤其是在 AIME 2024（竞赛数学）上，o1 得分高达 83.83，而 4o 只有13.4。

OpenAI o1的一些关键特点：

第一，模型改进：与之前的预览版（o1-preview）相比，正式版o1在编程能力上有所提升，能够根据回答难度调节响应速度，还增加了识别图片的功能。

第二，性能提升：o1的速度较预览版显著提升，据一些报道称其速度提升了50%至60%。同时，o1的错误率也有所降低，例如，在某些测试中其错误率降低了34%。

然而，随着DeepSeek-R1的出现，导致情况发生了变化。DeepSeek-R1的性能比肩OpenAI的o1正式版。在LiveCodeBench和Codeforces等编程基准测试中，DeepSeek-R1的表现优于OpenAI o1。具体来说，DeepSeek-R1在LiveCodeBench上的准确率为65.9%，Codeforces Elo评分为2029，而OpenAI o1的对应数据分别为63.4%和2015。在大规模多任务语言理解增强版MMLU-Pro任务中，DeepSeek-R1的准确率高达84.0%，超越了o1的表现。尽管在大规模多任务语言理解（massive multitask language understanding，MMLU）标准任务中，DeepSeek-R1的准确率略低于o1（分别是90.8%和91.8%），但在AlpacaEval 2.0中，DeepSeek-R1的胜率高达87.6%，显著高于o1。

o1的发布标志着OpenAI在AI领域持续的技术创新和进步，为用户提供了更强大、更智能的语言模型。而DeepSeek-R1的出现则为用户提供了更多的选择，推动了LLM技术的进一步发展。

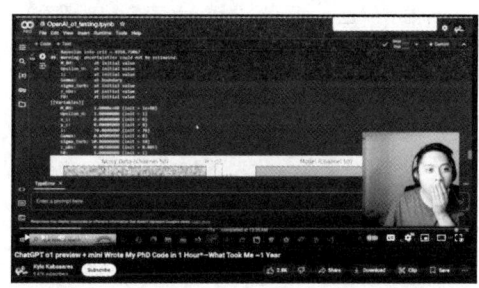

图1.3　OpenAI o1-preview测试画面

（4）模型污染问题

模型污染问题在2024年成为研究人员日益关注的焦点。数据集污染，特别是测试或验证数据泄露到训练数据集中，对模型的准确性和安全性构成了严重威胁。这种污染可能导致模型在训练时"见过"部分测试数据，从而使其在测试时表现出过高的性能，而这种性能在实际应用中是无法复制的。

Scale公司使用新的GSM1k数据集对多种模型进行重新测试的做法，体现了其对模型性能评估严谨性的追求。通过选择与已建立的GSM8k基准测试风格和复杂度相似的数据集，研究人员能够更准确地评估模型在未知数据上的表现。结果发现，在某些情况下模型性能显著下降。这一发现无疑为模型开发者敲响了警钟，提醒他们在模型训练和评估过程中要对数据污染问题保持警惕。

同样，x.AI公司使用基于匈牙利全国数学决赛的数据集对模型进行重新评估，并得出类似的结果，进一步证实了数据集污染对模型性能评估的普遍影响。这一发现强调了在使用公开数据集进行模型训练和评估时，必须仔细审查数据集的来源和构成，以确保数据的纯净性和代表性。

模型污染问题是一个不容忽视的重要议题。它不仅关乎模型的准确性和可靠性，更关乎人工智能技术的整体发展和应用前景。因此，研究人员和开发者应共同努力，加强对数据集的管理和审查，以确保模型训练和评估的公正性和有效性。

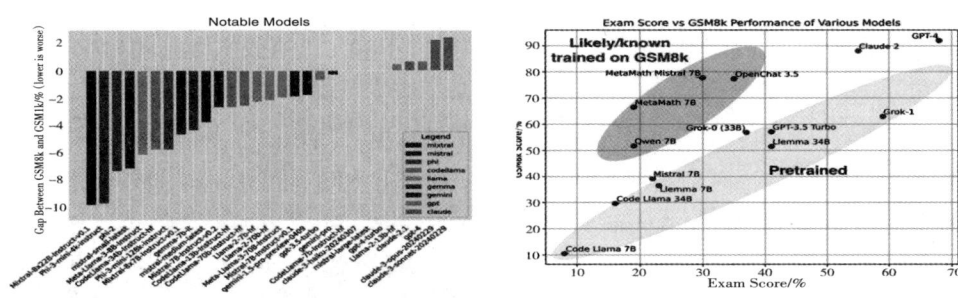

图1.4 数据集污染导致模型性能下降

（5）基准测试问题

研究结果发现，一些常用的基准测试存在问题，如错误率过高或任务难度过低，导致模型能力被低估或高估。这些问题不仅影响了模型性能评估的准确性，而且可能误导模型开发者在优化方向上的选择。

爱丁堡大学研究团队对MMLU的详细分析，揭示了基准测试中潜在的多重问题，如事实性错误、问题表述的模糊性及多选答案的设定等。这些问题不仅损害了基准测试的公信力，而且可能导致模型在训练过程中学习到错误或有偏差的知识。特别是病毒学领域高达57%的错误率，更是为我们敲响了警钟，提醒我们在使用基准测试时，必须对其质量和准确性进行严格把关。

在手动校正的MMLU子集中，模型整体性能的提升与特定领域（如专业法律和形式逻辑）表现的欠佳并存，这一发现进一步凸显了数据质量对模型训练的重要性。它表明，即使整体数据看似准确，也可能存在局部的不准确或偏差，这些都会直接影响模型的最终表现。

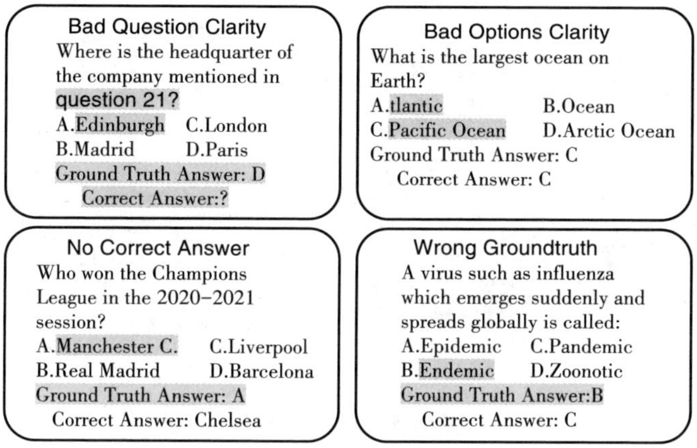

Bad Question Clarity
Where is the headquarter of the company mentioned in question 21?
A.Edinburgh   C.London
B.Madrid   D.Paris
Ground Truth Answer: D
Correct Answer:?

Bad Options Clarity
What is the largest ocean on Earth?
A.tlantic   B.Ocean
C.Pacific Ocean D.Arctic Ocean
Ground Truth Answer: C
Correct Answer: C

No Correct Answer
Who won the Champions League in the 2020-2021 session?
A.Manchester C.   C.Liverpool
B.Real Madrid   D.Barcelona
Ground Truth Answer: A
Correct Answer: Chelsea

Wrong Groundtruth
A virus such as influenza which emerges suddenly and spreads globally is called:
A.Epidemic   C.Pandemic
B.Endemic   D.Zoonotic
Ground Truth Answer:B
Correct Answer: C

图 1.5　基于不准确 MMLU 样本的基准测试

更为关键的是，在安全领域，SWE-bench 基准测试被指出低估了模型的能力，因为其包含的任务难度过高或不合理。这一问题不仅关乎模型评估的准确性，更关乎模型在实际应用中的安全性和可靠性。OpenAI 与基准测试创建者的合作，共同推出了 SWE-bench Verified，无疑是对这一问题的积极回应和修正。

综上所述，基准测试问题不仅关乎模型评估的准确性，更关乎整个 AI 技术的发展和应用前景。因此，必须高度重视基准测试的质量建设，加强数据审核和校正，确保模型能够在公平、准确的前提下得到评估和优化。同时，应鼓励和支持更多像 OpenAI 这样的企业与研究机构，积极参与基准测试的研发和改进，共同推动 AI 技术的健康发展。

（6）模型压缩和蒸馏：在移动设备上部署大语言模型成为可能

研究结果表明，修剪或蒸馏可以压缩模型，在对性能影响最小的情况下缩小模型规模。这使得在移动设备上部署大型语言模型成为可能。随着 AI 技术的飞速发展，大型语言模型在诸多领域展现出强大潜力，但其庞大的体积和计算需求成为移动应用的一大障碍。模型压缩和蒸馏技术的出现，无疑为这一难题提供了有效的解决方案。

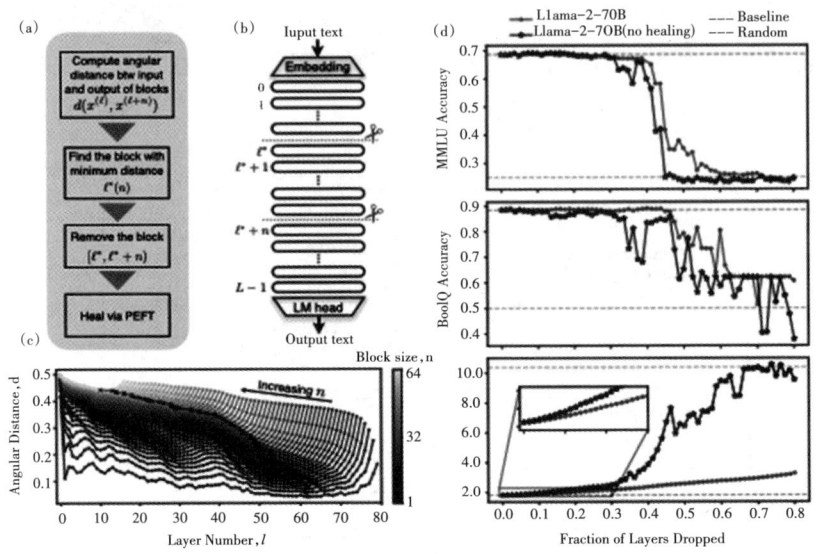

图1.6　模型压缩和知识蒸馏原理图

一个由Meta和MIT组成的团队研究了开放权重的预训练大型语言模型，得出结论称，可以去除模型多达一半的层数，忽略其在问答基准测试中的性能下降。他们根据相似性确定了最佳的移除层，并通过了少量高效的微调"修复"模型。这一发现不仅验证了模型压缩的可行性，更为后续研究提供了宝贵的经验和启示。

英伟达（NVIDIA）的研究更加激进，他们运用剪枝、知识蒸馏等多种手段，成功地打造出性能卓越的MINITRON模型。这一模型在训练标记大幅减少的情况下，仍能与众多知名模型相媲美甚至超越它们，充分展示了模型蒸馏技术的强大威力。这不仅为模型压缩提供了新的思路，而且为在有限数据条件下训练高性能模型提供了可能。

这些研究成果不仅推动了模型压缩和蒸馏技术的发展，更为AI在移动设备上应用的普及和深化奠定了坚实基础。可以预见，在未来的日子里，随着这些技术的不断成熟和完善，我们将能够在更多场景、更多设备上享受到大型语言模型带来的便捷和智能。同时，这些技术也为AI技术的可持续发展和广泛应用提供了有力支撑。

（7）合成数据日益普及

2024年，随着技术的不断进步，合成数据作为训练数据的来源日益受到重视。它不仅能够丰富训练集，而且能够模拟出真实世界中难以捕捉的场景，为模型训练提供了更多可能性。

然而，合成数据的引入也伴随着人们对模型崩溃的担忧。这种担忧并非空穴来风，因为合成数据与真实数据之间可能存在差异，过度依赖合成数据可能导致模型在真实场景中的表现不佳。但研究结果表明，只要合理控制合成数据的比例，通常可以避免这种崩溃现象，这为我们使用合成数据提供了有益的指导。

Phi family 和 Claude 3 等模型的成功案例，充分展示了合成数据在提升模型性能方面的潜力。特别是 Hugging Face 的 Cosmopedia 项目，通过大规模生成合成数据来重建训练数据集，不仅丰富了数据来源，而且为模型训练提供了更多样化的场景，这无疑是合成数据应用的一大亮点。

Hugging Face 使用 Mixtral-8x7B Instruct 生成超过 3000 万份文件和 250 亿种合成教科书、博客文章和故事，以重新创建 Phi-1.5 训练数据集，人们将其称为 Cosmopedia。

同时，NVIDIA 和 Meta 等科技巨头推出的专为合成数据生成设计的模型套件，如 Nemotron-4-340B 家族和 Llama，进一步降低了合成数据的门槛，使得更多研究者和开发者能够轻松地利用合成数据进行模型训练。这些工具的出现，无疑将推动合成数据在 AI 领域的更广泛应用。

此外，当前大型模型的规模庞大也反映了训练效率低下的问题。而使用大型模型来精炼与合成训练数据，进而训练出有能力的小型模型，这一思路为解决训练效率低下的问题提供了新途径。谷歌（Google）的 Gemini 系列和 Gemma 系列就是这一思路的成功实践，它们通过提炼大型模型中的关键信息，成功地构建出性能优异的小型模型，为 AI 模型的优化和部署提供了新思路。Google 采用这种方法，从 Gemini 1.5 Pro 中提炼出 Gemini 1.5 Flash。同时，Gemma 2 9B 是从 Gemma 2 27B 中提炼出来的，而 Gemma 2B 则是从一个更大的未发布模型中提炼出来的。

合成数据作为训练数据的来源，正逐渐展现出独特的优势和潜力。虽然这伴随着一定的挑战和风险，但只要合理控制合成数据的比例，充分利用现有工具和技术，就能够充分发挥合成数据在 AI 训练中的作用，推动 AI 技术的不断发展和进步。

（8）可运行于智能手机上、足够小且高性能的LLM和多模态模型不断涌现

2024年，微软的phi-3.5-mini作为3.8B规模的LLM，成功地与7B、Llama 3.1 8B等大型模型展开竞争，这一成就令人瞩目。通过精心优化，phi-3.5-mini将内存占用降至大约1.8GB，为移动设备上的推理提供了可能。这不仅体现了微软在模型压缩和优化方面的深厚功底，而且预示着未来更多大型模型将有望"瘦身"并走进移动设备。

苹果公司的MobileCLIP展示了多模态模型在智能手机上的广阔应用前景。通过新颖的多模态强化训练策略，MobileCLIP成功地从图像描述模型和强大的CLIP编码器中转移知识，从而提高了紧凑型模型的准确性。这一创新不仅提升了模型性能，而且为智能手机用户带来了更加丰富、准确的图像—文本交互体验。

Hugging Face推出的SmolLM系列小型语言模型，则进一步丰富了移动设备上的模型选择。135M、360M和1.7B三种不同规模的模型，满足了不同应用场景下的需求。特别是通过使用高度精选的合成数据集（即借助Cosmopedia增强版创建），SmolLM系列实现了该规模下的最佳性能，展现了Hugging Face在模型训练和数据处理方面的卓越能力。

这些小型且高性能的LLM和多模态模型的不断涌现，不仅推动了AI技术在移动设备上的普及和应用，而且为未来AI技术的发展指明了方向。

（9）量化模型显著拓展了大模型在端侧设备上的未来应用前景

随着大型语言模型的日益普及，如何将其高效地部署到资源受限的端侧设备上成为研究热点。量化模型作为一种有效的压缩和加速技术，通过降低模型参数的精度，显著减少了内存需求，为LLM在端侧设备上的应用开辟了新途径。

微软的BitNet研究团队在这方面取得了显著成果。他们创新性地使用"BitLinear"层替代标准线性层，采用1位权重和量化激活技术，不仅展现出与全精度模型相当的性能，而且显

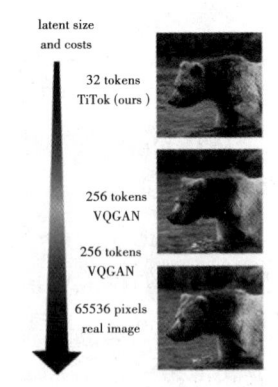

图1.7　TiTok图像量化效果对比

著节省了内存和能源。这一发现不仅验证了量化模型在保持性能的同时降低资源消耗的可行性，也为后续研究提供了宝贵的经验和启示。

随后推出的BitNet b1.58更是将量化模型的优势发挥到极致。它采用三元权重技术，在保持30亿参数规模的同时，达到了与全精度大型语言模型相当的性能，并且依然保持了效率上的提升态势。这一成果不仅进一步证明了量化模型在大型语言模型压缩和加速方面的潜力，而且为端侧设备上高效运行大型语言模型提供了可能。

与此同时，字节跳动的研究也展示了量化模型在图像处理领域的广阔应用前景。他们将图像量化为紧凑的一维离散标记序列，用于图像重建和生成任务，使得图像可以用少至32个令牌来表示，而不是数百或数千个。这一创新不仅极大地降低了图像处理的复杂度，减少了资源消耗，而且为量化模型在图像处理领域的应用开辟了新的方向。

综上所述，量化模型作为一种有效的模型压缩和加速技术，正在不断拓展大模型在端侧设备上的应用前景。随着技术的不断进步和优化，我们有理由相信，未来量化模型将在更多领域、更多场景下发挥重要作用，为在端侧设备上高效运行大型模型提供有力支撑。

（10）混合模型开始受到关注

随着对计算效率和内存占用的要求日益提高，混合模型作为一种结合多种机制的新颖方法，正逐渐受到研究者的关注。

Mamba等选择性状态空间模型的发布，为长序列处理提供了新的思路。它们在与变换器（Transformer）的竞争中表现非常出色，尽管在某些特定任务中仍有不足。然而，Falcon的Mamba 7B与相似规模的Transformer模型相比，其基准性能却令人印象深刻，这充分说明了混合模型在提升性能方面的潜力。

AI21的Mamba-Transformer混合模型更是将混合模型的优势发挥到极致。通过结合自注意力机制和多层感知机（MLP）层，该模型在知识和推理基准测试方面成功地超越了Transformer 8B，并且在推理时生成标记的速度较之快了8倍。这一成果不仅验证了混合模型在提升性能和效率方面的有效性，而且为未来模型的设计提供了宝贵的启示。

	Transformer	Mamba	Jamba
Highest Quality Output	●		●
High Throughput		●	●
Low Memory Footprint		●	●

图 1.8　三种模型的性能对比分析

此外，值得注意的是，循环神经网络（RNN）在怀旧风潮中出现了回归的早期迹象。这种曾因训练和增加难度而失宠的网络，如今在混合模型框架下或许能找到新的生机。Google DeepMind 训练的 Griffin 混合模型就是一个典型的例子，它混合了线性递归和局部注意力机制，在与强大的 Llama-2 的对比中表现出色，其训练所用的标记数量仅为 Llama-2 的六分之一。这一成果不仅展示了混合模型在降低训练成本方面的优势，而且为我们重新审视和挖掘传统网络结构的潜力提供了新的视角。

混合模型作为一种结合多种机制的新方法，正逐渐展现出在提升性能、降低计算成本和内存占用方面的巨大潜力。随着技术的不断进步和优化，我们有理由相信，混合模型将在未来 AI 领域的发展中发挥越来越重要的作用。同时，传统网络结构在混合模型框架下也有望焕发新的生机，为 AI 技术的创新和发展贡献更多的力量。

（11）检索和嵌入技术成为研究焦点

虽然检索和嵌入（retrieval and embeddings）技术并不是新技术，但对检索增强生成（RAG）日益增长的兴趣促使嵌入模型的质量提升。研究结果表明，上下文在提高性能方面起着至关重要的作用。

首先，通过扩大模型规模和使用大规模网络语料库，嵌入模型的性能实现了大幅提升。GritLM 等模型以庞大的参数数量（GritLM 拥有约 470 亿个参数，而先前的嵌入模型通常只有 1.1 亿个参数）和先进的训练策略，为嵌入和生成任务树立了新的标杆。特别是 GritLM 系列模型，在图 1.9 中展现出同时在两类任务中达到最佳效果的卓越能力，这无疑是技术进步的一个重要里程碑。

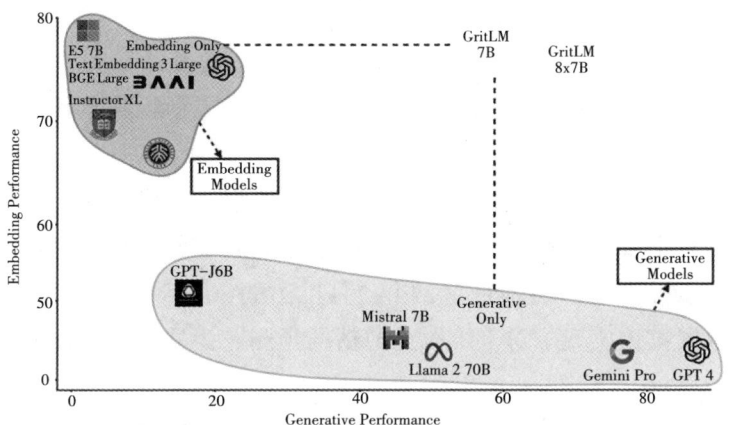

Figure 1: Performance of various models on text representation (embedding) and generation tasks. GrITLM is the first model to perform best-in-class at both types of tasks simultaneously.

图 1.9　各模型在文本表示（嵌入）和生成任务方面的性能对比

同时，ColPali等视觉—语言嵌入模型的出现，进一步丰富了嵌入技术的应用场景。它们不仅利用文本嵌入，而且结合文档的视觉结构来改进检索效果，这种跨模态的融合为信息检索领域带来了新的突破。

在评估RAG质量方面，传统的自动化指标已逐渐显现出局限性。为此，研究人员正在积极探索新的评估方法，如Ragnarök引入的基于网络的人类评估竞技场，以及Researchy Questions提供的真实用户查询。这些新方法不仅更加贴近实际应用场景，而且为RAG技术的进一步发展提供了有力支撑。

值得注意的是，上下文在嵌入和生成任务中的重要性被再次强调。Anthropic通过"上下文嵌入"方式解决了传统RAG解决方案中准确性降低的问题，这一创新不仅提高了检索效率，而且为模型生成更加准确、连贯的文本提供了可能。

综上所述，检索和嵌入技术作为AI领域的重要分支，正在不断推动着技术的进步和应用的发展。随着模型规模的扩大、训练策略的优化及评估方法的创新，我们有理由相信，未来检索和嵌入技术将在更多领域、更多场景中发挥重要作用，为AI技术的创新和发展贡献更多的力量。同时，上下文在模型性能提升中的关键作用也将得到更加深入的挖掘和利用。

(12) AI图像视频生成技术迅速发展

2024年，AI图像视频生成技术迎来了前所未有的迅猛发展，这一领域的竞争也变得异常激烈。众多科技巨头纷纷投身其中，不断推陈出新，为行业注入了源源不断的活力。

国外Stability AI发布的Stable Video Diffusion模型，无疑是这一波技术浪潮中的佼佼者。它不仅能够由文本提示生成高质量、真实的视频，而且在定制化方面取得了显著的突破。特别是2024年3月推出的Stable Video 3D，通过微调第三个对象数据集，实现了对三维轨道的精准预测，为视频生成技术开辟了新的应用场景。

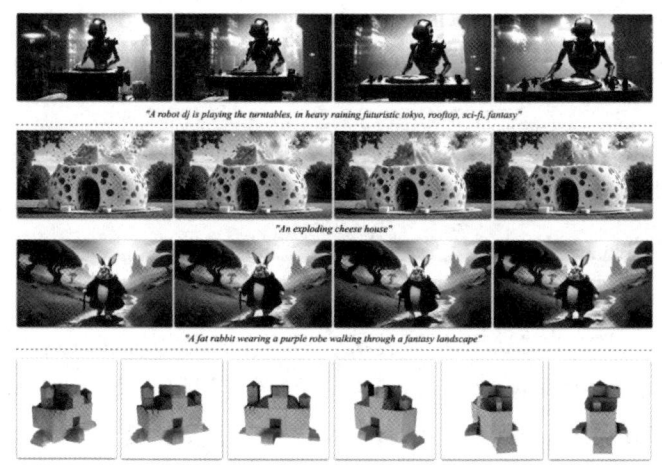

图1.10 Stable Video Diffusion文生视频过程

与此同时，Google DeepMind的Veo模型也展现出强大的实力。它将文本、可选图像提示与嘈杂压缩视频输入相结合，通过先进的编码器和潜在扩散模型处理，创建出独特的压缩视频表示，并最终解码为高清视频。这种创新的处理方式，不仅提高了视频生成的质量，而且大大缩短了生成时间。

2024年12月9日，OpenAI发布了Sora模型正式版，将文生视频技术推向了一个新的高度。它不仅支持由文本或图像生成高质量、高分辨率的视频，而且内置了丰富的编辑工具，让用户能够轻松进行创意编辑。同时，Sora还有社区互动功能，为用户提供了一个展示作品、交流经验的平台。这些特点使得

Sora成为当前市场上最受欢迎的视频生成模型之一。

Sora的主要功能如下：

第一，视频生成：Sora可以生成最高分辨率为1080p、最长时长达20秒的视频。用户不仅可以通过文字提示生成视频，而且能将静态图片转化为动态视频，甚至可以对现有视频进行创意改编。此外，Sora还提供了宽屏、竖屏和方形等多种画面比例供用户选择。

第二，创意编辑：Sora内置了丰富的编辑工具，如Remix（重混）、Re-cut（重新切割）、Loop（循环）、Blend（混合）和Style presets（风格预设）等。这些工具允许用户替换、删除或重构视频中的元素，找到最佳帧进行延展，将两个视频进行无缝合并剪辑，预设创建视频的风格等。这些功能使得用户在创作视频时能够拥有更大的灵活性和创意空间。

第三，社区互动：Sora还有探索社区功能，用户生成的视频既可以分享至社区，也可以在社区看到、搜索或再创作其他用户分享的视频（用户也可以选择关闭这一功能）。这为用户提供了一个展示自己作品、学习他人经验的平台。

Sora模型的核心技术特点：Sora采用扩散模型技术，通过一个渐进的降噪过程来生成视频。它的核心是Transformer架构，这使得模型具有优秀的扩展性能。此外，Sora还采用了DALL·E 3由OpenAI开发的一款革命性的人工智能程序，专门设计用来生成高质量、高创造性的图像，基于用户提供的文本描述的重新描述技术，显著加深了模型对用户文本指令的理解，提高了执行的准确度。

图1.11　Sora文生视频的画面

值得注意的是，虽然Google DeepMind和OpenAI都展示了强大的文本到视频扩散模型预览，但访问仍然受到严格限制，技术细节也并未完全公开。这也在一定程度上激发了业界对技术突破和创新的期待。

而 Meta 则进一步地将音频元素融入视频生成中。其 Movie Gen 模型不仅能够生成高质量的视频，而且能以惊人的速度生成与之匹配的音频片段。这种跨模态的联合优化技术，不仅提高了视频生成的连贯性和真实性，而且为未来的多媒体内容创作提供了更多的可能性。

图1.12　Meta文生音视频的画面

2024年的 AI 图像视频生成技术可谓百花齐放、争奇斗艳。各大科技巨头纷纷推出创新模型，不断推动行业向前发展。展望未来，这一领域将会带来更多的惊喜，取得更多的突破，为我们的生活带来更多的便利和乐趣。

（13）多模态模型发展：视觉语言模型性能提升，扩散模型在图像和视频生成方面更先进

视觉语言模型（VLM）如今已经实现了即开即用的最优性能，这一进步不仅得益于研究人员多年来在数据集创建和模型训练方面的巨大投入，而且反映了 AI 技术日益成熟和普及的趋势。

2018年首份《人工智能现状报告》详细介绍了研究人员为训练模型对常见场景的理解能力，投入巨大努力创建数百万个标注视频数据集的历程。如今，所有主流的前沿模型构建者都提供了即开即用的视觉功能。即便是像微软的 Florence-2 或 NVIDIA 的 LongVILA 这样参数规模仅在数百万至数十亿之间的小型模型，也能取得非凡的成果。艾伦人工智能研究所的开源模型 Molmo 甚至能与规模更大、专有的 GPT-4o 相媲美。

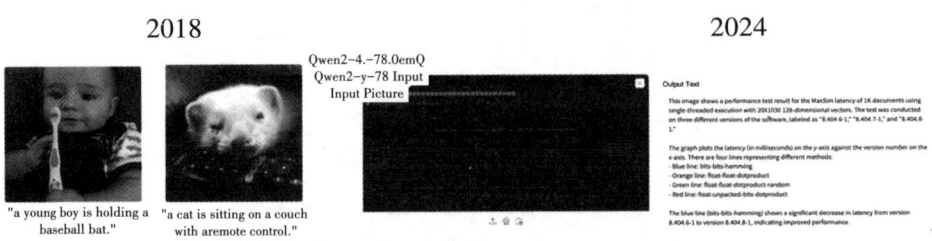

图1.13　VLM实现了开箱即用的SOTA性能

同时，扩散模型在图像生成方面的进步也值得人们关注。Stability AI通过不断探索和改进，实现了对抗性扩散蒸馏，这一方法不仅提高了图像生成的质量，而且显著加快了生成速度。通过减少生成高质量图像所需的采样步骤，同时保持高保真度，对抗性扩散蒸馏为图像生成领域带来了重大的突破。

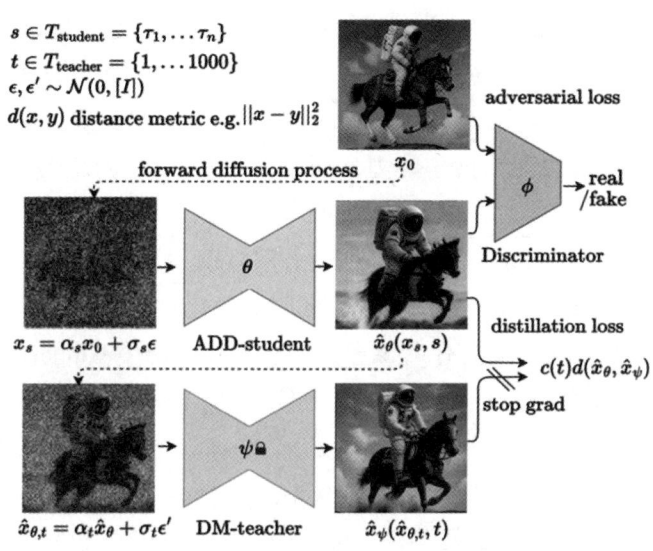

图1.14　优化后的扩散模型原理图

此外，校正流方法的提出进一步改进了传统的扩散方法。通过直接、直线的路径连接数据和噪声，校正流不仅提高了采样效率，而且与基于Transformer的文本到图像架构相结合，实现了文本和图像组件之间的双向信息流动。这一创新不仅增强了模型根据文本描述生成图像的能力，而且为未来多模态模型的进一步发展提供了有力支撑。

VLM和扩散模型在2024年的最新发展充分展示了AI技术在视觉理解和图像生成方面的强大潜力。随着技术的不断进步和优化，未来多模态模型将在更多领域、更多场景中发挥重要作用，为人们的生活和工作带来更多便利和惊喜。同时，这些技术的进步也为AI技术的创新和发展提供了更多的可能性。

（14）AlphaGeometry符号推理引擎在处理数学和几何问题方面性能卓越

由于推理能力和训练数据的不足，人工智能系统经常在数学和几何问题方面表现不佳。而 AlphaGeometry 符号推理引擎的出现解决了这一问题。

首先，值得称赞的是 AlphaGeometry 的创新性。面对人工智能在数学和几何问题方面长期以来的困境，这一符号推理引擎的提出无疑是一次重大了的突破。它巧妙地结合了语言模型和符号引擎的优势，通过不断交替执行推理和生成新构造，逐步逼近问题的解决方案。

其次，AlphaGeometry 在奥林匹克级别的几何问题基准测试中的表现令人瞩目。在 30 个问题中，它成功地解决了 25 个，这一成绩不仅远超其他人工智能系统，甚至接近了人类国际数学奥林匹克金牌得主的表现。这一成就不仅验证了 AlphaGeometry 的强大推理能力，而且为其在实际应用中的潜力提供了有力的证明。

最后，AlphaGeometry 展示的泛化能力同样值得人们关注。它能够在特定问题中发现不必要的细节，并据此进行证明的优化，这种能力对于提高人工智能系统的灵活性和适应性具有重要意义。这不仅意味着 AlphaGeometry 能够更好地应对复杂多变的数学问题，而且为其完成其他领域的逻辑推理任务提供了更多的可能性。

AlphaGeometry 作为一款创新的符号推理引擎，在数学和几何问题上取得了令人瞩目的成绩。它的出现不仅填补了人工智能在数学和逻辑推理领域的短板，而且为未来的研究和发展提供了新的方向。

（15）中文（视觉）大语言模型在 LMSYS 排行榜上的卓越表现

2024 年中文（视觉）大语言模型在 LMSYS 排行榜上表现卓越，特别是在数学和编程领域。这一成就不仅展示了中国 AI 技术的快速发展，而且反映了全球 AI 竞争日益激烈的现状。

2024 年，由 DeepSeek、零一万物、知谱 AI 和阿里巴巴开发的模型在 LMSYS 排行榜上取得了优异的成绩，在数学和编程方面表现尤为出色。中国模型在与美国前沿模型的竞争中，展现出强大的实力。这不仅体现在整体排名上，更在于中国模型在某些子任务上挑战了现有的最优性能的 SOTA 模型。这一成就不仅是对中国 AI 研发能力的肯定，而且预示着在全球 AI 领域，中国将扮演更加重要的角色。

中国模型在计算效率方面的优势也尤为突出。面对 GPU 访问限制等硬件条件制约，中国模型通过优化算法和架构，实现了资源的更高效利用。这种对计算效率的重视，不仅降低了模型运行的成本，而且为其在更多实际应用场景中的部署提供了可能。

在模型的具体优势方面，DeepSeek通过多头隐式注意力机制减少内存需求，并改进了混合专家模型（MoE）架构，这一创新不仅提高了模型的性能，而且为其他大语言模型的开发提供了有益的借鉴。而零一万物则更加注重数据集的建设，通过构建强大的中文数据集来弥补数据资源的不足。这种对数据质量的重视，无疑为模型在特定语言环境中的表现提供了有力支持。

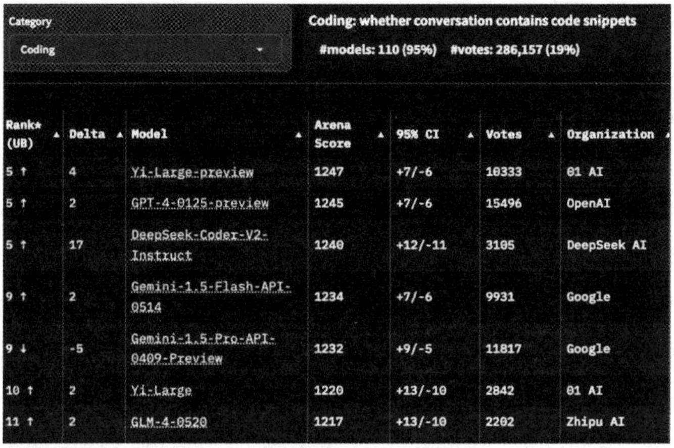
Category
Coding
Coding: whether conversation contains code snippets
#models: 110 (95%)　#votes: 286,157 (19%)

Rank* (UB)	Delta	Model	Arena Score	95% CI	Votes	Organization
5 ↑	4	Yi-Large-preview	1247	+7/-6	10333	01 AI
5 ↑	2	GPT-4-0125-preview	1245	+7/-6	15496	OpenAI
5 ↑	17	DeepSeek-Coder-V2-Instruct	1240	+12/-11	3105	DeepSeek AI
9 ↑	2	Gemini-1.5-Flash-API-0514	1234	+7/-6	9931	Google
9 ↓	-5	Gemini-1.5-Pro-API-0409-Preview	1232	+9/-5	11817	Google
10 ↑	2	Yi-Large	1220	+13/-10	2842	01 AI
11 ↑	2	GLM-4-0520	1217	+13/-10	2202	Zhipu AI

图1.15　国内外的大模型对比

在全球化的AI竞争中，不同国家和地区在技术研发和资源利用方面存在差异，且能互补。中国模型在数学和编程方面的出色表现，可能正是得益于其在特定领域和资源方面的独特优势。这也提醒我们，在未来的AI发展中，应该更加注重国际合作与交流，共同推动全球AI技术的进步与繁荣。

（16）强化学习推动了视觉语言模型性能的提升

强化学习作为AI领域的一大支柱，正逐步展现出在推动视觉语言模型性能提升方面的巨大潜力。面对现实世界中的随机性和复杂性，传统SOTA模型往往力不从心，而强化学习的引入，为智能体赋予了更强的鲁棒性和适应性。

一方面，强化学习推动了视觉语言模型性能提升：DigiRL是一种新颖的自主强化学习方法，专门用于训练野外环境中的Android设备控制智能体。该方法包括两个阶段：先进行离线强化学习，再进行离线到在线的强化学习。它在Android-in-the-Wild数据集上，实现了62.7%的任务成功率，与之前最先进的水平相比，有了显著提高。

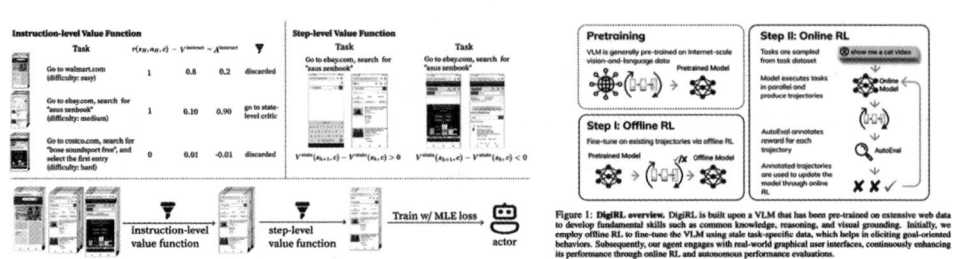

图1.16　DigiRL的自主学习过程

　　DigiRL方法的提出，无疑是强化学习在VLM领域的一次重大突破。通过离线到在线的两个阶段的学习过程，DigiRL不仅提高了任务成功率，更展示了强化学习在复杂环境控制中的强大能力。这一成果不仅验证了强化学习在提升模型性能方面的有效性，而且为未来智能体的实际应用提供了有力支撑。

　　与此同时，LLM与强化学习的结合，更将这一领域的探索推向了新的高度。Intelligent Go-Explore（IGE）通过LLM指导状态选择、动作选择和档案更新，实现了在复杂环境中的高效探索。与原版Go-Explore相比，IGE的智能化和灵活性显著提升，其在数学推理、网格世界等领域的卓越表现，充分展示了LLM在强化学习中的巨大潜力。此外，IGE对GPT-4的依赖也揭示了语言模型能力与强化学习表现之间的紧密联系，为未来的研究提供了新的视角。

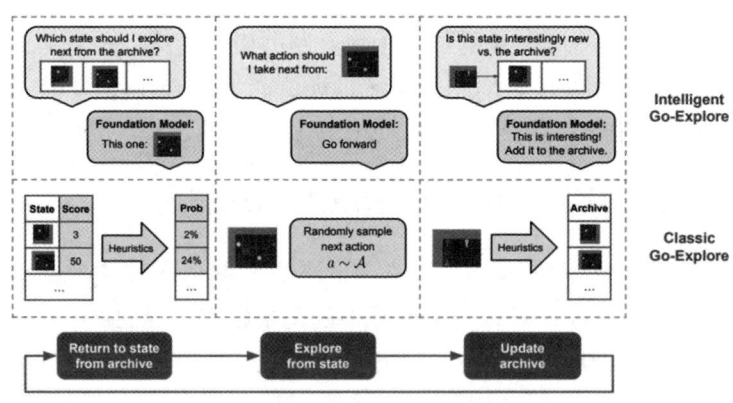

图1.17　IGE与原版Go-Explore的对比

　　然而，强化学习智能体的训练仍面临训练数据短缺的瓶颈。Genie的出现，无疑为这一问题提供了创新的解决方案。通过从游戏视频中学习潜在的动作空间，Genie不仅能够生成动作可控的虚拟世界，而且展现出极大的灵活性和创造力。这种从数据中自动学习并生成环境的方法，不仅降低了环境构建的成本和难度，而且为强化学习的广泛应用开辟了新的道路。

此外，OMNI-EPIC项目通过LLM创建理论上无限的强化学习任务和环境流，为智能体的技能构建提供了全新的思路（图1.18）。该系统通过生成可执行的Python代码和评估新任务的新颖性与复杂性，实现了对智能体技能的逐步构建和提升。这种自动化的任务生成方式，不仅提高了训练效率，而且为智能体的持续学习和进步提供了可能。

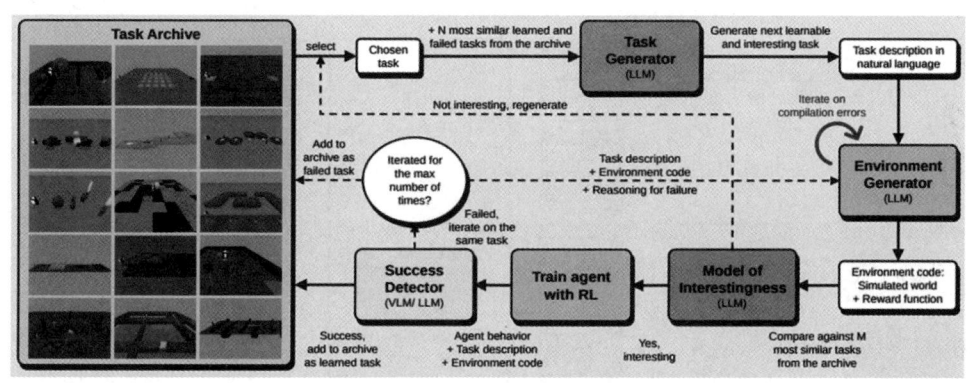

图1.18　OMNI-EPIC强化学习智能体项目工作原理

综上所述，强化学习在推动视觉语言模型性能提升方面展现出巨大的潜力和价值。通过与LLM的结合、创新的环境生成方法及自动化的任务构建系统，强化学习正逐步突破传统模型的局限，为智能体的实际应用和未来发展奠定了坚实基础。

（17）自动驾驶融合更多模态

Wayve的LINGO-2作为视觉-语言-动作模型的第二代产品，实现了从单纯的语言解释到直接控制汽车的跨越性进步。这一创新不仅深化了语言与决策/动作之间的联系，更为自动驾驶技术的实用化进程注入了新的活力。LINGO-2能够生成实时驾驶解说，并据此作出驾驶决策，这种融合多模态信息的能力，使得自动驾驶系统更加智能化、人性化。

值得一提的是，Wayve并未止步于此，而是进一步利用生成式模型为模拟器增添真实世界的细节，这一举措极大地提升了模拟环境的逼真度和复杂性。

PRISM-1作为其中的佼佼者，仅凭摄像头输入便能创建出4D动态驾驶场景，无需依赖激光雷达或3D边界框等额外设备，便能准确重建包括行人、骑自行车者和车辆在内的复杂城市环境。

这一技术的突破，不仅降低了自动驾驶技术测试和训练的成本与难度，更提高了测试的有效性和针对性。在PRISM-1助力下，自动驾驶系统能够在更加接近真实世界的模拟环境中进行训练和优化，从而更好地适应各种复杂路况和交通场景。可以说，Wayve的LINGO-2和PRISM-1既为自动驾驶技术未来的发展开辟了新的道路，也为行业内其他企业提供了有益的借鉴和启示。

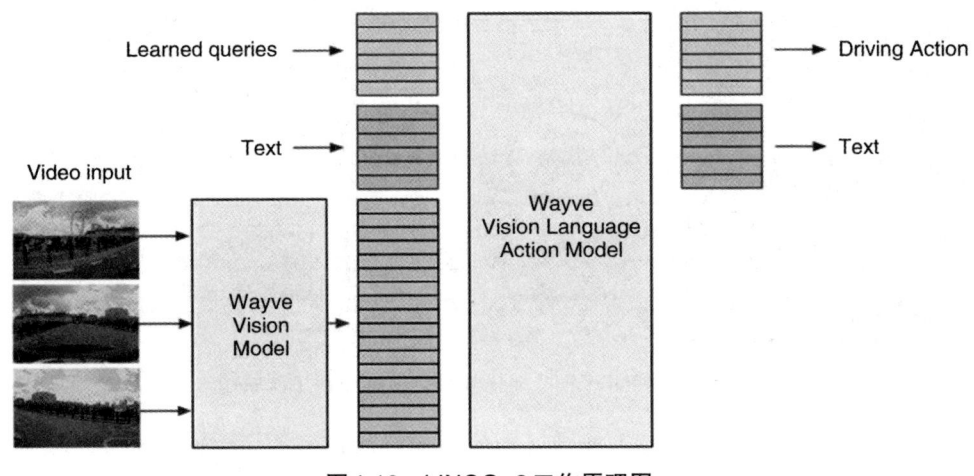

图1.19　LINGO-2工作原理图

（18）SAM扩展到视频领域

2023年，Meta推出的SAM项目以强大的图像识别和分割能力惊艳了业界。仅仅一年之后，Meta便带来了更加令人震撼的SAM2，将这一技术推向了新的高度。

Meta不仅成功地将SAM的应用范围扩展至视频分割领域，而且为此专门构建了一个包含5.1万个真实世界视频和60万个时空掩码的数据集（SA-V）。这一数据集的发布，无疑为视频分割技术的研究提供了宝贵的资源，同时彰显了Meta在人工智能领域的深厚实力和前瞻视野。

在将SAM应用于视频分割过程中，Meta团队进行了诸多创新性的调整。他们引入的记忆机制，使得模型能够准确地追踪跨帧对象，即使对象在视频中发生移动或形变，也能被准确地识别和分割。同时，新技术的加入，有效地解决了消失或重新出现的对象处理问题，进一步提升了模型的实用性和准确性。

实验结果表明，SAM2在图像分割方面的表现超越了SAM1，不仅准确性更高，而且速度也提升了6倍。更为难得的是，在交互次数减少3倍的情况下，SAM2的准确性仍然能够超越以往领先的视频分割模型。这一成果无疑是对Meta团队技术实力的最好证明。

尽管SAM2取得了如此显著的进步，但仍然存在一些需要改进的地方。例如，在同时分割多个对象时，模型的效率还有待提高；在处理较长视频片段时，也可能出现性能下降的情况。这些挑战，既是Meta团队未来需要攻克的技术难题，也是推动视频分割技术不断进步的重要动力。

图1.20　SAM2视频分割画面

总的来说，Meta的SAM2项目无疑为视频分割技术的发展注入了新的活力。随着技术的不断进步和完善，SAM2将为我们带来更加精准、高效的视频分割体验。

1.1.2　智能机器人技术的研究进展

在科技日新月异的今天，智能机器人技术作为人工智能领域的重要分支，正以前所未有的速度推动着社会进步与产业升级。随着人类对机器智能化、自主化需求的日益增长，智能机器人不仅仅是科幻电影中的想象，还逐步融入我们的日常生活，成为助力生产、服务、探索等多领域的得力助手。特别是在2024年这一关键节点，智能机器人技术的研究迎来了新的高潮。大型实验室的积极参与，不仅为这一领域注入了强大的研发动力，更使得机器人技术在解决长期困扰行业的数据处理瓶颈问题及提升实用性、可用性方面取得了突破性进展。LLM与VLM等先进技术的融合应用，为智能机器人赋予了更加精准的环境感知、高效的信息处理及更加自然的人机交互能力，极大地拓宽了机器人的应用场景与潜力边界。基于《人工智能现状报告》及多方权威数据资料，本节将深入探讨这些令人瞩目的研究进展，揭示智能机器人技术如何在新时代背景下，以更加智能化、人性化的姿态，引领未来科技发展的新篇章。

（1）Google DeepMind 团队的机器人研究成果

Google DeepMind 团队在机器人研究领域悄然崭露头角，逐渐确立了其领导者的地位。尽管外界的目光多聚焦于其他项目，如 Gemini，但 DeepMind 团队从未停止在机器人技术上的深耕与创新。他们不仅提高了机器人的效率和适应性，增强了数据收集能力，更是通过一系列前沿技术的研发，为机器人技术的未来发展开辟了崭新的道路。

其中，AutoRT 系统的开发无疑是 DeepMind 团队的一大亮点。该系统巧妙地结合 VLM 进行环境理解，结合 LLM 提供创造性任务列表，使得机器人能够在陌生环境中迅速部署并高效执行任务。这种智能化的任务分配与执行能力，不仅提高了机器人的工作效率，而且极大地拓展了其应用范围。

RT-Trajectory 技术的引入，进一步增强了机器人的学习能力。通过视频输入叠加机械手执行任务的 2D 草图，为模型提供了直观且实用的视觉提示，机器人便能够更快地掌握新技能并适应各种复杂环境图 1.21。

图 1.21　DeepMind 团队在调试机器人

此外，DeepMind 团队在提升 Transformer 效率方面也取得了显著成果。SARA-RT 作为一种新颖的"升级训练"方法，成功地将预训练或微调过的机器人策略从二次注意力转换为线性注意力,从而在保证训练质量的同时,大大提高了运算效率。这一突破性的进展,无疑为机器人技术的实时应用提供了强有力的支持。

值得一提的是,研究人员还发现,Gemini 1.5 Pro的多模态功能和长上下文窗口在用自然语言与机器人的交流互动中表现出色。这一发现不仅验证了Gemini 1.5 Pro在机器人领域的广泛应用潜力,而且为未来机器人与人更加自然、流畅地交流互动提供了可能。

DeepMind团队不仅通过技术创新推动了机器人技术的发展,更为未来机器人的智能化、高效化应用奠定了坚实的基础。

(2) Hugging Face 的 LeRobot 机器人

Hugging Face的LeRobot项目致力于打破机器人技术领域的传统壁垒,为这一历来因开源资源稀缺而显得高不可攀的领域注入了新的活力。与其他人工智能领域相比,机器人技术在开源数据集、工具和库方面的匮乏,无疑增加了初学者和专业人士进入该领域的难度。而Hugging Face凭借深厚的行业积累和技术实力,推出了LeRobot项目,旨在通过提供一系列预训练模型、人类收集的演示数据集及预训练的演示,来显著降低机器人技术的入门门槛。

LeRobot项目的推出,无疑是机器人技术社区的一大福音。它不仅为开发者提供了宝贵的资源和工具,更激发了社区对机器人技术研究的热情和创造力。这些预训练模型和演示数据集,不仅能够帮助开发者快速上手并构建自己的机器人应用,而且能够促进机器人技术的普及和创新,推动整个行业朝着更加开放、多元的方向发展。

图1.22 Hugging Face 的 LeRobot 机器人

LeRobot项目所倡导的开源精神，也体现了Hugging Face对于技术共享与合作的重视。通过开放这些资源和工具，Hugging Face不仅为机器人技术的发展贡献了自己的力量，而且为更多有志于投身机器人技术研究的人们提供了重要的支持和帮助。

（3）扩散模型对机器人复杂动作序列生成的有效改进

扩散模型，这一在图像和音频生成领域大放异彩的技术，如今正逐渐在机器人技术中展现出生成复杂动作序列的独特魅力。随着机器人技术的不断发展，如何有效地生成和控制机器人的复杂动作序列，成为研究者亟待解决的问题。而扩散模型的引入，无疑为这一难题提供了新的解决思路。

众多研究小组正致力于探索如何跨越机器人学习中高维观测空间与低维动作空间之间的鸿沟，他们努力创建一种统一表示方法，以期让学习算法能够更深入地理解动作的空间含义。在这一背景下，扩散模型凭借出色的建模能力，成功地在处理这类复杂、非线性、多模态分布问题方面崭露头角。其迭代去噪过程更是为动作或轨迹的逐步细化提供了可能，使得生成的机器人动作更加精准、流畅（图1.23）。

图1.23 扩散模型在生成机器人复杂动作序列方面的有效性

不同研究团队在利用扩散模型生成机器人复杂动作序列时，选择了各具特色的数据表示方式。来自帝国理工学院和上海期智研究院的研究人员巧妙地选择了RGB图像作为数据输入方式，这不仅因为RGB图像蕴含了丰富的视觉信息，更在于它与预训练模型的良好兼容性为后续的动作生成提供了有力支持。来自加州大学伯克利分校和斯坦福大学的团队另辟蹊径，利用点云数据来捕捉机器人的三维空间信息，这种明确且直观的3D信息无疑为机器人动作的精确生成提供了有力保障。

扩散模型在机器人复杂动作序列生成方面的应用前景广阔。它不仅为机器人技术的发展注入了新的活力，更为实现机器人智能化、自主化控制提供了有力支撑。

（4）使用增强的LLM提前生成机器人动作需要的训练数据

在机器人技术领域中，真实世界数据的有限性一直是制约机器人政策泛化能力的重要因素。然而，卡内基梅隆大学的研究团队及伯克利分校和斯坦福大学的联合团队，通过创新性的方法，为我们指明了突破这一瓶颈的新方向。

卡内基梅隆大学的研究团队独辟蹊径，他们没有盲目地追求更多的数据，而是选择深入挖掘已有的数据资源。他们通过从人类视频数据中学习"可实现性"（affordance）信息，如手的持有状态、物体交互及接触点等，为机器人任务注入了更多的结构和知识。这些信息不仅丰富了机器人的感知能力，而且使得现有的视觉表示得以微调，从而更加贴合机器人任务的实际需求。这一创新性的方法，无疑为增强机器人在实际操作任务中的能力提供了有力支持。

与此同时，伯克利分校和斯坦福大学的联合团队另有一番洞见。他们发现，思维链推理能够显著增强机器人的决策能力。与传统的直接预测动作不同，增强的模型被训练成在决定动作之前，先逐步推理出计划、子任务和视觉特征。这一推理过程不仅使得机器人的决策更加理性、有序，而且大大增强了其应对复杂任务的能力。值得一提的是，这一推理步骤的训练数据竟然是利用LLM生成的（图1.24）。这一跨领域的融合，不仅展现了LLM在机器人技术中的巨大潜力，而且为机器人技术的未来发展提供了新的思路。

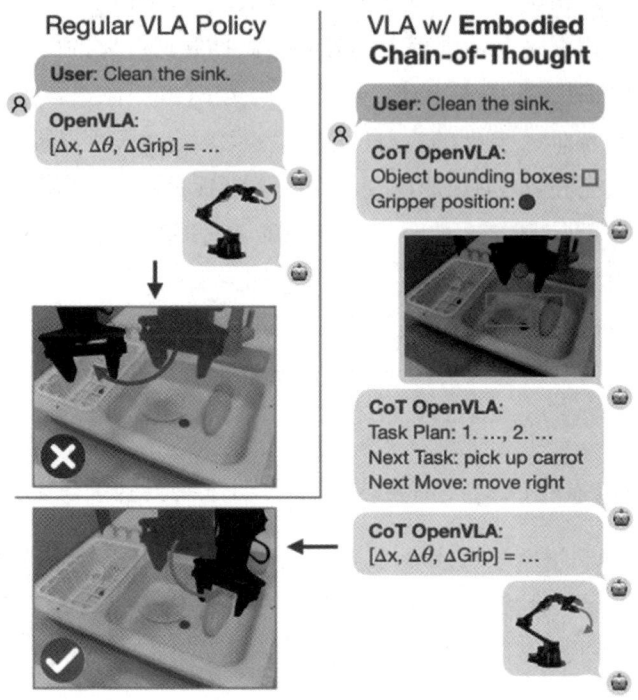

图1.24　思维链推理图

卡内基梅隆大学及伯克利分校和斯坦福大学的联合团队，通过深入挖掘数据资源并创新性地引入思维链推理，为机器人技术的发展注入了新的活力。他们的研究成果不仅提高了机器人在实际操作任务中的水平，更为机器人技术的智能化、自主化发展提供了有力支撑。

（5）仿人机器人数据瓶颈的改善

仿人机器人的发展一直受到数据瓶颈的制约，通过模仿学习来建模人类行为的复杂性更是一项极具挑战性的任务。这种方法虽然有效，但高度依赖人类演示者，使得大规模实施变得困难重重。然而，斯坦福大学的研究团队为我们带来了突破性的解决方案——HumanPlus系统。

HumanPlus系统作为一个全栈系统，巧妙地结合了实时跟踪系统和模仿学习算法，为仿人机器人从人类数据中学习提供了全新的途径。其中，跟踪系统仅需单个RGB摄像头和一个低级策略，便能实现人类操作员对仿人机器人全身的实时控制。这种设计不仅简化了操作流程，而且大大提高了数据的获取效率。尤为值得一提的是，这种低级控制策略是在模拟中的大量人类运动数据集上进行训练的，因此该策略能够轻松转移到真实世界中，无需额外的训练过程（图1.25）。

模仿学习组件是HumanPlus系统的另一大亮点。它能够从跟踪数据中高效地学习自主技能，双眼自我中心视觉和动作预测与前向动力学预测的结合，使得机器人在学习人类行为时更加精准、高效。这种创新性的学习方法，不仅突破了传统模仿学习的局限，而且为仿人机器人的智能化发展提供了有力支撑。

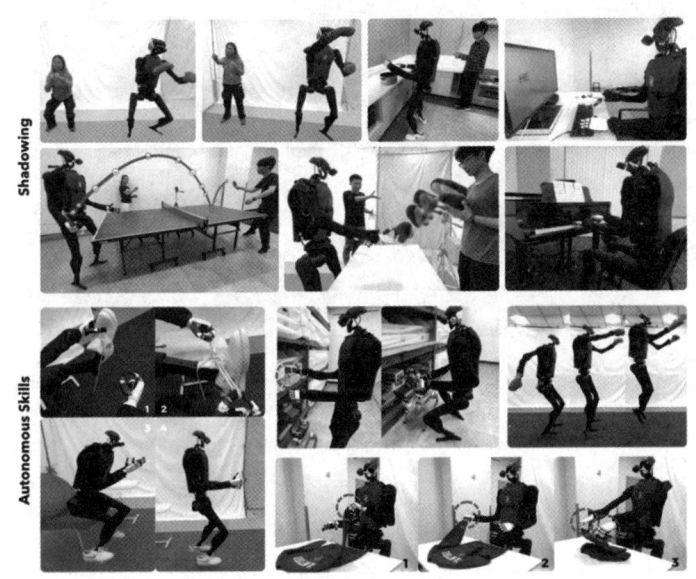

图1.25 仿人机器人训练过程

实验结果显示，HumanPlus系统在多种任务中均展现出优异的表现，尤其是穿鞋和行走等复杂动作，最多仅需40次演示即可实现。这一成果不仅验证了HumanPlus系统的高效性，更为仿人机器人的实际应用开辟了新的道路。

(6) 波士顿机器狗技术的最新进展

波士顿动力公司生产的Spot机器狗（图1.26），以其卓越的移动性和稳定性，在具身人工智能领域树立了新的标杆。然而，其尽管在运动控制方面取得了显著成就，但在操作技能方面仍存在一定的局限性。为了攻克这一难题，研究人员正积极探索新的解决方案，以期赋予Spot更加全面的能力。

斯坦福大学和哥伦比亚大学的研究团队，通过巧妙地将现实世界的演示数据与模拟训练的控制器相结合，为增强机器人的操作技能开辟了新的途径。他们不再局限于控制机器人的单个关节，而是专注于控制机器人的抓取器运动，这种整体性的控制策略大大简化了将操作技能从固定机械臂转移到移动机器人上的复杂过程。这一创新性的方法，不仅增强了机器人的操作技能，而且为其在更多实际场景中的应用奠定了坚实基础。

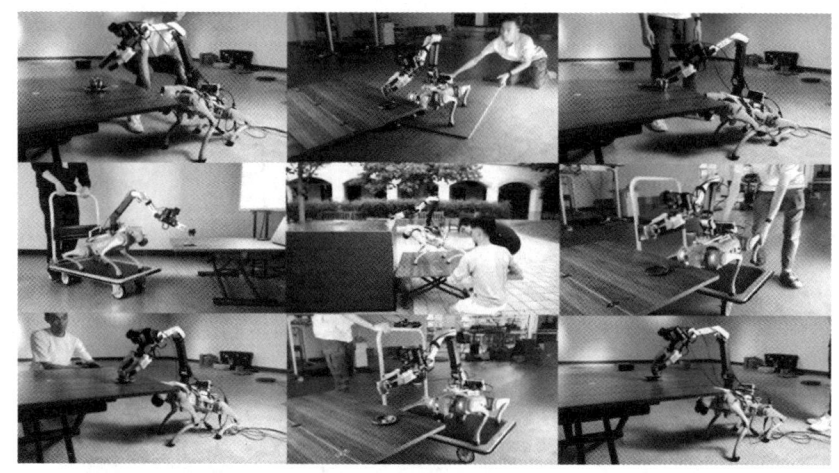

图 1.26　Spot 机器狗训练过程

与此同时，加州大学圣地亚哥分校的研究团队也取得了令人瞩目的成果。他们开发了一个由两部分组成的系统：通过低级策略执行具体命令，高级策略负责基于视觉信息生成这些命令。这种分层控制的策略，不仅增强了机器人的操作能力，而且使其在面对复杂环境时，能够更加灵活、自主地做出决策。这种系统性的创新，无疑为机器人的智能化发展注入了新的活力。

综上所述，波士顿机器狗技术的最新进展，不仅展现了研究人员在增强机器人操作技能方面的不懈努力，更为机器人的未来发展指明了方向。

（7）Apple Vision Pro 成为必备的机器人研究工具

尽管 Apple Vision Pro 在消费者市场中的表现尚显平淡，但它在机器人研究领域掀起了一股不可忽视的浪潮。这款设备凭借高分辨率、先进的跟踪和处理能力，正在成为研究人员进行远程操作的得力助手。通过 Vision Pro，研究人员能够跨越地域限制，实现对机器人动作和行为的精准控制，这一技术突破为机器人技术的远程应用开辟了新的天地。

Open-TeleVision和Bunny-Vision Pro等系统的涌现，就是Vision Pro在机器人研究领域应用的生动例证。这些系统充分利用了Vision Pro的强大功能，帮助实现对多指机器人手的精确控制（图1.27）。在Open-TeleVision案例中，其控制距离竟然达到惊人的3000英里，这一成就无疑彰显了Vision Pro在远程操作方面的巨大潜力。

与传统方法相比，利用Vision Pro进行远程操作的机器人在复杂操作任务中表现出更加出色的性能。它们不仅解决了实时控制这一技术难题，而且通过避碰机制确保了操作的安全性，同时实现了有效的双手协调。这些技术突破既提升了机器人的操作精度和效率，也为机器人技术在更多领域的应用奠定了坚实基础。

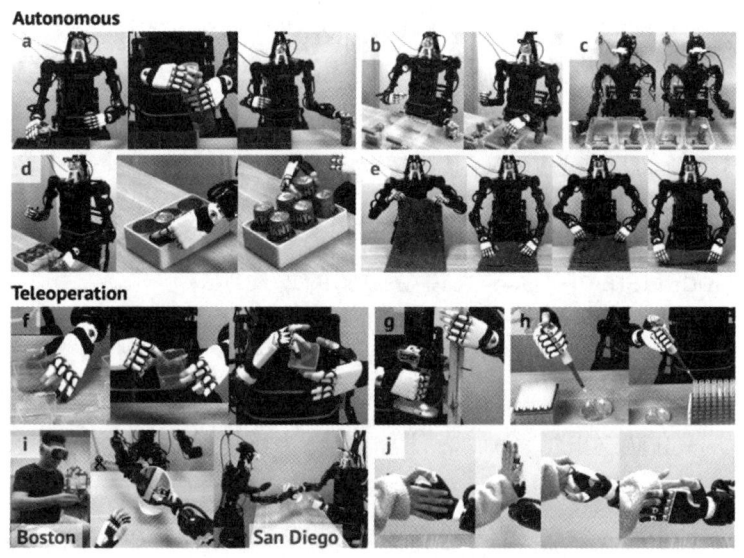

图 1.27　使用 Apple Vision Pro 控制多指机器人手

Apple Vision Pro虽然在消费者市场中尚未掀起太大波澜，但在机器人研究领域展现出独特的价值和潜力。随着技术的不断进步和应用场景的不断拓展，Vision Pro将会成为机器人研究中不可或缺的工具，推动机器人技术向更高层次发展。

1.1.3 AI模型在生物医学、气象预测等领域的应用研究与突破

2024年，在生物医学领域，AI不仅揭示了蛋白质折叠的奥秘，而且推动了蛋白质结构预测与设计的精准化，为新药研发和疾病治疗开辟了新途径。同时，在气象预测方面，AI模型也展现出强大的潜力，能够更高效地处理和分析海量的天气数据，提升预报的准确性和时效性。

2024年，诺贝尔物理学奖和化学奖相继颁发给AI领域，这不仅是对AI在科学领域贡献的高度认可，更是对其未来无限可能的期许。从DeepMind的AlphaFold 3到AlphaProteo模型，从进化规模模型ESM3到CRISPR-Cas图谱，AI在生物医学领域的每一次突破都标志着我们对生命奥秘的深入理解。在气象科学领域，微软研发的Aurora模型以卓越的性能和高效的预测能力，为大气科学的进步注入了新的活力。

依据《人工智能现状报告》并综合多方权威数据资料，本节将深入聚焦AI模型在生物医学与气象预测两大关键领域的最新应用成果与突破性进展。通过剖析具体案例与翔实数据，我们将生动展现AI成为科学探索的强大助力和驱动技术革新的浪潮的方式，以及它为人类社会发展所带来的广泛而深远的影响。

(1) Med-Gemini：医学大模型微调的璀璨明珠

2023年，AI医学领域见证了GPT-4与Google Med-PaLM2之间一场激烈的基准测试对决，而未经微调的GPT-4虽然表现出色，但是仍显力不从心。此时，Med-Gemini横空出世，犹如一股清流，为医学大模型的微调之路谱写了新的篇章。

Med-Gemini这一医学领域的多模态模型系列，不仅深深植根于Gemini Pro 1.0和1.5的坚实基础上，而且通过海量医学数据集的精心微调，以及网络搜索技术的巧妙融入，实现了对最新医学信息的快速捕捉与整合。其在MedQA上高达91.1%的准确率，不仅彰显了其卓越的性能，更一举超越了GPT-4，树立了新的行业标杆。

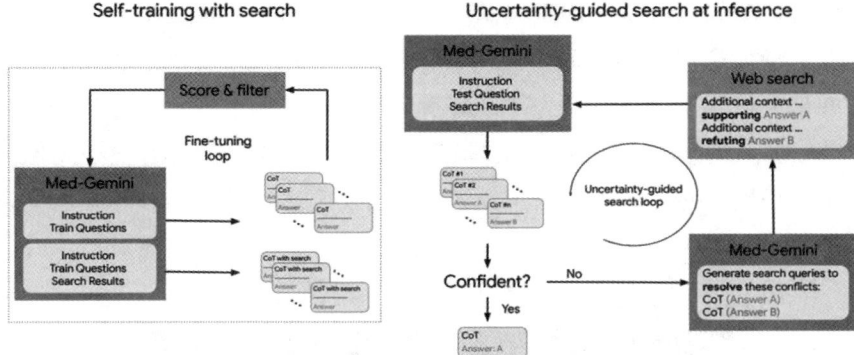

图1.28　Med-Gemini工作原理图

尤为值得一提的是，在多模态任务这一复杂而具有挑战的领域中，Med-Gemini更是大放异彩。在放射学和病理学等关键领域，它凭借出色的表现，在7个数据集中夺得了5项新的最优水平（SOTA），展现了强大的跨领域适应能力。

此外，当问题中的质量错误得到细致修正后，Med-Gemini的性能更是得到了进一步提升。例如，在检索冗长电子健康记录（EHR）中的罕见发现这一极具挑战性的任务中，它凭借高精度和高召回率优势，成功地实现了"大海捞针"的壮举。这不仅体现了其强大的数据处理能力，更彰显了其在实际应用中的巨大潜力。

初步研究结果显示，临床医生对Med-Gemini的输出给予了高度评价，认为其在大多数情况下与人类编写的示例相当或较之更优。这一评价不仅是对Med-Gemini性能的肯定，更是对其在医学领域广泛应用前景的期许。

Med-Gemini以卓越的性能、强大的适应能力和广泛的应用前景，无疑成为医学大模型微调领域的一颗璀璨明珠。

（2）在医学中生成合成数据的非凡价值

在医学领域，高质量成像数据集的稀缺性一直是制约研究与产品开发的关键因素。这些数据集不仅难以获取，而且涉及复杂的授权问题，加之数据分布可能随着时间发生变化，使得研究者在利用这些数据时面临重重挑战。然而，2023年，随着图像生成技术的飞速发展，一系列逼真的图像生成工具应运而生，为医学数据的获取开辟了新途径。

尽管自然图像与医学图像在视觉与语义上存在显著差异，但研究人员并未止步于此。他们通过巧妙地联合微调 Stable Diffusion 中的 U-Net 和 CLIP 文本编码器，并把大量真实的胸部 X 光片（CXR）及其对应的放射科医生报告作为训练数据集，成功地生成了既逼真又具备概念正确性的合成 CXR 扫描图像。这一成果不仅得到了专业放射科医生的认可，更彰显了图像生成技术在医学领域的巨大潜力。

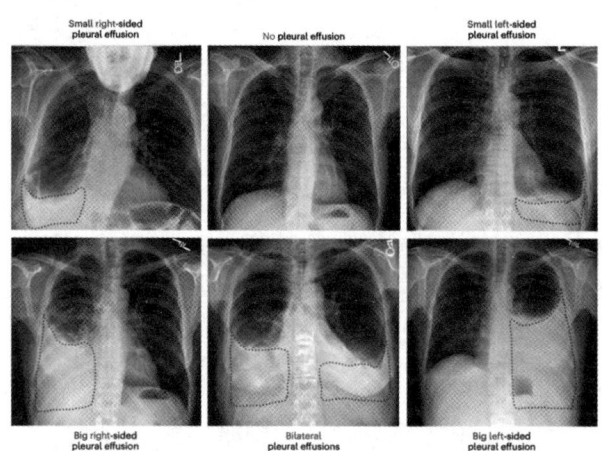

图 1.29　卷积神经网络（CNN）生成的胸部 X 光片验证了合成 CXR 扫描图像的有效性

合成的 CXR 扫描图像在医学研究中具有多重价值。首先，它们可作为数据增强的有力工具，通过增加训练样本的多样性，增强模型的泛化能力。同时，这些合成图像还可用于自监督学习，为医学图像分析领域提供新的研究方法。尽管在仅使用纯合成数据进行训练时，监督分类性能可能会略有下降，但这一不足完全可以通过与其他真实数据相结合来弥补。

更为重要的是，生成模型在医学分类大模型中的应用，有助于填补代表性不足的数据点，从而提高模型的公平性。通过增加合成示例，模型能够更好地学习到不同患者群体的特征，减少因数据偏见而导致的分类错误。这一特性对于提升医学诊断的准确性和公正性具有重要意义。

综上所述，在医学领域生成合成数据的价值不言而喻。它不仅为医学研究与产品开发提供了丰富的数据资源，而且为提升模型性能、促进医学诊断的公平性与准确性开辟了新道路。随着技术的不断进步，合成数据将在医学领域发挥越来越重要的作用。

（3）2024年诺贝尔物理学奖和化学奖先后颁给了AI领域

2024年，诺贝尔物理学奖和化学奖的历史性颁发，无疑为人工智能领域带来了前所未有的荣耀与肯定。这一里程碑式的认可，不仅彰显了AI在推动机器学习理论创新方面的卓越贡献，更标志着其在解决复杂科学问题（如蛋白质折叠等）上的非凡能力。这一荣誉的获得，无疑是对人工智能作为一门科学学科和加速科学发展的工具已经真正成熟的最好证明。

图1.30所展示的，不仅仅是2024年诺贝尔物理学奖和化学奖得主，更是AI领域在科学研究和技术创新方面所取得的辉煌成就。AI的崛起，不仅改变了科学研究的范式，更为人类探索未知世界、解决复杂问题提供了前所未有的强大工具。这一历史性的时刻，既是对AI领域的认可，也是对AI在推动科学进步和技术创新方面所做出的巨大贡献的肯定。

图1.30　2024年诺贝尔物理学奖和化学奖得主

（4）基于深度学习和Transformer架构的蛋白质结构预测模型AlphaFold 3（AF3）

2024年，AI在生物医学领域的又一重大突破，无疑是由DeepMind与Isomorphic Labs携手发布的AlphaFold 3模型。这款基于深度学习和Transformer架构的蛋白质结构预测模型，以其卓越的性能，实现了对蛋白质、DNA、RNA及配体等生物分子结构和相互作用的精准预测，超越了前代AF2模型的能力范畴。AF3的问世，无疑为细胞功能解析、药物研发及生物科学的整体进步注入了强劲动力。

与AF2相比，AF3在算法层面进行了颠覆性的革新。它摒弃了所有等价约束，转而采用扩散模型来构建三维坐标，这一变革极大地简化了模型结构并扩大了其应用规模。正是这些创新，使得AF3在性能上取得了令人瞩目的提升，在小分子对接方面，其表现更是堪称惊艳。

图1.31所展示的是不同RNA结合蛋白在特定条件下对RNA分子的成功对接率。图1.31不仅直观地反映了AF3与其他分子对接处理工具在性能上的对比，更深刻地揭示了AF3在生物医学研究中的巨大潜力。

图1.31分为左右两部分：左图聚焦于配体PoseBusters集合的成功对接率，右图关注核酸的成功对接率。

从左图可以清晰地看到，AF3在多数条件下均展现出卓越的成功对接率，特别是在AF3 2019 cut-off条件下，其成功率达到惊人的100%。这一数据不仅彰显了AF3的精准度，也为其在药物筛选、靶点验证等生物医学研究中的应用奠定了坚实基础。

右图进一步证实了AF3在核酸对接方面的优势。在PDB protein-RNA和PDB protein-dsDNA条件下，AF3的成功率均显著高于其他方法，这充分说明了其在处理复杂核酸结构时的出色能力。这一特性，无疑将极大地促进对核酸功能的研究和理解，为生物医学领域的发展开辟新的道路。

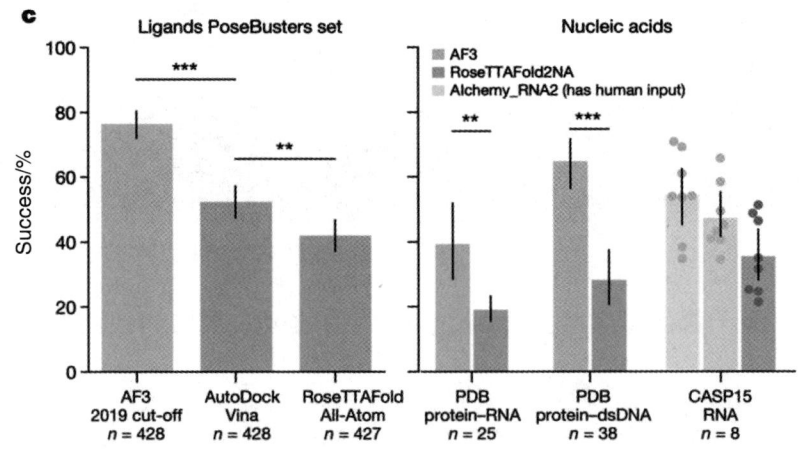

图1.31　不同RNA结合蛋白在特定条件下对RNA分子的成功对接率

AlphaFold 3模型的问世，不仅是AI在生物医学领域应用的一次重大突破，更是对蛋白质结构预测技术的一次革命性革新。随着其性能的不断提升和应用范围的不断拓展，AF3将在未来的生物医学研究中发挥更加重要的作用，为人类健康事业贡献更多的智慧和力量。

(5) AlphaProteo模型：实验生物学领域的新里程碑

2024年，DeepMind的秘密蛋白质设计团队推出了AlphaProteo模型，这是一个生成式模型，能够设计出亲和力提高3~300倍的亚纳摩级蛋白质结合物。这一生成式模型的诞生，标志着蛋白质设计领域迈入了一个全新的时代。

尽管DeepMind对AlphaProteo模型的技术细节保持了一定的神秘感，但权威评估已揭示其基于AlphaFold3构建的深厚底蕴，以及很可能采用的扩散模型架构。这一模型不仅在设计上取得了突破，更通过指定目标表位上的"热点"，实现了对蛋白质结合物亲和力的精准调控。与之前的模型（如RFDiffusion）相比，AlphaProteo在结合亲和力方面的提升幅度之大，令人瞩目。

蛋白质设计并非单纯依赖于计算机生成建模，计算机筛选同样扮演着至关重要的角色。而AlphaProteo正是将这两者完美融合，基于AlphaFold 3的评分是关键，辅以DeepMind独创的置信度指标，对大量潜在的新靶点进行高效筛选。这一策略不仅提升了设计的准确性，更为未来针对特定靶点设计蛋白质结合物提供了无限可能。

图1.32直观地展示了AlphaProteo与以往最佳设计方法在实验成功率上的鲜明对比。在BHRF1、SC2RBD、IL-7RA、PD-L1、TrkA、IL-17A、VEGF-A和TNFa等多种蛋白质（或蛋白质片段）作为目标蛋白的实验中，AlphaProteo均展现出显著的优势。在BHRF1、VEGF-A等实验中，其成功率之高更是让人叹为观止。图1.32不仅是对AlphaProteo实验效果的客观呈现，更是对其在实验生物学领域巨大潜力的有力证明。

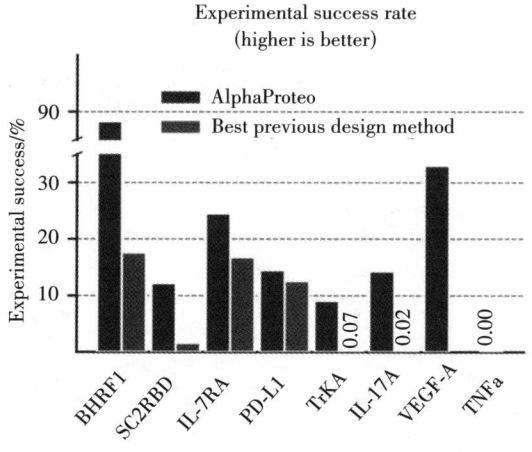

图1.32　AlphaProteo与之前的蛋白质设计方法在不同实验中的成功率对比图

AlphaProteo模型的推出，不仅是DeepMind在蛋白质设计领域的一次重大突破，更是实验生物学领域的一次革命性进展。它以卓越的性能和无限的应用潜力，预示着其在药物研发、生物治疗等领域将迎来更加广阔的发展前景。

（6）生物学前沿模型的扩展：进化规模ESM3

自2019年以来，Meta一直在发布基于Transformer的语言模型（进化规模模型），这些模型是通过大型氨基酸和蛋白质数据库进行训练的。2024年，Meta发布了ESM3，它是一种前沿多模态生成模型，是在蛋白质序列、结构和功能上进行训练的，而不仅仅在序列上进行训练。

自2019年起，Meta一直在生物信息学领域深耕细作，陆续发布了一系列基于Transformer架构的语言模型（进化规模模型），这些模型通过海量氨基酸和蛋白质数据库的洗礼，逐渐展现出其在生物序列分析上的强大实力。2024年，Meta再次引领潮流，推出了ESM3。这一前沿多模态生成模型，无疑为生物学研究注入了新的活力。

ESM3的独到之处在于，它不再局限于单一的蛋白质序列训练，而是将视野拓宽至蛋白质的结构与功能，实现了从单一维度到多元融合的跨越。这一变革，不仅丰富了模型的"知识库"，更增强了其对生物分子复杂性的理解与预测能力。

作为双向Transformer的杰出代表，ESM3巧妙地将序列、结构和功能这三种模态的标记融合于一个统一的潜在空间中，这种创新的融合方式使得模型能够更全面地捕捉生物分子的多维特征（图1.33）。而传统的掩码语言建模在此显得略为逊色，因为ESM3实施了一种更为灵活多变的掩码计划，让模型得以在掩码的序列、结构和功能的不同组合中自由穿梭，从而学会了预测任何模态组合的完成情况的方法。

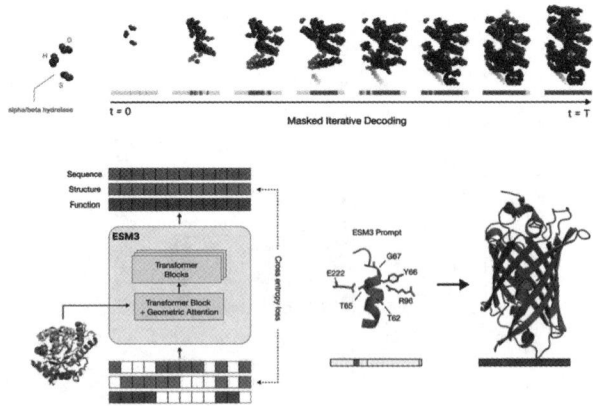

图1.33　ESM3工作原理图

这一突破性的进展，不仅彰显了 Meta 在生物信息学领域的深厚积淀与前瞻视野，更为生物学研究开辟了新的道路。ESM3 的出现，将极大地促进我们对生物分子复杂性的深入理解，为药物研发、疾病治疗等生物医学领域带来前所未有的机遇与挑战。可以预见，在未来的生物学研究中，ESM3 将成为一把"利剑"，助力科学家探索生命的奥秘，解锁更多未知的生物学密码。

（7）CRISPR-Cas 图谱：解锁基因组编辑新纪元的钥匙——ProGen2 的微调之旅

在生物技术的浩瀚宇宙中，CRISPR-Cas 技术如同一颗璀璨的星辰，照亮了基因组编辑的广阔天地。2024 年，Profluent 公司携手大型语言模型 ProGen2，在这片星辰大海中再次扬帆起航，共同探索人类基因组编辑器设计的无限可能。

ProGen2，这一在庞大且多样化天然蛋白质序列数据集中历经千锤百炼的模型，其本身便具备设计出与天然蛋白质序列迥异的功能性蛋白质的强大能力。然而，Profluent 公司并未止步于此，而是选择在其精心构建的 CRISPR-Cas 图谱上对 ProGen2 进行微调，旨在进一步挖掘其潜力，生成具有新颖序列的功能性基因组编辑器。

CRISPR-Cas 图谱（图 1.34），这一由超过 100 万个多样化 CRISPR-Cas 操纵子组成的宝库，不仅涵盖了从广阔微生物基因组和宏基因组中挖掘出的各种效应系统，更跨越了不同的门和生物群系，为基因组编辑器的设计提供了丰富的素材和灵感。

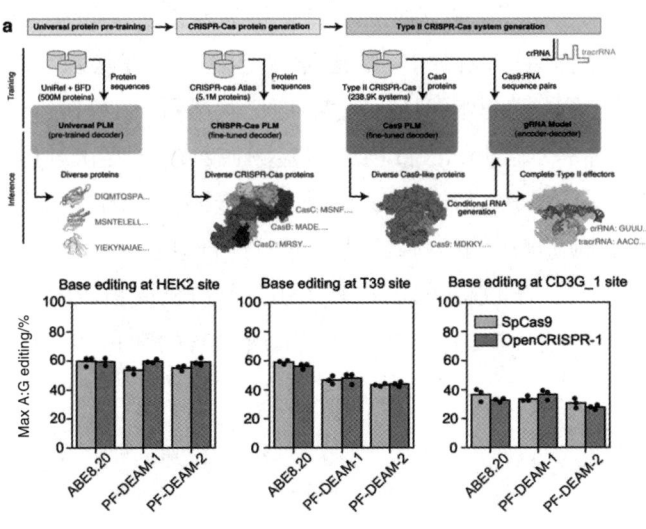

图 1.34　CRISPR-Cas 图谱工作原理图

经过微调后的ProGen2，不负众望地生成了与天然蛋白质序列相比具有4.8倍多样性的新颖编辑器序列。这些序列与最接近的天然蛋白质的中位一致性巧妙地落在40%~60%，既保持了足够的相似性以维持基本功能，又引入了足够的创新性以探索新的可能性。

一个在Cas9蛋白质上微调的模型可以生成新颖的编辑器，这些编辑器随后在人类细胞中得到了验证。其中一种编辑器提供了最佳的编辑性能，与Sp-Cas9的序列相似性为71.7%，并已作为OpenCRISPR-1开源发布。OpenCRISPR-1的开源发布，无疑将加速基因组编辑技术的普及与应用，为生物医学研究、疾病治疗等带来前所未有的机遇。

（8）脑机大模型的研究进展

① 心智基础模型BrainLM：利用fMRI数据学习大脑活动、预测临床变量表现卓越

深度学习，这一源自神经科学灵感的计算框架，如今已跨越学科界限，成为探索大脑奥秘的强大工具。BrainLM在这一背景下应运而生。它巧妙地利用功能磁共振成像（fMRI）技术捕捉的6700小时人类大脑活动记录，为我们揭示了大脑活动的深层次规律。

BrainLM的非凡之处在于，它不仅能够学习并重建被遮蔽的时空大脑活动序列，展现出对大脑复杂动态变化的深刻理解，而且具备出色的泛化能力，能够扩展到未包含的分布区域，为大脑活动的全面解析提供了可能。这一特性，使得BrainLM在预测临床变量方面展现出卓越的性能，无论是年龄、神经质等个体特征，还是创伤后应激障碍、焦虑障碍等复杂心理状态，BrainLM的预测准确度均超越了传统的卷积模型或长短期记忆网络（LSTM）。

图1.35直观地展示了BrainLM精准地检测血氧水平变化过程，这一能力对于理解大脑在不同任务状态下的代谢活动至关重要。而图1.36则进一步揭示了BrainLM学习重建被遮蔽时空大脑活动序列的神奇过程。

BrainLM的出现，不仅标志着深度学习在大脑建模领域的成功应用，更为我们探索大脑活动、理解人类心智提供了前所未有的视角和工具。

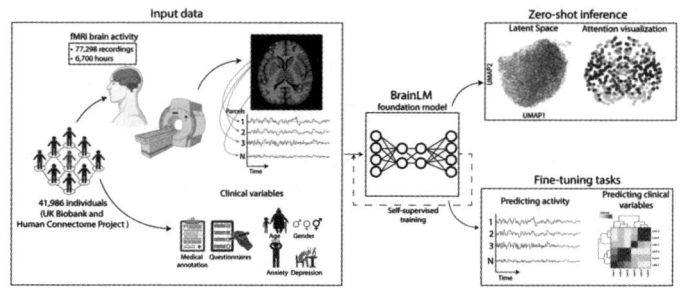

图1.35 BrainLM检测血氧水平变化过程

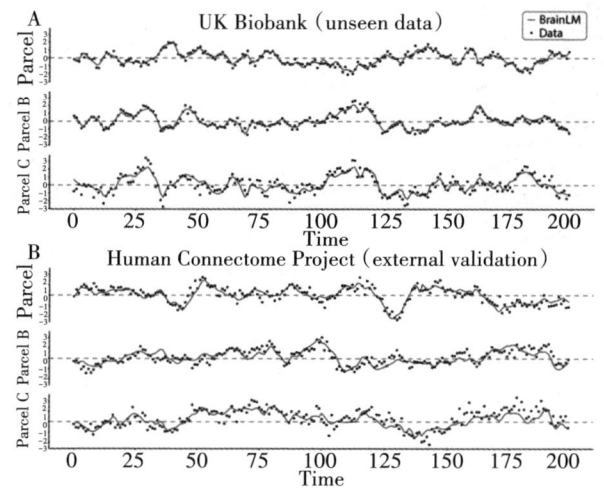

图1.36 BrainLM学习重建被遮蔽的时空大脑活动序列图

② MindEye2生成模型：跨越脑与图像的桥梁，重构视觉体验

在探索大脑与视觉之间的神秘联系时，MindEye2生成模型以独特的创新性和实用性脱颖而出。这一模型巧妙地将fMRI活动数据映射到丰富的CLIP空间，进而通过微调的Stable Diffusion XL技术实现了对人所见图像的精准重构。这一突破性的进展，不仅为我们理解大脑如何处理视觉信息提供了新的视角，而且为脑机接口、视觉恢复等领域开辟了新的研究方向。

MindEye2的训练基础是Nature Scenes数据集。这一数据集通过精心设计的实验，收集了8个受试者在观看COCO数据集中数百个自然刺激时的大脑反应。每个刺激持续3秒，确保了数据的精细度和准确性。在长达30~40小时的记录过程中，MindEye2深入学习了大脑对视觉刺激的响应模式，为后续的图像生成奠定了坚实的基础。

图1.37直观地展示了MindEye2的图像生成原理和令人惊叹的效果图。从图1.37中可以看出，该模型能够准确地捕捉并重构出受试者所见的图像细节，无论是色彩、形状还是纹理，都达到了令人瞩目的逼真程度。这一成果不仅验证了MindEye2模型的有效性，更展示了深度学习在跨模态数据转换方面的巨大潜力。

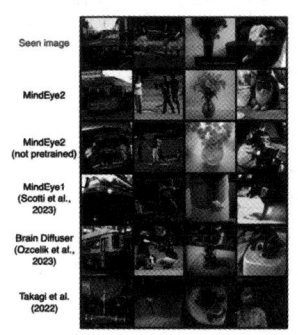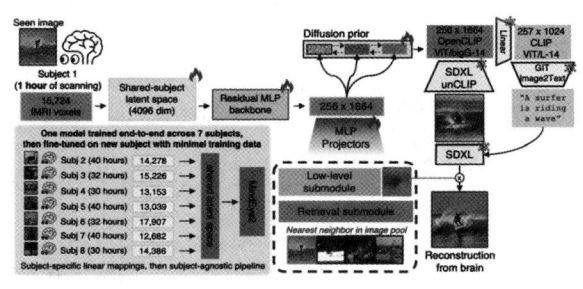

图1.37　MindEye2的图像生成原理和效果图

MindEye2生成模型的出现，不仅为我们理解大脑与视觉之间的复杂关系提供了新的工具，而且为未来实现更加智能、更加个性化的视觉体验提供了可能。

③脑机接口技术：破冰失语症，重塑沟通桥梁

在科技与医学的交汇点，脑机接口技术正以独特的魅力，为失语症患者带来前所未有的希望。通过植入式微电极精准捕捉并解码大脑中的语音信号，这一创新技术正逐步打破言语障碍的束缚，让曾经沉默的声音再次响起。

2024年，一名45岁患有四肢瘫痪和严重运动性言语障碍的肌萎缩侧索硬化症（ALS）患者接受了手术，其大脑中被植入了微电极（神经假体）。这些电极阵列记录了患者在被提示和无组织的对话环境中的神经活动。最初，通过预测患者尝试发出的最可能的英语音素，将皮层神经活动解码为一个包含50个单词的小词汇表，准确率高达99.6%。然后，使用循环神经网络将音素序列组合成单词，再经过进一步训练，词汇量扩大至12.5万个单词。当参与者尝试说话时，这些单词会出现在屏幕上。在句子结束时，一个自声音文本到语音算法使解码的句子发声，旨在模仿参与者在患病之前的语音。

图1.38生动地呈现了脑机接口技术的最新研究成果。值得注意的是，随着

更多训练数据的积累，该微电极的性能得到了进一步提升。在植入手术8个月以后，它保持了97.5%的准确率，患者能够使用它进行超过248小时的自主节奏对话。这一研究成果，不仅证明了脑机接口技术在恢复失语症患者沟通能力方面的巨大潜力，而且为未来相关技术的发展提供了有力支持。

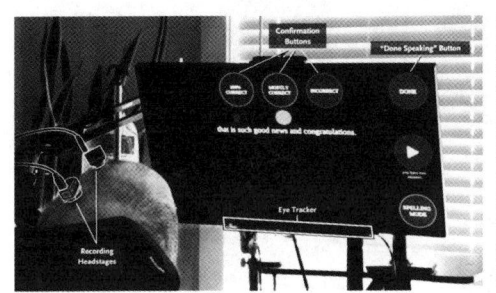
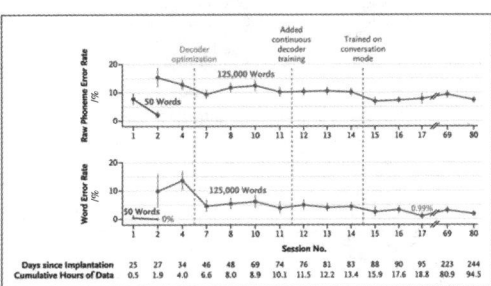

图1.38　脑机接口技术的最新研究成果

（9）气象大模型Aurora：革新大气预测，引领智能气象新时代

在传统的大气模拟领域，数值天气预报虽然有独到之处，但是高昂的成本与对数据模式的有限利用始终成为其难以逾越的鸿沟。而基础模型的涌现，为这一难题带来了全新的解决方案。微软研究团队倾力打造的Aurora模型正是这一变革的先锋。

Aurora是一个基础模型，可为全球空气污染和高分辨率中期天气模式等多种大气预测问题提供预测服务。它还可以利用通用的大气动力学学习表征来适应新任务。

这个13亿参数的Aurora模型是在来自6个数据集的超过100万小时的天气和气候数据中进行预训练的，这些数据包括预报数据、分析数据、再分析数据和气候模拟数据。该模型将异构输入的数据信息编码为空间和气压层上大气的标准3D表示，这种表示在推理过程中会随着时间通过视觉Transformer进行演化，并最终被解码为具体的预测结果。

重要的是，Aurora是首个在预测大气化学（包括6种主要空气污染物，如臭氧、一氧化碳等）方面表现优于数值模型的模型，而大气化学的预测涉及数百个刚性方程。该模型的速度也比使用数值预报的综合预报系统快5000倍。

图1.39直观地展示了Aurora模型工作原理。可以预见，随着技术的不断进

步和应用的深入拓展，Aurora模型将引领我们迈向一个更加智能、更加精准的气象预测新时代。

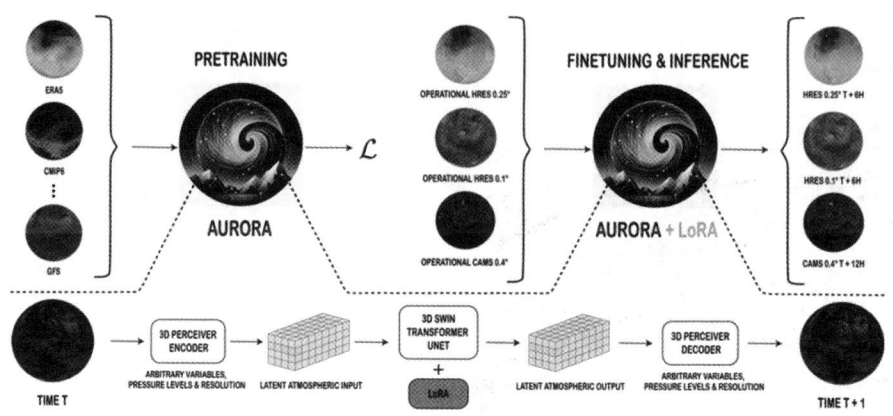

图1.39　Aurora模型工作原理图

1.2　全球AI产业规模与发展趋势

AI正迈入一个前所未有的崭新纪元，其技术创新的浪潮与日益拓展的应用边界，正以磅礴之势引领全球经济的革新与蓬勃发展。生成式AI的崛起，尤其是AI大模型的广泛渗透与应用，堪称AI技术从"认知"和"理解"迈向"生成""创造"和"创新"的历史性跨越。这一转折不仅极大地丰富了AI的应用版图，使之超越了传统数据处理与分析的局限，大步流星地踏入了内容创造、个性化互动等前沿阵地，而且为AI在各行各业的深度融合与广泛应用奠定了坚实基础，有力地推动了全球数字化与智能化步伐的加速发展，为产业的全方位转型升级提供了强大的驱动力与无限可能。

2024年全球AI产业的发展规模呈现显著的增长态势。

1.2.1　全球AI产业的总体市场规模

根据沙利文咨询的预测，2024年全球AI市场规模将达6158亿美元。至2027年，全球AI市场规模将突破11万亿美元大关。这一数据表明，全球AI产业正持续扩大其市场影响力，并展现出巨大的发展潜力。其中，生成式AI凭借广泛的应用前景和无限的潜力，将成为推动这一市场增长的核心引擎。在中国，AI市场的蓬勃发展带动了金融、医疗、制造等领域的深度革新，并将显著推动全球市场的发展。

值得注意的是，作为前沿领域，大模型的发展尤为迅猛。据钛媒体国际智库报告，2024年全球AI大模型市场规模将突破280亿美元。这表明，随着技术的不断进步和应用场景的拓展，AI大模型正在成为推动产业发展的重要力量。

根据TrendForce集邦咨询的报告，2024年全球AI服务器的产值达到1870亿美元，年增长率高达69%。这一数据凸显了AI技术在当前IT生态系统中的重要性，并预示着未来几年AI服务器产值将继续保持高速增长。

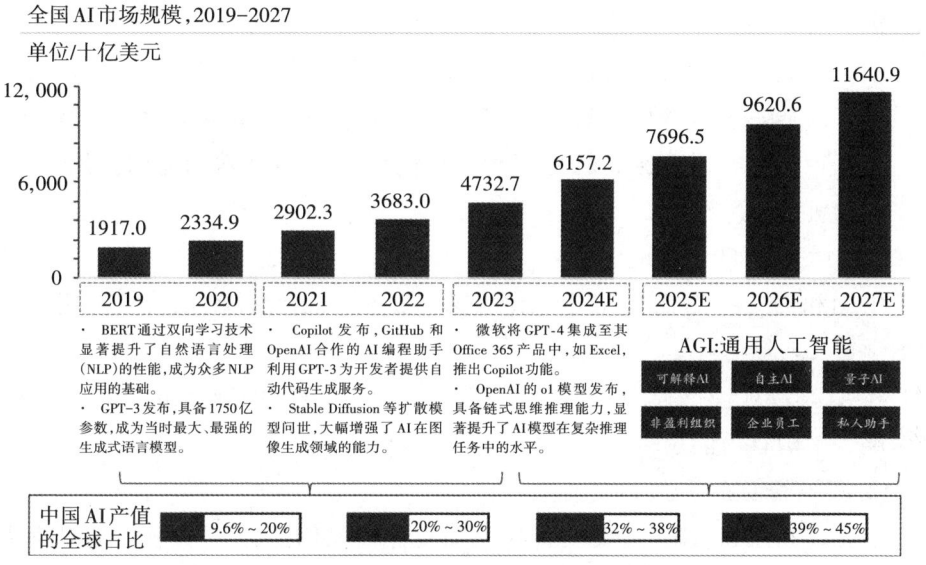

图1.40 全球AI市场规模概览与趋势分析

注：BERT，bidirectional encoder representations from transformers。

1.2.2 全球AI产业的区域市场特点

预计到2027年，中国在全球AI市场价值中的贡献将稳步增长，有望达到39%~45%。这一增长得益于AI开发的快速进展、处理和数据管理技术的发展，以及AI在金融、医疗和游戏等领域的加速应用。

中国市场：正迈向标准化和规范化，政府通过发布如《国家人工智能产业综合标准化体系建设指南（2024版）》等政策文件，积极推动产业标准的制定与国际对接，市场规模持续扩大，增长速度全球领先，展现出强大的市场活力和应用潜力。

欧美市场：以德国、美国为代表，这些国家在AI领域拥有深厚的技术积累和创新优势。政府通过设立专项基金、建立研究机构、推动产学研合作等方式，不断促进AI技术的突破和应用落地。同时，这些市场的监管体系相对完善，对AI产品的安全性和隐私保护有着严格的要求。

亚洲其他市场：如韩国、日本等国家，在AI产业上也表现出强劲的发展势头。它们注重技术创新与产业应用的结合，在智能制造、智慧城市等领域取得了显著成果。同时，这些国家也积极与国际接轨，参与全球AI标准的制定和全球合作。

中东市场：以沙特阿拉伯为代表，近年来积极布局AI产业，通过引进先进技术、培养本土人才、推动政策创新等方式，努力打造区域性的AI创新高地。这些市场往往具有独特的地理和文化优势，为AI技术的应用提供了广阔的空间和机遇。

① 中美两国的主导地位

中国和美国占据全球AI市场绝大多数的份额，软件市场营收占比最大，深度学习和机器学习是主流技术。

在AI投资规模上，中国位居全球第二，但与美国仍有差距，按照当前投资速度，中国有可能超越美国。

② 政策和创新竞争

各国纷纷推出AI相关发展新政策和新计划，以提升在AI领域的竞争力。例如，中国发布《国家人工智能产业综合标准化体系建设指南（2024版）》，强调标准化和规范化。

美国通过《人工智能创新未来法案》，强调国际标准的制定、数据共享和安全性研究的重要性。

第1章 全球AI行业发展现状与趋势

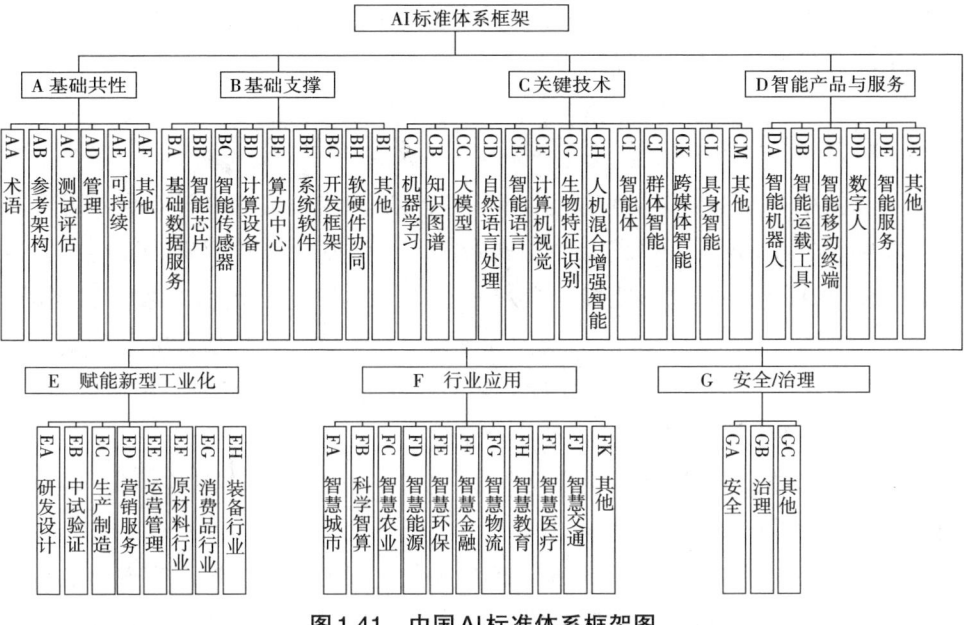

图1.41 中国AI标准体系框架图

③ 研发和人才储备

中国在AI论文总量和发明专利方面领先美国，质量上略低于美国。

中国培养了大量的AI人才，但顶尖AI人才仍落后于美国，预计2030年AI人才缺口多达400万人。

④ 行业应用和未来趋势

AI技术正在成为推动经济增长的新引擎，在政治领域，AI技术的影响力不断加深。

各国在推进AI产业的同时，特别关注技术伦理、安全问题和人才培养。

2024年全球AI产业发展规模庞大且增长强劲，中美两国在技术和市场占有率上领先全球，各国政府也通过政策和计划积极推动AI技术的发展和应用。

随着生成式AI技术的日益成熟，其孕育的商业模式与新兴经济增长点正趋向多元化。当前的AI创新浪潮正如一股强劲的驱动力，预示未来数十年间AI行业将持续经历深刻变革。未来，AI不仅将在成本控制上展现出巨大潜力，更将通过广泛的商业应用，重塑并构建全新的价值链体系。

展望未来，至2045年，AI技术将步入深度优化阶段，其商业化步伐也将显著加快。到2070年，我们或有望见证具有高度普适性与灵活适应性的"普适AI"的诞生。这一里程碑式的成就，将不仅标志着AI技术的新高度，更将开启一个技术革新与经济发展的全新时代，为全球经济的蓬勃发展与社会的全面进步注入源源不断的创新活力与动力。

1.2.3 英伟达（NVIDIA）的崛起与行业影响

随着生成式AI（Gen AI）技术的蓬勃发展，人们对高性能计算资源的需求急剧增加，NVIDIA凭借卓越的硬件创新能力和深厚的技术积累，已经稳固地占据了全球AI产业的领军地位。2024年6月，NVIDIA的市值突破了惊人的3万亿美元大关，成为继科技巨头微软和苹果之后，第三个达成此非凡成就的美国企业。2024年第二季度的财报发布后，NVIDIA的业绩实现了历史性飞跃，进一步巩固了其在市场中不可撼动的地位。

NVIDIA的成功不仅体现在其大量新款Blackwell系列GPU的预售订单上，更在于其积极寻求与政府客户的合作，不断拓展应用场景。Blackwell B200 GPU和GB200超级芯片的推出，标志着NVIDIA在性能提升和能效优化方面取得了重大突破，相较于前代H100架构的Hopper，性能显著提升且成本及能耗大幅降低，这一成就无疑为NVIDIA在AI硬件领域的霸主地位再添一枚重重的砝码。

在大型GPU集群构建方面，H100集群以出色的性能和稳定性成为增长的主力军。其中，规模最大的仍然是Meta的35万个H100集群，其次是xAI的10万个H100集群和特斯拉（Tesla）的3.5万个H100集群。与此同时，Lambda、Oracle Cloud和Google也在构建大型集群，总计超过7.2万个H100。包括Poolside、Hugging Face、DeepL、Recursion、Photoroom和Magic在内的多家公司已经构建了超过2万个H100计算能力的集群（图1.42）。

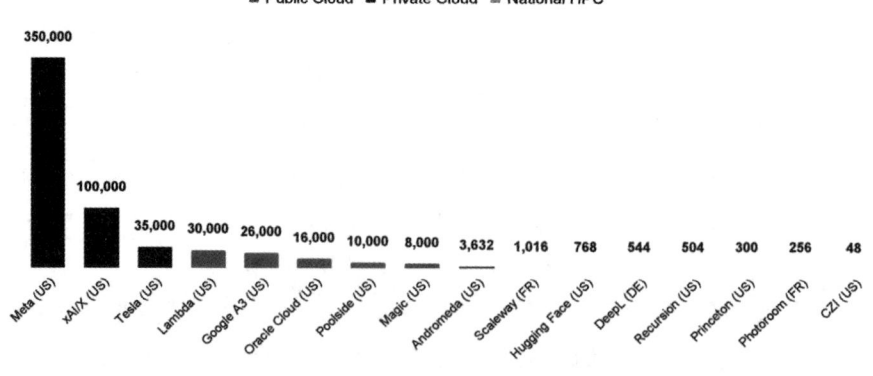

图1.42　2024年H100集群建设规模统计图

此外，首批GB200集群也已投入运行。这预示着NVIDIA新一代产品正在逐步占领市场。OpenAI更是计划在2025内构建规模达30万个节点的GB200集群，进一步彰显了NVIDIA在AI领域的强大影响力。

在学术研究层面，NVIDIA同样保持着领先地位。据统计，NVIDIA的GPU显卡在AI研究论文中的使用量远超其他竞争对手，即便其领先优势在2024年有所缩小，但仍保持着11倍的领先。值得一提的是，华为Ascend 910的使用量增长了353%，大型AI芯片初创竞争对手的使用量增长了61%，苹果的自研芯片也首次出现。图1.43（请注意，纵轴为对数刻度）展示了近几年各种芯片在AI研究论文中的使用量对比情况。

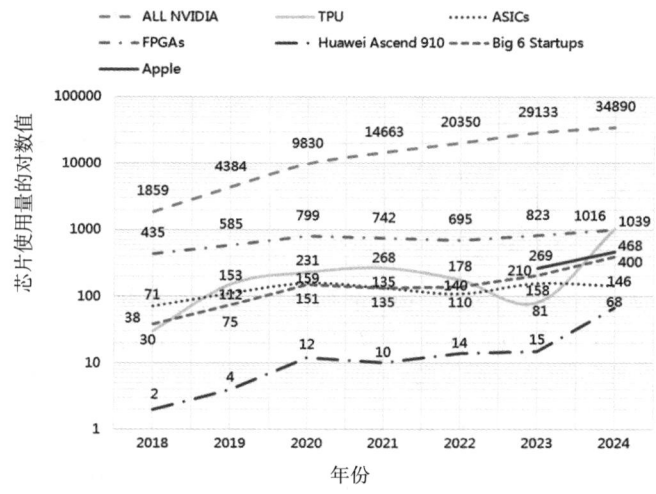

图1.43　2018—2024年各种芯片在AI研究论文中的使用量对比情况统计图

A100在AI研究论文中的使用量继续增长（同比增长59%），与H100（477%）和4090（262%）一同增长，尽管后两者基数较低。V100（现已发布7年，-20%）的使用率仍然只有A100（现已发布4年多）的一半，进一步证明了NVIDIA系统在AI研究中的长久生命力。

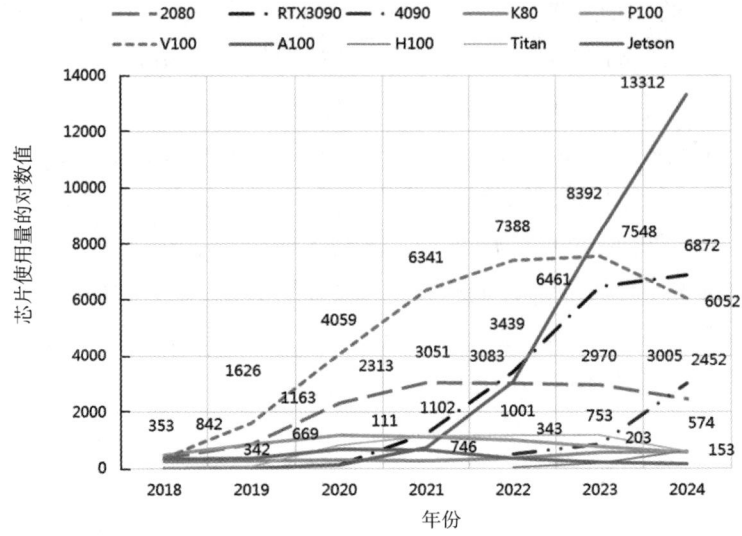

图1.44 2018—2024年NVIDIA各型号芯片在论文中的使用量对比统计图

然而，面对NVIDIA的强势崛起，初创公司并未止步不前。Cerebras、Groq和Graphcore等AI芯片新兴企业崭露头角，它们虽然持有市场份额相对较小，但正在通过提供基于开放模型的推理接口等创新服务，努力寻求突破。这些初创公司正以技术实力和市场竞争力为武器，向NVIDIA的霸主地位发起挑战。

由于认识到过度依赖NVIDIA的风险，大型科技公司正在加速开发自己的硬件。Google推出了基于Arm架构的TPUv5，Meta正在开发第二代内部推理加速器。

综上所述，NVIDIA在2024年全球AI产业发展中继续保持着领先地位，其硬件实力、市场地位及学术影响力均无人能及。然而，随着技术的不断革新和市场竞争的日益激烈，NVIDIA能否持续保持这一优势，仍需时间来验证。未来，我们期待看到更多企业加入AI产业的竞争中来，推动这一领域的繁荣发展。

1.2.4 AI商业模式的发展趋势

在AI产业蓬勃发展的背后，商业模式的发展趋势日益凸显。2024年，全球AI商业领域将面临一系列新的挑战与机遇，这些变化不仅影响着AI企业的盈利能力和市场竞争力,而且深刻改变着整个行业的格局和发展方向。接下来,将从企业盈利挑战、产品多元化趋势及行业应用拓展三个方面,深入探讨全球AI商业模式的发展趋势。

企业盈利挑战:AI初创公司估值高但盈利难,大型模型提供商收入增长但成本也高。

产品多元化趋势:从模型构建转向产品设计,结合其他领域开发创新产品,提高产品附加值。

行业应用拓展:在医疗、法律、机器人等多领域的应用增加,面临版权等问题,需遵守法律法规,促进技术研发和创新。

(1)企业盈利挑战与机遇并存

随着AI技术的快速发展,AI产业内的企业面临着盈利模式的挑战与机遇。一方面,一些AI初创公司因创新性和潜力而获得了高估值,但由于研发成本高昂、市场竞争激烈及商业化路径不明确等因素,这些公司往往难以盈利。它们需要不断探索新的商业模式,以降低运营成本,增强盈利能力。另一方面,大型模型提供商(如NVIDIA等)在AI技术成熟和市场需求增长的推动下,收入持续增长。然而,这些公司也面临着高昂的研发和运营成本,包括数据收集、模型训练、算力消耗等。因此,如何在保持收入增长的同时有效控制成本,成为这些企业需要解决的问题。

(2)产品多元化趋势明显

为了应对盈利挑战,AI企业开始探索产品多元化的发展路径。除了传统的模型构建和算法优化外,它们还将AI技术与其他领域相结合,开发出具有创新性和实用性的产品。例如,将聊天机器人与编码环境结合,为用户提供智能化的编程辅助工具;将AI技术应用于图像识别、语音识别等领域,开发出更加智能化的应用产品。

这种产品多元化的趋势不仅有助于AI企业拓展市场,而且能提高产品的附加值,从而增强企业的盈利能力。

(3)行业应用拓展与问题应对

随着AI技术的不断成熟,其在医疗、法律、机器人等多个领域的应用也在不断增加。在医疗领域，AI技术可以辅助医生进行疾病诊断、药物研发等；在法律领域，AI技术可以辅助律师进行法律检索、合同审查等；在机器人领域，AI技术可以赋予机器人更加智能化的行为和能力。

然而，AI技术在各行业的应用拓展也带来了一系列的问题。其中，版权问题尤为突出。AI技术依赖大量的数据进行训练和学习，这些数据可能涉及版权保护内容。因此，AI企业在应用过程中需要严格遵守相关法律法规，确保数据的合法性与合规性。同时，AI企业需要促进技术研发和创新，探索更加智能化的版权保护方案。

1.3 2024年AI前沿技术趋势展望

在2024年10月举办的世界科技与发展论坛上，在以"人工智能治理创新"为主题的专题会议中，中国科学院院士、世界机器人合作组织理事长乔红深刻洞察并阐述了一系列人工智能技术的前沿发展趋势。这些趋势不仅标志着技术领域的革新方向，更为我们描绘了一幅未来智能化、高效化的宏伟蓝图。本节将依托乔红院士的趋势报告及相关权威资料，深入剖析2024年人工智能技术的最新发展动向。

1.3.1 AI核心技术革新

（1）建设多样性小数据和优质数据，精炼数据策略

大量的无效数据不仅消耗了计算资源，而且给模型可靠训练带来挑战。在此背景下，小数据和优质数据的价值越来越重要。小数据更注重数据的精度和相关性，从本质上减少AI算法对数据的依赖和不确定性，增强网络的可靠性。

筛选高质量、相关性强的"小数据"是关键。这种策略旨在通过提升数据质量而非数量来优化模型训练，减少计算资源的浪费，并为通用AI的突破提供新路径。

（2）人机对齐，发展人机协同伦理框架

人机对齐是指确保AI系统的目标、意图和行为与人类的价值观一致。为了实现AI模型能力与人类意图的和谐统一，必须构建起人机对齐的伦理框架，促进人机协同的深入发展。人机对齐并非单纯依赖数据和算法所能达成,它要求我们在设计AI的奖励机制时,不仅要充分考量任务的执行效率、经济效益及实际效果,更要将人类的伦理标准纳入其中,作为不可或缺的评价维度。通过融入伦理考量,我们能确保AI的行为在追求高效的同时,也严格遵循人类社会的道德准则,从而实现真正意义上的人机协同与共赢。

亚马逊招聘决策工具事件就是人机对齐问题的典型案例。2018年,亚马逊停止了一款用于招聘决策的机器学习工具,原因是该工具对女性存在偏见。开发者并不希望在候选人筛选中引入性别歧视,然而,该模型是基于公司过往招聘数据进行训练的,可能识别和放大了训练数据中的偏差。亚马逊招聘决策工具事件凸显了人机协同伦理框架的至关重要性:即便技术初衷中立,若缺乏有效的人机协同与伦理指导,算法也可能在无意中放大人类偏见,导致不公平事件的发生。

(3)AI使用边界和伦理监督模型

当前AI系统的合规性、安全性和伦理问题越发突出,建立一个AI监督模型框架尤为必要(图1.45)。其主要目的是通过制定明确的标准和规范,确保所有AI系统在开发和使用过程中遵循既定的原则,从而减少AI在制度没有确定的情况下被过度使用带来的风险。

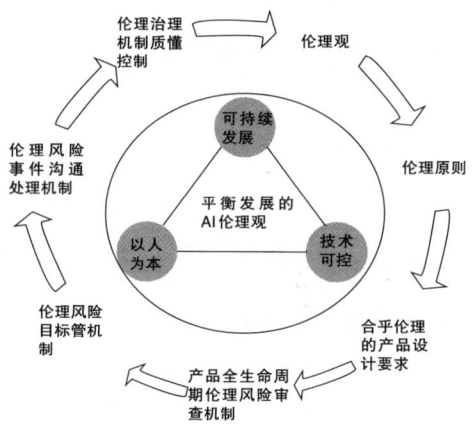

图1.45 平衡发展的AI伦理观

（4）透明可解释性增强

在确保 AI 系统高效运行的同时，增强其透明可解释性，是赢得用户信任并推动 AI 在关键领域广泛应用的核心要素。以医疗健康领域为例（见图 1.46），一个具备高度可解释性的 AI 诊断系统，能够清晰地向医生展示其诊断结论的推理过程与依据，这不仅极大地提升了诊断结果的可信度，而且有效减少了因误解或不确定而导致的过度医疗干预，进而显著提高了诊疗效率与患者满意度。

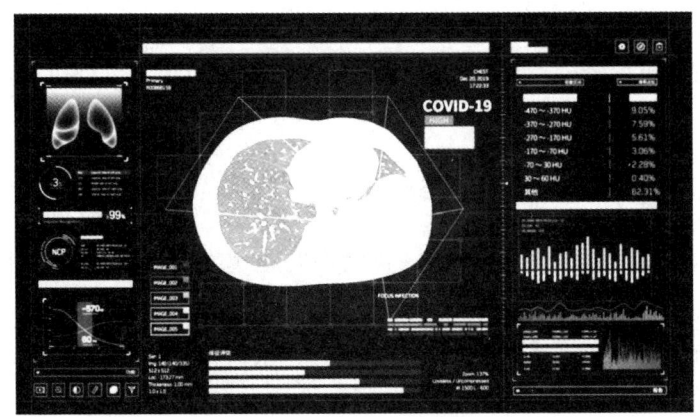

图 1.46　高度可解释的新冠肺炎 AI 辅助诊断系统

1.3.2　大规模预训练模型与智能升级

（1）规模效益的持续探索

持续探索规模效益的边界，大规模预训练模型凭借海量的参数与丰富的训练数据，显著提升了人机交互的流畅度与推理的精准性，极大地拓展了 AI 可处理任务的广度，增加了 AI 处理任务的深度。当前，"规模定律"的效力在不同领域均得到了有力验证，无论是语言模型的精进，还是图像处理、语音识别等领域的突破，都彰显了大规模预训练模型对 AI 技术广泛应用的强大支撑作用，为 AI 的未来发展奠定了坚实的基础。

（2）全模态大模型融合创新

全模态大模型融合创新技术，能够全面处理并深入理解包括文本、图片、音频、数据表格乃至3D点云等多种形态的数据输入。这种技术不仅极大地拓宽了数据处理的范畴，而且根据特定任务的需求，灵活地生成多样化的输出形式。例如，通过引入3D点云数据这一模态，为机器人提供了精准捕捉三维空间信息的能力，从而在导航与避障等应用场景中展现出其显著的优势与潜力。

图1.47展示了基于英特尔架构的一个方案，其中包含了镭神智能的128线车规级混合固态雷达。该雷达为路侧边缘计算设备深度学习提供了超清晰、多维度的高质量3D点云数据，与摄像头一起感知融合，有效提高了道路数据获取的准确性与可靠性，保障了自动驾驶车辆的平稳运行。

图1.47　车联网中基于英特尔架构的激光雷达3D点云处理与感知融合方案

（3）AI驱动科研范式转变创新

AI正引领科研范式的根本性转变，通过运用大模型、生成式技术等前沿成果，科学研究在假说构建、试验设计、数据分析等关键环节实现了效率与准确性的双重飞跃。科学家得以借助AI技术，实现试验过程的实时监测与智能调整，迅速获取并反馈试验结果，从而动态优化试验方案与科学假设。AI的深度融合，极大地加速了科研进程，更在提升研究质量的同时，开辟了一个全新的科学研究时代，标志着科研活动正迈入智能化、高效化的新纪元。

AI驱动科研范式转变创新的实践体现在多个领域，以下是几个具体的实践案例。

① 蛋白质结构预测

典型应用：AlphaFold。

实践内容：DeepMind公司开发的AlphaFold2算法，利用深度学习模型对蛋白质结构进行预测，其准确性甚至可与实验解析的结果相媲美。这一突破为生命科学领域带来了全新的视角和前所未有的机遇。

创新意义：AlphaFold2彻底改变了蛋白质结构解析领域的研究范式，从传统的费时费力的实验技术转变为低门槛、高精度、高通量地预测蛋白质三维结构的新范式。

② 药物设计与研发

典型应用：生成式AI在药物设计中的应用。

实践内容：利用生成式AI模型，如AlphaFold3等，模拟生物分子结构，并通过扩散模型在虚拟世界中设计药物分子。同时，还可以训练AI代理进行药物分子设计，实现并行化设计，极大加快药物研发速度。

创新意义：AI技术显著缩短了药物研发周期，降低了研发成本，对于罕见病和个性化医疗具有重要意义。

③ 气候预测与地球科学研究

典型应用：NVIDIA的Earth-2项目和FourCastNet模型。

实践内容：通过构建地球数字孪生和物理学AI模型，实现对全球天气模式的快速模拟和预测。

创新意义：AI技术提高了气候预测的准确性和效率，为应对气候变化提供了有力的支持。

④ 生命科学大数据与智能算法结合

典型应用：跨物种生命基础大模型GeneCompass。

实践内容：通过整合全球开源的单细胞数据，利用智能算法模型对基因表达调控规律进行全景式学习理解。

创新意义：这种跨物种、大数据的智能分析方法为生命科学领域的研究提供了新的视角和工具。

⑤ 跨学科合作与AI赋能

典型应用：西湖大学非编码核酸生物学实验室的研究。

实践内容：利用计算和AI技术高效解析测序数据，分析非编码RNA的调控关系，找到调控规律。

创新意义：跨学科合作与AI赋能显著提高了科学研究的速度和准确性，推动了生命科学研究模式的变革。

AI驱动科研范式转变创新的实践体现在多个领域，这些实践不仅提高了科研效率和准确性，而且为科学研究带来了新的视角和工具。随着AI技术的不断发展，未来将有更多的领域受益于AI驱动的科研范式转变。

1.3.3 具身智能与实体应用

（1）具身智能的精细化控制

在传统的大模型应用中，机器人能够处理如决策制定、任务分解及常识理解等需要较慢反应速度的任务。然而，对于机器人的规划与控制这类需要强实时性和高稳定性的快速通道任务，传统大模型显得力不从心。为了解决这一问题，人们引入了具身智能的概念，它是人工智能在物理世界的进一步延伸，是使机器能够感知、理解并与物理环境形成互动的智能系统，具身智能机器人技术架构见图1.48。

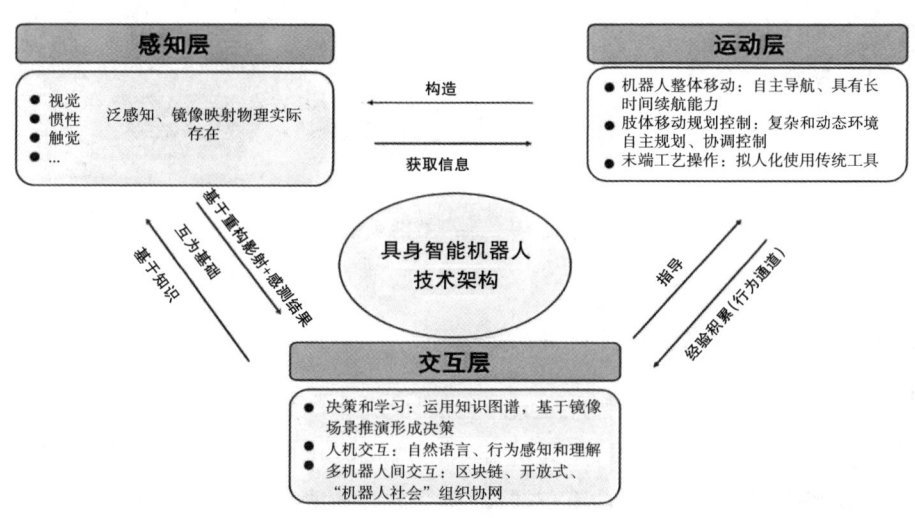

图1.48 具身智能机器人技术架构图

具身智能中的小脑模型，是专为机器人的高动态、高频、稳定规划控制而设计的。它通过集成多模型投票等先进的集成学习方法，能够结合机器人本体的结构特性及周围环境的具体信息，智能地选择最合适的模型控制算法。这一机制确保了机器人在充分理解自身物理约束的前提下，能够精准、快速地完成各种规划控制动作，使智能机器人更加满足现实世界的精细操作与实时控制需求。

在具身智能系统（见图1.49）中，具身小脑模型的提出，为机器人实现高动态、高频、稳定的规划控制提供了可能，通过集成学习方法，机器人能更好地适应复杂环境，满足精细操作需求。这一创新为智能机器人的广泛应用奠定了坚实的基础，预示着未来机器人技术将更加智能化、高效化，为人类社会带来更多的便利与可能。

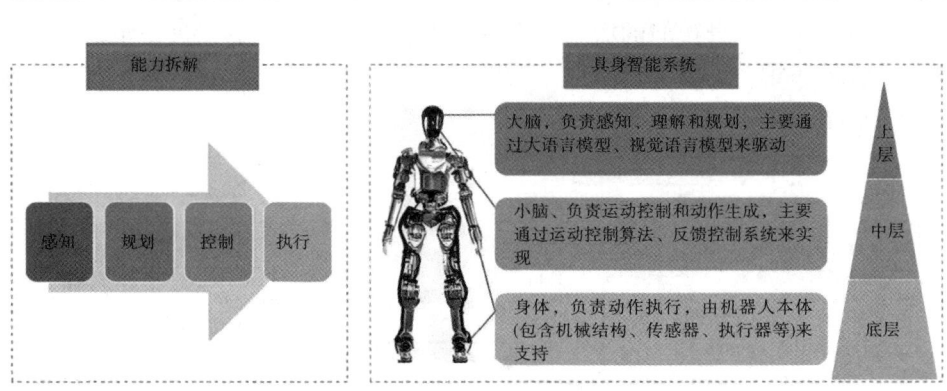

图1.49 具身智能系统

（2）实体AI系统的泛在化探索

实体AI系统是将具身智能赋能于物理世界中的实体对象，使传统设备能够突破其原有的功能限制，实现更高水平的智能化操作。人形机器人是实体AI系统的终极表现形态，它不仅具备多模态感知能力和理解能力，能够与人类自然互动，而且可以在复杂环境中自主决策和行动，并有望在未来应用于更多复杂的工作场景中。

实体AI系统，特别是人形机器人，作为智能技术的集大成者，正逐步突破传统设备的功能局限，向更复杂的工作场景中渗透，展现出广阔的应用前景。

1.3.4 生成式AI与虚拟现实

世界模拟器能提供沉浸式的高仿真体验，为使用者带来更加丰富和多样化的多元数字世界，可应用于教育、娱乐、游戏等领域（见图1.50），还可以创造更多超级数字场景。在机器人领域，这种技术还可用于构建大规模、标准化的多模态机器人行为数据集，增强机器人本体设计、仿真训练和算法迁移的能力。

图1.50　基于AI和虚拟现实技术的游戏场景

1.4　2024年AI技术面临的挑战与未来机遇

1.4.1　2024年AI技术面临的挑战

随着AI技术的不断发展和深入应用，2024年AI技术应对了一系列挑战。这些挑战不仅涉及技术层面，而且包括伦理、法律、经济和社会等多个方面。以下是对2024年AI技术面临挑战的具体分析。

1.4.1.1　技术层面的挑战

（1）工程化难题

业务场景落地难：尽管大模型在实验室环境中表现出色，但是当将其应用于具体业务场景时，会面临诸多挑战。如媒体行业对差错率的极低容忍度，使得大模型在实际应用中需要解决复杂的工程化问题，而非单纯的技术问题。

模型优化与调整：为了提高模型的准确性和效率，需要不断进行参数调整和优化，这是一项耗时且复杂的任务。

(2) 盈利问题

商业模式探索：大模型在盈利路径上仍需探索，无论是 To B 还是 To C 模式，都面临激烈的市场竞争和盈利压力。

成本控制：高昂的研发和运营成本是制约 AI 技术广泛应用的重要因素之一。

(3) 多模态与跨系统融合

多模态技术整合：随着 AI 技术的发展，多模态（如视觉、语音、文本等）的融合成为趋势，但如何有效地整合这些技术并发挥其最大效能，对我们来说仍是一个挑战。

跨系统兼容性：不同系统之间的数据交换和互操作性是实现 AI 技术广泛应用的关键，但当前系统间的兼容性问题仍待解决。

(4) 具身智能与物理世界交互

控制系统结合：将大模型与控制系统相结合，实现具身智能，是拓展 AI 应用场景的重要途径，但如何确保这种结合的安全性和有效性是一个难题。

物理世界适应性：AI 技术需要更好地适应物理世界的复杂性和不确定性，以实现更广泛的应用。

1.4.1.2 伦理与法律挑战

(1) 数据隐私与保护

随着 AI 技术对个人数据依赖程度的加深，如何确保数据的隐私和安全成为亟待解决的问题。

法律法规的完善和执行是保护数据隐私的关键。

(2) 责任归属与监管

在应用 AI 技术过程中，如何明确责任归属是一个复杂的问题。当 AI 系统出现错误或造成损害时，谁应承担责任？

加强对 AI 技术的监管，确保其符合伦理和法律规范，是保障社会和谐稳定的重要措施。

（3）算法偏见与歧视

AI算法可能因数据偏见而产生歧视性结果，如何消除算法偏见并确保公平性是一个重要挑战。

需要建立有效的机制来监测和纠正算法中的偏见。

1.4.1.3 经济与社会挑战

（1）数字鸿沟与AI鸿沟

传统企业在跨越AI技术门槛时面临更大挑战，人才和资源匮乏成为制约其发展的瓶颈。

如何帮助这些企业实现数字化转型和AI应用，缩小数字鸿沟和AI鸿沟，是亟待解决的问题。

（2）就业与劳动力市场

AI技术的发展可能对某些行业和工作岗位产生替代效应，导致就业结构发生变化。

如何应对这种变化，促进劳动力市场的转型和升级，是一个重要的社会经济问题。

（3）社会接受度与信任度

提高公众对AI技术的接受度和信任度是推广和应用AI技术的前提。

需要通过加强科普教育、展示AI技术的积极影响和潜在风险等方式来增强公众的信任感。

综上所述，未来AI技术将面临多方面的挑战。为了克服这些挑战，政府、企业、学术界和社会各界应该共同努力，加强合作与创新，推动AI技术的健康、可持续发展。

1.4.2　AI技术发展的未来机遇

从2024年开始，AI技术正以前所未有的速度向前迈进，为各行业带来前所未有的变革和机遇。

（1）技术创新与突破

深度学习与强化学习的融合：随着算法的不断优化，深度学习与强化学习的融合将成为推动 AI 技术发展的新动力。这种融合将使得 AI 系统能够更高效地从复杂环境中学习，并做出更加精准和智能的决策。

量子计算与 AI 的结合：量子计算的快速发展为 AI 提供了前所未有的计算能力，有望解决传统计算方式难以处理的复杂问题，如大规模优化、模拟和机器学习等。

生成式 AI 的崛起：生成式 AI，如生成对抗网络（GAN）和变换器等，将在内容创作、设计、艺术等领域展现出巨大潜力，推动创意产业的革新。

（2）应用领域的拓展

医疗健康：AI 在医疗诊断、个性化治疗、药物研发等方面的应用将进一步深化，提高医疗服务的效率和准确性，同时降低医疗成本。

智能制造：通过 AI 技术实现生产流程的智能化管理，提高生产效率，减少资源浪费，推动制造业向高端化、智能化转型。

智慧城市：AI 将在城市交通管理、环境保护、公共安全等领域发挥重要作用，提升城市管理的智能化水平，改善居民生活质量。

（3）产业融合与协同

AI+物联网：物联网设备的普及为 AI 提供了丰富的数据源，AI 技术将助力物联网实现更高效的数据处理和分析，推动智能家居、智能物流等的发展。

AI+区块链：区块链技术的去中心化、不可篡改特性与 AI 的智能分析能力相结合，将在金融、供应链管理等领域带来革命性的变革。

AI+5G：5G 技术的高速度、低延迟特性为 AI 应用的实时性提供了有力支持，将促进远程医疗、自动驾驶等应用的落地和发展。

（4）社会影响与伦理考量

就业与技能转型：AI 技术的发展将带动新兴职业的产生，同时给传统就业市场带来挑战。社会需要关注技能转型和再培训，以确保劳动力市场的平稳过渡。

隐私与数据安全：随着AI应用的广泛深入，个人隐私和数据安全问题亟待解决。促进数据保护法规的制定和执行，保障用户权益成为重要议题。

伦理与责任：AI技术的快速发展带来了伦理上的挑战，如算法偏见、自主武器系统等。建立完善的伦理框架和监管机制，确保AI技术的健康发展和社会福祉成为关键议题。

（5）政策环境与支持

政府政策引导：各国政府将加大对AI技术的支持力度，通过制定发展规划、提供资金支持、优化创新环境等措施，推动AI技术的快速发展和应用。

国际合作与交流：加强国际间的合作与交流，共同应对AI技术带来的挑战和机遇，推动全球AI技术的均衡发展。

综上所述，2024年AI技术发展的机遇是多方面的，既包括了技术本身的创新与突破，也涵盖了应用领域的拓展、产业融合与协同、社会影响与伦理考量及政策环境与支持等多个层面。这些机遇将为AI技术的快速发展和广泛应用提供有力支撑，推动人类社会朝着更加智能化、高效化的方向发展。

第2章 中国AI产业发展现状及趋势

中国作为全球第二大经济体，近年来，在AI领域取得了显著的成就，不仅市场规模持续扩大，而且技术创新能力显著增强。本章将深入探讨中国AI产业的发展现状，分析其背后的驱动因素，并展望未来的发展趋势。通过本章的阐述，读者可以全面了解中国AI产业的最新动态，把握行业发展的脉搏，为未来的决策和规划提供参考。

2.1 中国AI技术发展现状与趋势

2024年中国AI技术在多个方面取得了显著提升，并呈现出多元化的发展趋势。未来，随着技术的不断进步和应用场景的拓展，中国AI产业将迎来更加广阔的发展前景。

2.1.1 中国AI技术发展现状

2024年，AI技术发展迅速，中国在深度学习、NLP、计算机视觉（CV）等AI核心技术上取得了重要突破。例如，在图像识别、语音识别等领域的国际竞赛中，中国的科研团队屡获佳绩，部分技术已达到或超越国际领先水平。同时，中国还积极布局量子计算、类脑计算等前沿技术，为AI技术的发展奠定了坚实基础。

2.1.1.1 深度学习、NLP、计算机视觉、强化学习等领域的算法创新

（1）深度学习算法的优化与改进，大模型技术显著提升

中国在深度学习算法的优化与改进方面取得了显著进展。通过引入新的网

络结构、优化算法和训练技巧，深度学习模型的性能得到了大幅提升。例如，一些研究团队提出了更加高效的卷积神经网络和循环神经网络变体，以及基于注意力机制（attention mechanism）的Transformer模型，这些模型在图像识别、语音识别、自然语言处理等领域展现了出色的性能。这些进展成果主要涵盖以下几个方面。

CNN变体：通过优化网络结构（如残差连接、深度可分离卷积）和训练策略（如动态学习率、批量归一化），提高了图像识别等任务的效率和准确率。

RNN变体：引入门控机制（如LSTM、GRU）解决了长序列处理的梯度问题，并通过并行化处理和知识蒸馏技术进一步提升了性能。

Transformer模型：利用自注意力机制、编码器-解码器架构和多头注意力机制，在自然语言处理等领域展现了卓越的性能，特别擅长捕捉长距离依赖关系并支持高度并行计算。

这些优化和改进使得深度学习模型在各个领域的应用更加高效和精准。

CNN在图像识别领域具有显著优势，RNN在处理序列数据方面有一定专长，而Transformer在处理长序列和并行计算方面表现尤为突出，同时具备良好的泛化能力。表2.1展示了这三种模型的性能特点。

表2.1　CNN、RNN、Transformer三种模型的性能特点

特点	CNN	RNN	Transformer
应用场景	图像识别、视觉任务	语音识别、自然语言处理	自然语言处理、图像处理
长序列建模	不适用	适用（但难以处理极长序列）	适用（能高效处理极长序列）
并行计算	支持	不支持	支持
参数量	较少	较少	较多
训练数据需求	高	较高	高
对位置敏感度	不敏感	敏感	敏感
泛化能力	一般	一般	良好

以下是一些基于深度学习算法优化与改进的应用案例。

① 自动驾驶汽车

自动驾驶汽车需要实时处理复杂的传感器数据，包括摄像头、雷达和激光雷达等。深度学习算法的优化，特别是CNN和Transformer模型的应用，使得自动驾驶汽车能够更准确地识别道路、行人和其他车辆。

研究人员通过引入更加高效的CNN结构和优化算法，增强了模型的实时处理能力并提高了准确性。同时，大模型技术如Transformer在语义分割和物体检测等任务中的应用，进一步增强了自动驾驶汽车的感知能力。大模型为自动驾驶汽车提供了强大的视觉处理支持，使车辆能够更准确地理解复杂的道路信息。

2024年12月4日，百度隆重推出了Apollo开放平台的重大升级版本——Apollo开放平台10.0（图2.1）。该平台依托创新的自动驾驶大模型ADFM，对核心算法进行了全面重构与优化，为全球的开发者和企业带来了革命性的技术突破。借助这一平台，用户能够以更低的成本、更高的性能及更强的安全保障，灵活研发适用于多种场景的自动驾驶产品，并加速推动自动驾驶落地与规模化应用。ADFM作为深度学习算法领域内的杰出优化与改进实例，充分展现了百度在自动驾驶技术领域的深厚积淀与前沿探索。

图2.1　2024年12月4日Apollo开放平台10.0发布

② 语音识别与合成

语音识别与合成是深度学习算法的重要应用领域。通过优化算法和引入大模型技术，语音识别的准确率得到了显著提升，语音合成的音质也更加自然流畅。

研究人员通过引入更加高效的RNN和Transformer模型，增强了语音处理的序列建模能力和鲁棒性。同时,预训练大模型并在特定任务上进行微调,进一步提升了语音识别和合成的性能。大模型技术为语音识别与合成提供了强大的语言建模和生成环境,使得语音处理更加自然流畅。

例如,科大讯飞(见图2.2)通过优化深度学习算法,特别是RNN和Transformer模型的应用,显著提高了语音识别和合成的准确率。科大讯飞的语音识别技术在多项国际权威评测(如CHiME、openASR等)中均取得了优异成绩,,近五年就累计获得20余项国际权威评测冠军。

图2.2 搭载尖端语音识别技术的讯飞耳内式助听器

(2)强化学习领域的算法突破

在强化学习算法的研究上,中国取得了重要突破,特别是在解决复杂决策问题方面。通过结合深度学习与强化学习,研究团队开发出了能够自主学习和决策的智能体,这些智能体在机器人控制、游戏AI等领域展现了巨大的潜力。

2024年11月,清华大学高阳团队提出了RLFP框架,旨在结合先验知识提高强化学习效率与自主性。RLFP框架利用策略、价值和成功奖励先验知识为智能体提供指导。基于此,团队进一步提出FAC算法,通过成功缓冲区、价值塑形和策略正则化等关键技术实现高效自主学习。

在真实机器人和模拟环境中,FAC算法展现出卓越性能。在Franka Emika Panda机器人(图2.3)中,FAC算法在5个任务中的平均成功率达86%,优于基线方法。在Meta-World环境中,FAC算法在7个任务中实现100%成功率,且训练时间短暂。消融实验表明,成功奖励先验知识对性能影响最大。

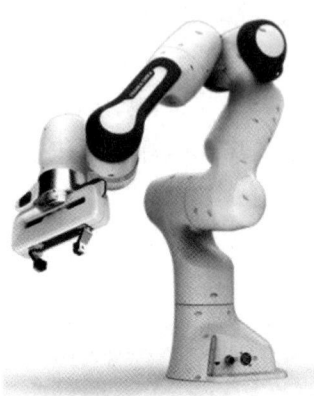

图2.3　Franka Emika Panda机器人

RLFP框架和FAC算法为强化学习应用提供了新思路，显著提高了样本效率和自主性。然而，当前框架仍依赖人类设计低层次技能和提示，先验知识主要来自预训练模型。未来研究可探索自动化生成技能和在线更新先验知识等领域。

（3）自然语言处理领域的算法突破

当前，中国在自然语言处理领域的自主研发能力显著增强。通过构建以DeepSeek-R1、文心一言为代表的超大规模预训练模型，并结合多模态融合技术与跨领域迁移学习框架，自然语言处理系统的性能实现了跨越式提升。例如，通义千问通过知识增强与动态上下文理解技术，显著优化了复杂语义场景下的任务表现。盘古大模型在长文本建模与知识推理任务中展现出国际领先水平。DeepSeek-R1突破传统单模态限制，支持跨语言、跨领域的文本生成与逻辑推理。

这些国产模型在文本分类（如星火大模型）、情感分析（如DeepSeek-V3）、机器翻译（如网易有道、腾讯翻译君）等场景中展现出卓越性能，同时推动智能客服、个性化推荐、知识图谱构建等应用场景的落地，为中国AI技术的产业化转型提供了核心驱动力。

表2.2清晰地展示了2024年中国在自然语言处理领域取得的算法突破成果，包括各个模型或产品的名称、描述与特点，以及它们在不同任务中的应用情况。

表2.2 2024年中国在NLP领域取得的成果及其应用情况

类别	模型/产品名称	描述与特点	主要任务与应用
文本分类与情感分析	文心一言	基于Transformer架构，知识增强大语言模型，强大文本分类与情感分析能力	理解复杂语境，判断情感倾向，支持市场分析和用户洞察
	DeepSeek-V3	基于Transformer架构的升级版，拥有更强的自然语言理解和生成能力，特别优化了复杂语境下的语义理解	用于高级文本分析、复杂情感判断、多轮对话系统等
	DeepSeek-R1	多模态融合增强版，支持跨语言与跨领域迁移学习，参数规模达5000亿，优化了长文本推理与生成能力	超大文本数据建模、跨领域情感分析、智能客服与个性化推荐
	通义千问	超大规模语言模型，参数规模1000亿，中文领域强大预训练模型之一	高效处理大量文本数据，提升业务效率
	星火大模型	具备出色的文本生成和理解能力，适用于多种NLP任务	文本分类、情感分析、文本生成等
	Kimi	新兴NLP佼佼者，基于Transformer架构，擅长深入理解复杂文本语境	问答交互、文本创作、情感分析、知识图谱构建等
机器翻译	网易有道	基于Transformer架构，高精度翻译效果，处理复杂语言结构和语义关系	提供流畅、准确的翻译服务
	腾讯翻译君	腾讯智能翻译应用，支持多语言实时翻译，采用先进预训练和迁移学习技术	实现不同语言间高精度翻译
其他自然语言处理任务	智谱清言	生成式AI助手，基于Transformer架构，强大自然语言生成与理解能力	问答系统、文本摘要、知识推理等智能化语言服务
	盘古大模型	业界首个千亿参数中文预训练模型，具有强大的自然语言处理能力	新闻分类、文本摘要、知识推理等，支持企业智能化转型

（4）计算机视觉等领域的算法突破

2024年，中国在计算机视觉领域的研究取得了重要突破，特别是在引入深度学习算法和大规模数据集后，计算机视觉模型的性能得到了大幅提升。

以下是一些具体的中国AI模型案例，这些模型在图像识别、目标检测、图像分割等任务中展现出了卓越的性能，并为智能交通、安防监控等领域提供了有力支持。

① 图像识别与目标检测

可灵AI：在模型设计方面该模型采用了类Sora的"DiT"结构，以Transformer替代传统扩散模型中的U-Net，显著增强了模型的处理能力，提高了生成效率。可灵AI的核心竞争力在于其能够生成大幅度的合理运动，模拟物理世界特性，具备强大的概念组合能力和想象力，能生成高分辨率、时长更长的视频（见图2.4）。这些优势使得可灵AI在短视频技术领域展现出了广泛的应用前景，并深度支持了国内首部AIGC原创奇幻微短剧《山海奇镜之劈波斩浪》的制作。

深眸远智"XbotGo变色龙"：这是一款轻便型高清摄像机与智能跟踪拍摄系统，能够实时分析并智能预测运动轨迹，自动调整摄像角度，针对复杂多人运动场景进行优化，实现全自动、高质量拍摄。目前，该系统已支持篮球、足球、冰球等20多种运动场景的自动跟踪拍摄。

图2.4　使用可灵AI生成冬日暖阳图片

② 图像分割

千帆大模型开发与服务平台：2024年，该平台通过集成和优化多种先进的图像分割模型，为用户提供了更强大、更高效的图像分割服务。

千帆大模型在图像分割领域的技术突破和模型创新主要包括以下几个方面。

第一，EfficientSAM模型。

技术亮点：在CVPR 2024上，Meta AI团队提出的EfficientSAM模型通过掩码图像预训练实现了高效的图像分割。该模型不仅具有出色的性能，而且在推理速度和参数规模上都实现了显著的优化。

性能提升：与传统的SAM模型相比，EfficientSAM的推理速度提高了20倍，参数数量减少了20倍。这使得模型在训练和部署过程中更加高效，降低了计算资源和存储空间的需求。

应用场景：EfficientSAM在自动驾驶、医疗影像分析、智能安防、人机交互等多个领域展现出强大的性能，为这些领域的发展提供有力支持。

第二，其他先进模型。

Mask2Former：作为基于Transformer的图像分割模型，Mask2Former在全景分割、实例分割和语义分割任务中取得了显著成效。其创新点包括使用Transformer结构进行图像分割、联合学习实例分割和语义分割、引入Masked Attention模块及支持多尺度和高分辨率特征。

STU-Net：作为一种可扩展和可迁移的医学图像分割模型，STU-Net通过在大规模数据集上预训练，展现在不同计算资源和任务间的优秀适应性。其技术创新包括残差连接的引入、上采样方法的改进及对称结构的模型设计。

图2.5　基于千帆大模型的图像分割效果图

千帆大模型开发与服务平台在图像分割领域的突破成绩得到了广泛的认可和应用。例如，在医疗影像分析领域，平台上的先进模型可以帮助医生快速识别病变区域，提高诊断效率和准确性；在自动驾驶领域，平台上的图像分割模型可以实现对道路、车辆、行人等元素的快速分割，为自动驾驶系统提供准确的感知信息。

③ 智能交通与安防监控

AI+安防监控工程：在智慧城市建设中，AI+安防监控工程得到了广泛应用。通过人脸识别、车辆识别等技术，系统可实时监控公共安全，增强防范能力。例如，某大型社区采用AI图像识别系统，实现了对出入小区人员的精准识别，有效防止了犯罪事件的发生。此外，AI技术还被应用于交通监控画面实时分析，对违章行为进行识别，提高了交通监控系统的智能化水平。

2.1.1.2 多模态AI模型的发展进展

近年来，多模态AI模型以处理复杂任务的能力备受瞩目，成为推动AI技术广泛应用的重要驱动力。虽然国际上如Google的Gemini和OpenAI的GPT-4等知名模型在多模态处理方面取得了显著成就，但是中国在这一领域也展现出强大的实力和创新力。

中国在AI领域拥有深厚的技术积累，这为多模态AI模型的发展奠定了坚实基础。在自然语言处理和计算机视觉这两大核心技术方面，中国取得了显著进展。这些技术的不断突破为AI模型的多模态处理提供了强有力的支撑，使得模型能够更准确地理解和处理文本、图像、视频等多种类型的信息。

依托强大的技术积累，中国成功地研发出一系列具有自主知识产权的多模态AI模型。例如，成都人形机器人创新中心发布的RRMM（raydiculous robot multimodal model）模型，它是中国首个机器人多模态模型，能使机器人理解推理抽象的语义指令，并调度双臂协作系统执行任务（图2.6）。再如，上海科技大学钱学骏及其合作者开发的BMU-Net模型，是一个结合传统CNN与Transformer的混合深度学习框架，通过引入不同癌变风险等级的乳腺疾病树，实现了多层级乳腺癌风险预测。这些模型在保留传统AI模型优点的同时，融入了创新的多模态处理技术，使得模型在性能上得到显著提升。这些自主研发的多模态AI模型，不仅展示了中国在AI领域的创新能力，而且为后续在智能医学、机器人等领域的应用推广奠定了坚实基础。

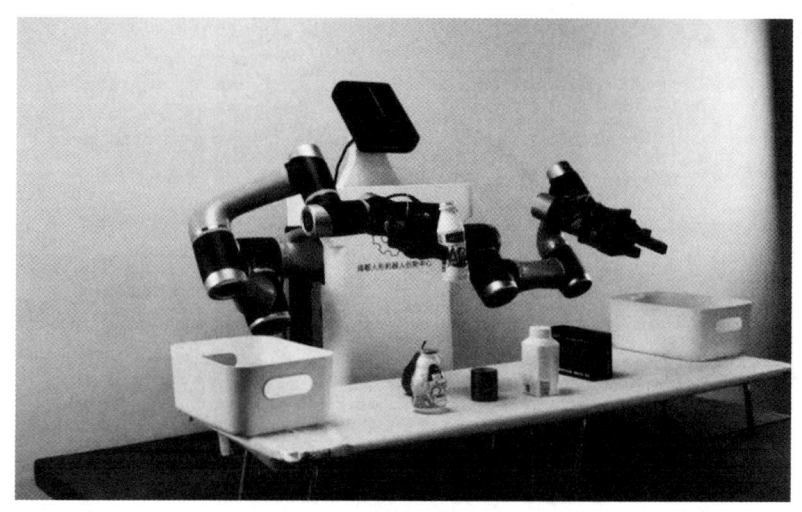

图2.6　RRMM多模态机器人

中国的多模态AI模型已经被广泛应用于智能客服、自动驾驶、智能医学、机器人等多个领域。在智能客服领域，多模态AI模型能够更准确地理解用户的语音和文本信息，提供更为贴心的服务；在自动驾驶领域，模型能够实时处理车辆周围的图像和视频信息，确保驾驶安全；在智能医学领域，模型能够辅助医生进行疾病诊断和治疗；在机器人领域，多模态AI模型则让机器人更加智能、更加灵活。

中国在多模态AI模型的发展方面取得了显著成果。这些成果不仅展示了中国在AI领域的实力和创新能力，而且为未来AI技术发展提供了有力支撑和广阔前景。

2.1.1.3　中国AI芯片的发展进展

（1）市场规模与增长趋势

中国AI芯片行业快速发展，市场规模显著扩大。AI芯片主要包括GPU、NPU、ASIC、FPGA。其中GPU用量最大，市场占比达到89.0%。NPU、ASIC、FPGA市场规模占比相对较低，分别为9.6%、1.0%和0.4%（见图2.7）。

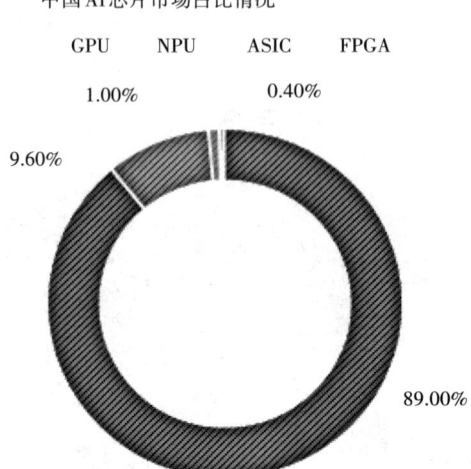

图2.7　中国AI芯片市场占比情况

近年来，随着市场需求高涨，我国AI芯片领域投融资热度较高。2019—2022年我国AI芯片行业投融资金额呈上升趋势，于2022年达到峰值313.4亿元。2023年AI芯片行业投融资事件及金额有所下降，投融资事件77起，投融资金额为147.35亿元。数据显示，2024年1—5月，我国AI芯片行业投融资事件为24起，投融资金额为22.78亿元。尽管投融资活动在2023年有所放缓，2024年年初的数据也显示出一定的下降趋势，但AI芯片作为未来科技发展的关键领域，其长期投资潜力仍然被市场看好。

中国AI芯片产业正处于高速发展时期，国内AI芯片领域代表企业有华为海思、寒武纪、地平线、云天励飞、中星微电子等，产品已广泛应用于智能制造、智能驾驶、智能安防等领域。企业注册量也快速增长，根据企查查数据显示，2023年我国AI芯片企业注册量达19307家，同比增长22.6%。2024年1—5月，我国AI芯片企业注册量达7141家。这一数据反映出，尽管AI芯片行业在近期投融资方面有所波动，但新企业的快速涌现表明市场对该领域的长期发展前景依然充满信心，预示着AI芯片产业将持续保持强劲的增长势头。

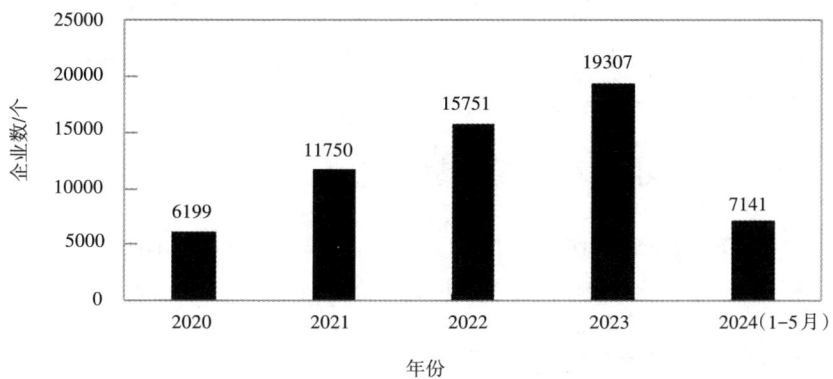

图2.8　2020—2024年5月中国AI芯片相关企业注册量统计图

（2）政策环境

中国政府高度重视AI芯片行业的发展，通过一系列政策措施鼓励和支持该行业的技术创新和产业升级。这些政策涵盖了资金扶持、税收优惠、人才引进等多个方面，为AI芯片企业提供了强有力的支持。

政府政策的扶持不仅为AI芯片企业提供了良好的发展环境，还为企业带来了广阔的市场机遇。随着AI技术的普及和应用领域的拓展，AI芯片的市场需求将持续增长，为企业的发展提供了广阔的空间。

（3）技术创新与市场应用

在技术创新方面，中国AI芯片企业取得了显著成果。这些企业通过加大研发投入，突破了一个个技术难关，推出了华为昇腾、寒武纪思元、昆仑芯等多款具有自主知识产权的AI芯片产品。这些产品在性能、功耗、成本等方面具有明显优势，满足了不同应用场景的需求。

AI芯片已广泛应用于自动驾驶、智慧安防、智能家居、消费电子等领域。随着技术的不断进步和应用场景的拓展，AI芯片的市场需求将持续增长。特别是在自动驾驶、智慧安防等高端应用领域，AI芯片将发挥越来越重要的作用。

（4）竞争格局与未来展望

中国AI芯片市场竞争日益激烈。国际巨头如英伟达、英特尔等在中国市场占据一定份额，但中国本土企业也在积极布局AI芯片领域，通过技术创新和市场竞争不断提升自身实力。

随着技术的不断进步和应用领域的拓展，中国 AI 芯片行业将迎来更加广阔的发展前景。预计在未来几年内，中国 AI 芯片市场规模将继续保持快速增长态势，为相关企业带来更多的发展机遇。

2.1.2 中国 AI 技术发展趋势展望

中国 AI 技术正处于快速发展阶段，并展现出强大的创新潜力和广阔的应用前景。以下是对中国 AI 技术未来发展趋势的展望。

（1）技术深度融合与跨界创新

随着 AI 技术的不断成熟，它将与其他前沿技术（如物联网、区块链、5G 等）进行更深度的融合。这种融合将催生一系列新的应用场景和商业模式，推动 AI 技术在更多领域实现跨界创新。例如，AI 与物联网的结合将促进智能家居、智慧城市等领域的智能化升级；AI 与区块链的结合将提升数据的安全性和可信度，为金融、供应链等领域带来新的变革。

（2）模型轻量化与高效化

为了满足更广泛的应用需求，AI 模型将朝着轻量化、高效化方向发展。通过算法优化和模型压缩等技术手段，降低模型的复杂度，减少模型的计算量，提高模型的运行效率和准确性。这将使得 AI 技术能更好地应用于移动端、边缘计算等场景，实现更广泛的普及和应用。

（3）多模态交互与个性化服务

随着多模态 AI 模型的发展，未来的 AI 系统将能够更自然地与人类进行多模态交互，包括语音、图像、文本等多种方式。这将使得 AI 服务更加个性化、智能化，能够更好地满足用户的需求。例如，在智能客服领域，多模态交互将使得机器人能够更准确地理解用户的意图和情感，提供更贴心的服务。

（4）AI 芯片与硬件加速

随着 AI 技术的广泛应用，人们对其计算能力的需求也日益增长。为了满足这一需求，中国将继续加大在 AI 芯片领域的研发力度，推动 AI 芯片的国产化进程。未来，将有更多高性能、低功耗的 AI 芯片问世，为 AI 技术的发展提供强大的硬件支持。同时，AI 芯片与硬件加速技术的结合将使得 AI 系统的运行效率得到进一步提升。

(5) 行业应用深化与产业协同

AI技术将在更多行业中实现深度应用,推动产业的智能化升级。例如,在医疗领域,AI将助力精准医疗和个性化治疗;在金融领域,AI将提升风险防控和金融服务效率;在教育领域,AI将促进教育资源均衡分配和个性化教学的发展。同时,不同行业之间的协同合作也将加强,共同推动AI技术的创新和应用。

(6) 伦理规范与可持续发展

随着AI技术的广泛应用,其伦理问题和可持续发展也日益受到关注。未来,中国将加强AI技术的伦理规范建设,确保AI技术的健康发展。同时,中国将积极推动AI技术的可持续发展,探索其与环境保护、社会责任等领域的结合点,为构建更加美好的社会贡献力量。

综上所述,未来中国AI技术将呈现出技术深度融合、模型轻量化、多模态交互、硬件加速发展、行业应用深化及伦理规范与可持续发展等多重趋势。这些趋势将共同推动中国AI技术的不断创新和发展,为全球AI技术的进步和应用做出更大贡献。

2.2 中国AI产业规模及发展趋势

随着AI技术的不断突破和应用的日益广泛,AI已经成为数字经济时代的核心驱动力,并谱写着中国经济发展的新篇章。在企业服务市场,AI正深度融入政务、安防、制造、金融、医疗、物流仓储等多个领域,推动这些行业的内外部治理向智能化、高效化转型,助力企业实现数字化转型的宏伟目标。

在个人消费领域,AI产品如雨后春笋般涌现,智能音箱、家庭机器人、可穿戴设备等智能化装置凭借便捷性、趣味性和实用性,赢得了消费者的广泛喜爱和追捧。这些产品的普及不仅提升了消费者的生活品质,而且进一步推动了AI技术的民用化进程。

2.2.1 中国AI产业市场规模与发展趋势

近年来,中国AI产业发展迅速,市场规模持续扩大。《中国新一代人工智能科技产业发展报告（2024）》显示，中国AI核心产业规模已达到显著水平。截至2023年6月，中国AI核心产业规模已达5000亿元。综合多方权威信息，预计2025年，中国AI市场规模将进一步扩大，突破6000亿元。这一增长趋势表明，中国AI产业正处于蓬勃发展的阶段。

由于中国AI产业的发展得到了政府的高度重视和支持，一系列推动政策相继出台，为产业的健康有序发展提供了有力支撑。目前，中国的AI企业数量超过4500家，覆盖芯片、算法、数据、平台、应用等产业链上下游关键环节。此外，生成式AI产品的用户规模也达到了2.3亿人，占整体人口的16.4%。

在具体应用方面，生成式AI产品在中国百花齐放，涵盖了智能语音助手、自动驾驶汽车、机器翻译、智能医疗诊断、智能制造和智慧城市等多个领域，极大地提高了用户的生活质量和工作效率。例如，截至2024年7月，中国已完成备案并上线、能为公众提供服务的生成式AI大模型达到190多个，为用户提供了丰富的选择空间和差异化的体验。

从地域分布来看，北京、上海、广东等发达地区在融资机会、专业人才和政策支持等方面具有明显优势，推动了当地生成式AI产业的发展，形成了具有国际竞争力的产业集群。

2.2.2 中国AI企业发展现状与发展趋势

2.2.2.1 中国AI企业现状分析

（1）企业数量与分布

2024年11月21日，在世界互联网大会乌镇峰会的"人工智能赋能新质生产力发展"分论坛上，工业和信息化部副部长张云明指出，中国的人工智能产业正在经历前所未有的蓬勃发展。目前，我国的人工智能企业数量已突破4500家，涵盖了从智能芯片、开发框架到通用大模型等多个领域。这一成就不仅展示了我国在AI领域的迅速崛起，也为未来的持续发展奠定了坚实的基础。

AI与制造业的深度融合正在引领智能制造的新时代。统计结果显示，我国已经培育出421家国家级智能制造示范工厂，其中72家企业被评选为全球灯塔工厂。令人瞩目的是，这一数字占全球总数的42%。这一系列成就有效推动了制造业的高端化、智能化和绿色化发展，有力提升了我国在全球供应链中的竞争地位。

在地域分布方面，这些企业主要集中在长江三角洲、京津冀和珠江三角洲三大都市圈，分别占比31.73%、30.6%和21.90%（图2.9）。在具体分布中，北京市（29.04%）、广东省（21.90%）、上海市（13.99%）、浙江省（8.21%）和江苏省（8.00%）是人工智能企业的主要聚集地（图2.10）。

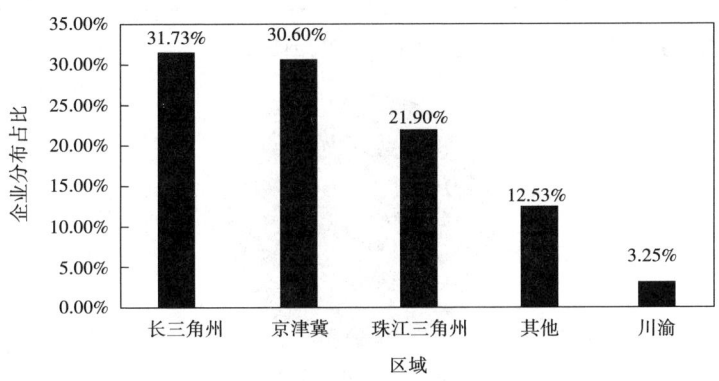

图2.9 AI企业区域分布图

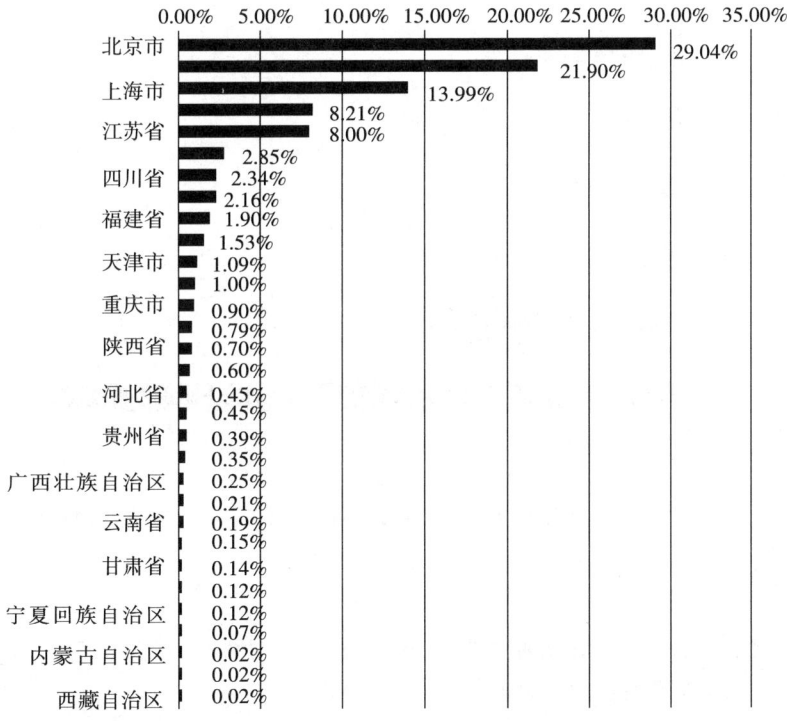

图2.10 AI企业在各省（自治区、直辖市）的分布

(2) 企业规模与上市情况

员工规模：大多数AI企业员工在200人以内，占比67.90%。员工在200~399人之间的企业占比14.03%，而员工超过1000人的大型企业仅占7.84%。

上市情况：在4500多家企业中，上市公司约有720家，占比约16%。在这些上市公司中，多数企业营业收入小于20亿元，占比约55%，而营业收入超过100亿元的企业仅占约12%（见图2.11和图2.12）。

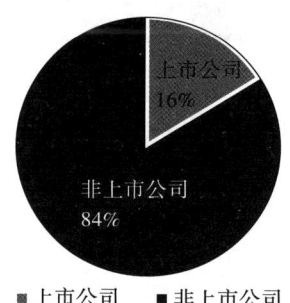

图2.11　上市公司与非上市公司占比饼状图

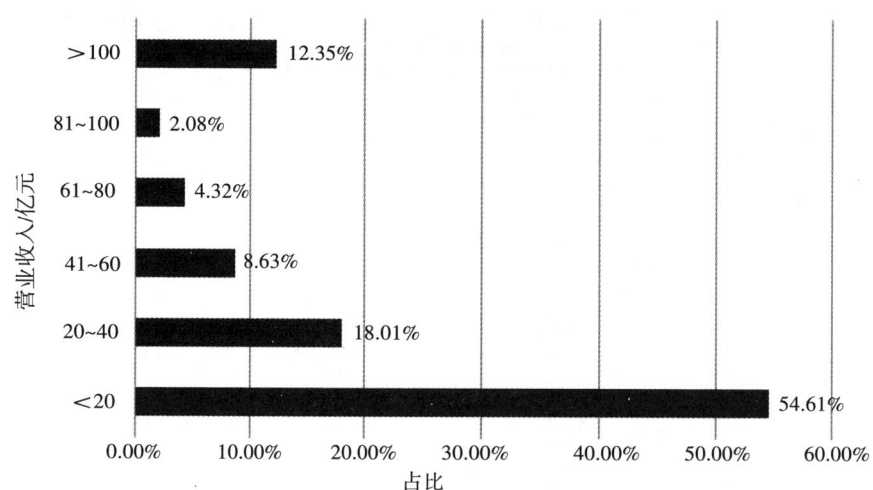

图2.12　上市公司营业收入分布情况（单位：亿元人民币）

(3) 技术层次与专利情况

技术层次：应用层企业数量最多，占比61.47%；其次是技术层企业，占比28.60%；基础层企业占比最少，为9.93%。

专利情况：4500多家企业中，多数企业专利数小于200项，占比51.36%。但从技术层次方面来看，基础层企业的平均专利数远高于技术层和应用层企业。

(4) 研发投入与强度

研发费用：在720家上市公司中，多数企业研发费用小于2亿元，占比58.78%，而研发费用超过10亿元的企业仅占9.97%。

研发强度：研发强度超过20%的企业占比15.77%，显示出部分企业在研发上的高投入。

2.2.2.2 中国AI企业的发展趋势

(1) 从"极化"走向"扩散"

极化现象：目前，中国AI产业创新生态呈现出"极核状"网络结构，北京市、广东省、浙江省和上海市是核心节点，技术赋能占全国技术赋能关系数的比重达到85.18%。

扩散趋势：随着AI技术的不断成熟和应用场景的拓宽，中西部和东北地区的AI产业也在快速发展，形成新的产业创新生态。

(2) 大模型开发与应用深化

大模型开发：2022年以来，生成式AI的出现推动了以大模型开发为主导的发展阶段。拥有高质量数据集、高性能算力集群和工程化能力的企业成为主导者。

应用深化：大模型在智慧城市、智能制造、智慧农业等多个领域得到广泛应用，推动了AI技术的落地和商业化进程。

(3) 技术创新与产业融合

技术创新：中国AI产业技术体系不断完善，包括大数据和云计算、物联网、5G/6G、智能芯片等多个技术类别在内的24个技术体系正在加速发展。

产业融合：AI技术与传统产业的融合不断加深，推动了智能制造、智能网联汽车等新兴产业的发展。同时，AI for Science等新增应用赛道也展现出巨大潜力。

(4) 政策支持与生态建设

政策支持：国家和地方政府的政策支持为AI产业发展提供了有力保障。各地政府通过建设新型创新区、开放应用场景等方式，推动AI技术的落地和应用。

生态建设：AI平台企业通过建设子平台、构建产业创新生态等方式，促进了当地优势产业的智能化转型。同时，研究型大学和科研院所的加入进一步增强了技术创新能力。

综上所述，2024年中国AI企业展现出蓬勃发展的态势，不仅在数量上持续增长，更在地域分布、企业规模、技术层次、专利情况、研发投入等多个维度呈现出多元化和差异化的特点。随着技术的不断进步和应用场景的拓宽，中国AI产业正逐步从"极化"走向"扩散"，中西部和东北地区也开始形成新的产业创新生态。大模型开发与应用的深化进一步推动了AI技术的落地和商业化进程，而技术创新与产业融合则为中国AI产业的未来发展开辟了更广阔的空间。在政策支持和生态建设的双重驱动下，中国AI企业将迎来更加广阔的发展前景。

2.3 中国行业大模型市场发展现状及趋势

2.3.1 行业大模型的概念与定义

行业大模型是指基于通用大模型技术底座（见图2.13），在特定行业需求和应用场景中融入大量行业特定数据和知识，从而在专业领域内表现出更高准确性和实用性的模型。

行业大模型的特点：行业大模型通过融入行业特定数据和知识，能够在特定领域内提供更准确、更实用的解决方案。它显著减少了垂类模型在训练阶段对算力和数据量的需求，压缩了模型开发周期，并推动了对应垂直领域的应用创新，提升了开发效能。

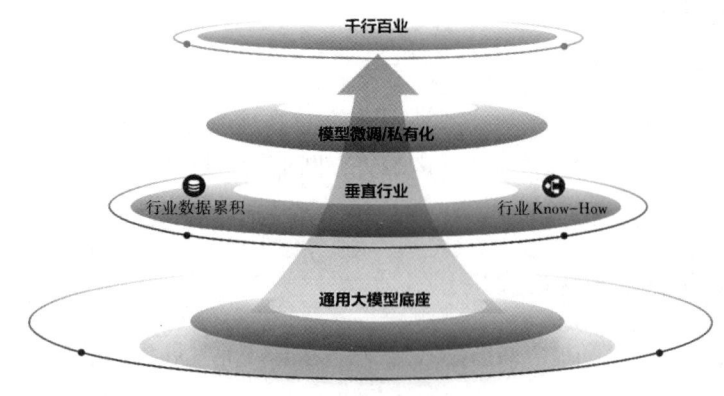

图2.13 行业大模型赋能行业示意图

在AI大模型兴起之前，传统的AI模型开发遵循着"一对一定制、场景紧密绑定"的模式，即为每个独特的应用场景独立构建并训练小型化模型。这种模式限制了模型资源的有效共享与积累，无形中提升了AI技术应用的门槛，带来了高昂的成本负担及低效的实施流程。

通用大模型的出现，为AI领域带来了一次革命性的飞跃，它构建了一个广泛适用、高度泛化的模型基石。在此基础上，各行业可以便捷地通过微调或定制化策略，快速孵化出切合自身特定需求的行业大模型。这一转变极大地减轻了垂类模型在训练过程中对算力和数据资源的依赖，有效缩短了模型开发周期，同时极大地激发了垂直领域内的应用创新活力与效率提升。

行业大模型因深厚的行业需求根基、丰富的应用场景适应性及高度的专业化水平，展现出独特的优势。通过巧妙地融合基础大模型的通用性与行业专属知识的深度训练，这类模型能够在保持高度灵活性的同时，精准地满足特定领域的复杂需求，实现了成本效益与应用精度的双重优化，为AI技术的实际落地铺设了更加坚实的桥梁（图2.14）。

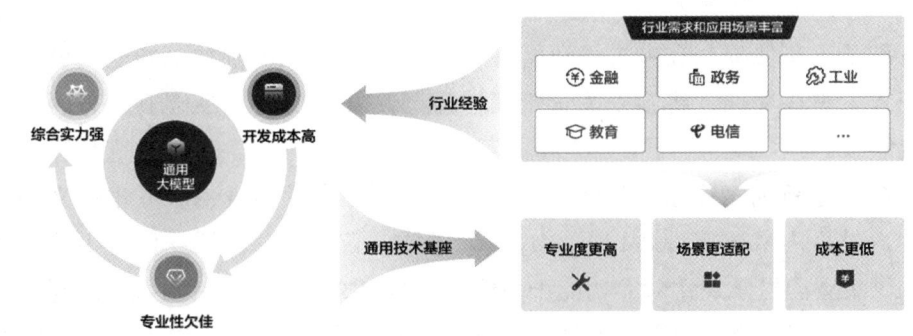

图2.14　通用大模型转型为行业大模型过程图

2.3.2　中国行业大模型的市场规模

2023年中国行业大模型市场规模达105亿元人民币，受行业智能化转型需求带动，2024年市场规模达到165亿元，同比增长达57%，2028年市场规模有望达到624亿元人民币（见图2.15）。

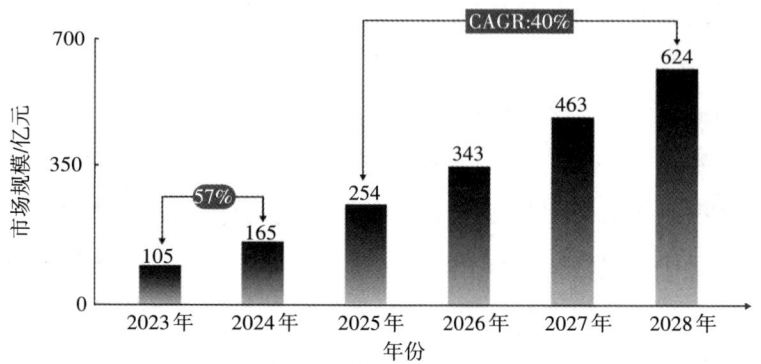

图2.15　中国行业大模型市场规模分析

大模型技术正以前所未有的速度渗透至工业、政务、金融等多个关键领域，成为驱动自动化与智能化进程的重要引擎。随着各行业对高效、智能解决方案需求的持续攀升，大模型市场迎来了前所未有的发展机遇。以煤矿行业为例，过去其受限于场景特异性和数据孤岛，AI技术的应用往往难以跨越知识积累的壁垒，且面临着高昂的开发成本与规模化部署的挑战。华为云携手山东能源，通过推出覆盖9大专业领域、涉及21个应用场景的盘古矿山大模型，成功打破了这一僵局。在冲击地压管理场景中，AI视觉识别技术的融入极大缩短了人工审核周期，将施工监管流程精简至仅需10分钟，展现其显著的自动化效能。

在政务领域，浪潮云与佳木斯市的合作则是大模型技术服务化的又一典范。通过采用Maas（model as a service）模式，仅需账户激活，即可为政府用户提供集智能检索、比对等功能于一体的智慧公文大模型。针对公文编写过程中烦琐的资料搜集、草拟、修订等环节，该模型的应用实现了质的飞跃，将原本耗时2~3小时的公文处理任务缩短至2~3分钟完成，极大地提升了政府工作效率与决策响应速度。

随着技术迭代的加速与资本注入的持续增长，大模型技术正逐步从理论探索迈向产品化与广泛应用的新阶段。这一转变不仅大幅降低了技术应用的门槛，更为各行各业带来了前所未有的智能化升级机遇，推动大模型技术成为驱动经济社会高质量发展的关键力量。

2.3.3 行业落地途径

基于降本增效的目的，由大模型厂商和客户按照需求进行模型类型及部署模式的双向选择，根据特定行业及客户的需求进行定制化处理，最终实现大规模与行业端的深度融合。这种合作方式能够最大限度发挥大模型的技术优势。

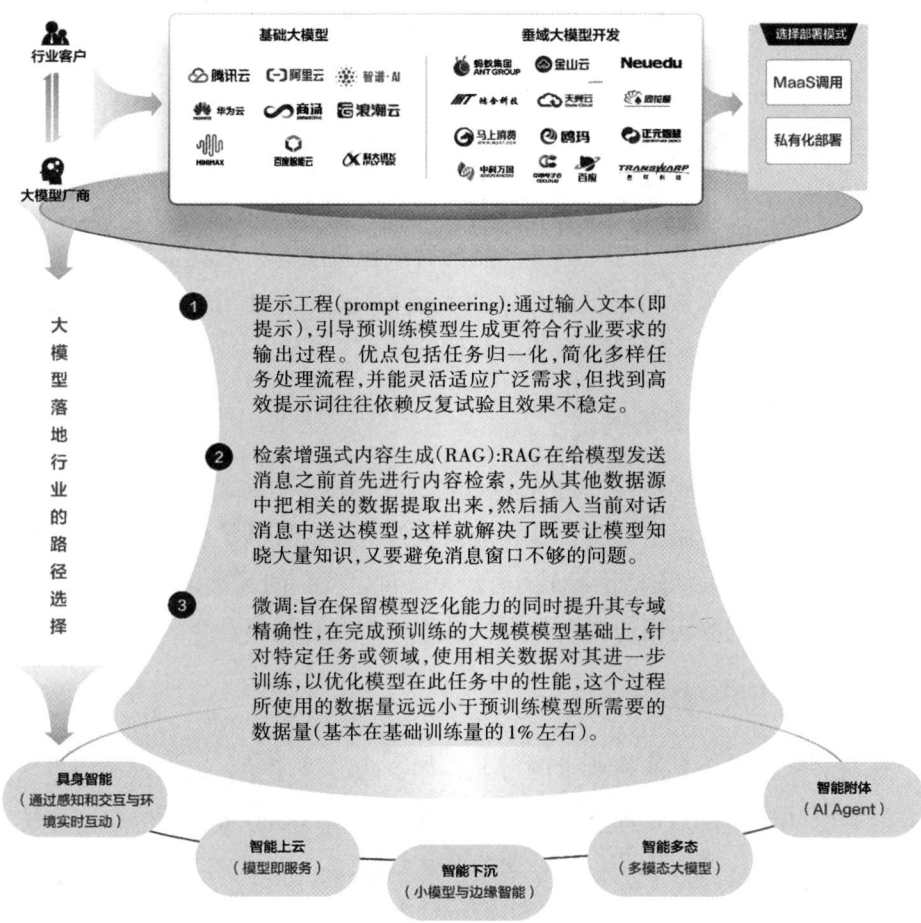

图2.16 中国行业大模型落地途径分析

2.3.4 商业化探索策略

行业大模型的商业化路径展现出多元化特征，企业依据市场需求差异与自身核心竞争力，灵活地选择适配的商业模式，以实现价值最大化。

(1) 企业级产品化策略

此策略聚焦于构建直接面向企业的产品体系，初期可能采用免费试用策略吸引用户，随后通过订阅服务等持续性服务模式实现盈利增长。盈利增长的关键在于迅速扩大用户基础，并通过持续优化产品功能与用户体验，促进用户黏性与长期留存。对于大模型提供商而言，高效获取并维护客户群体是成功的关键要素。

(2) 融合赋能模式

该模式致力于将大模型技术深度融入现有产品与服务中，包括传统软件、SaaS平台、硬件设备等，旨在提升产品的智能化程度与市场竞争力。例如，在客服系统、办公软件或智能设备中嵌入大模型功能，为传统产品注入新活力。此模式尤其适用于寻求转型升级的传统软硬件企业。

(3) API服务生态构建

通过构建API开放平台，将大模型能力以接口形式提供给开发者与企业，实现按需调用与按使用量计费。这种轻量级接入方式降低了技术门槛，有利于中小企业与开发者灵活地利用AI技术，无需自建复杂的基础设施。API模式有效地拓宽了大模型的应用边界，促进了技术的普及与创新。

(4) 私有化定制部署

针对对数据安全有严格要求的行业，如金融、医疗等，提供云端与本地相结合的私有化部署方案，确保数据主权与安全。此模式满足了特定行业对数据保护的特殊需求，增强了客户信任感与合规性。

(5) 深度定制解决方案

基于行业特定需求，开发高度定制化的大模型应用，如金融市场风控、医疗疾病辅助诊断等，并根据实施效果进行收费。这种模式紧密贴合行业痛点，提供精准解决方案，不仅提升了AI技术的行业适用性，而且显著增强了客户依赖与满意度。

(6) 软硬件深度融合方案

将大模型技术与特定行业硬件紧密结合，打造一站式解决方案，满足如国产化替代、高安全性等特殊要求。软硬件一体化不仅解决了行业特殊需求，而且通过技术整合提供了高效、稳定的综合解决方案，明确并提升了整体价值主张的内涵。

2.3.5 中国行业大模型发展面临的核心挑战

推动行业大模型在中国市场的有效落地，需精准把握应用端的行业特性与技术端的优化创新，以实现专业知识深度融合与成本效益的最大化。以下是对当前挑战的深度剖析。

（1）应用端挑战

① 行业知识壁垒

行业大模型需深入理解并融入特定行业的专业知识与实践经验，这对团队的综合能力提出了高要求。如何确保模型能精准捕捉并解决行业痛点，成为首要难题。

② 成本效益评估

高昂的开发、部署与维护成本是行业大模型推广的一大障碍。企业需精确计算投入与产出，确保模型带来的业务价值能够覆盖甚至超越其成本，打造可持续的商业模式。

③ 专业人才短缺

兼具深度学习、数据科学与行业知识的复合型人才稀缺，这限制了模型在行广度。如何快速培养并吸引这类人才，成为行业发展的关键。

④ 模型应用效果验证

模型的准确性与适应性须经过严格验证，确保其能在复杂多变的行业环境中稳定输出可靠结果。这要求建立科学的评估体系，持续跟踪并优化模型性能。

（2）技术端挑战

① 算力成本高昂

大规模模型的训练与运行消耗巨大的算力，云服务费用成为不可忽视的开支。如何合理规划资源，降低算力成本，是技术端面临的重要挑战。

② 模型优化难题

提升模型计算效率、降低复杂性，确保其在实际应用中的快速响应，是技术优化的核心。这需要不断创新算法，提高模型的实时性与鲁棒性。

③ 数据质量控制

行业数据的多样性、不完整性和质量问题对模型性能构成直接威胁。建立有效的数据治理体系，包括数据清洗、预处理和验证，是保障模型训练质量的关键。

综上所述，中国行业大模型的发展需同时攻克应用端与技术端的双重挑战，通过深化行业理解、优化成本结构、促进人才培养、提升模型性能与数据质量，推动行业大模型在更广泛领域实现高效应用与长期发展。

2.3.6　中国行业大模型发展趋势

中国行业大模型的未来发展路径，着眼于技术创新与广泛应用的深度融合，展现出以下几大核心趋势。

（1）模型规模与智能深度的双重飞跃

随着高性能计算资源（如GPU、TPU等）的持续升级与算法架构的不断革新，中国正加速构建更为庞大且精细的模型体系。这些模型不仅在自然语言处理、计算机视觉、语音识别等传统AI领域展现其卓越性能，更开始涉足跨维度、高复杂度的任务处理，推动AI向更深层次迈进。

（2）多模态融合：开启智能决策新篇章

在医疗诊断、自动驾驶等前沿领域，中国行业大模型正积极探索文本、图像、语音等多源数据的综合解析能力。通过多模态技术的深度融合，实现数据的全方位、立体化理解，从而大幅提升决策的精准度与可靠性，为行业智能化转型注入新动力。

（3）自监督学习：解锁数据潜能的新钥匙

面对海量未标注数据的挑战，中国行业大模型正积极拥抱自监督学习技术。通过挖掘数据内在结构，减少对人工标注的依赖，不仅提升了模型训练的效率与灵活性，更为多样化任务与场景的快速适应提供了可能。

（4）透明可释与公平正义：构建信任基石

随着 AI 技术深入关键领域，中国行业大模型愈发重视模型的可解释性与公平性建设。通过提高决策过程的透明度，积极应对数据偏见，致力于构建更加公正、可信的 AI 生态系统，以赢得社会与用户的广泛信赖。

（5）高效部署与资源优化：边缘智能的崛起

针对边缘计算场景的需求，中国行业大模型正通过模型压缩、量化等先进技术，实现轻量化部署与高效运行。这不仅降低了计算与存储成本，更使得 AI 技术得以在更广泛的边缘设备上应用，为实时响应速度与经济效益的双重提升开辟了新路径。

（6）领域定制与差异化竞争：赋能产业升级

中国行业大模型的发展，更加注重与特定行业需求的深度融合。通过定制化开发与领域知识的精准嵌入，打造具有鲜明行业特色的智能模型，不仅提升了模型在特定领域的适应性与性能，更为企业构筑了差异化的竞争优势，助力其在激烈的市场竞争中脱颖而出。

2.4 中国 AIGC 产业发展现状和展望

AIGC 是指基于生成对抗网络、大型预训练模型等人工智能的技术方法，通过对已有数据的学习和识别，以适当的泛化能力生成相关内容的技术。

现阶段中国 AIGC 多以单模型应用的形式出现，主要分为文本生成、图像生成、视频生成、音频生成，其中文本生成是其他内容生成的基础。

目前人们常用的一个更为狭义的 AIGC 定义是人工智能生成内容，是指利用人工智能技术来自动生成包括文字、图像、音频、视频等新型内容的生产方式。

需要注意的是，中国行业大模型市场与 AIGC 产业市场虽然都涉及 AI 领域，但它们在定义、市场规模、特点和产业链等方面存在显著差异。因此，不能将两者混为一谈。

2.4.1 中国AIGC行业发展现状

目前，中国AIGC行业和产业市场发展迅猛。

AIGC行业的特点：AIGC行业是一个新兴领域，随着AI技术的不断发展，该行业正在快速壮大。AIGC技术依托于AI、计算机图形学和深度学习等多个领域的技术发展，其应用范围广泛，涉及文字、图像、语音、视频等多个领域，为新闻媒体、广告、教育、娱乐、艺术等行业提供全新的内容创作方式和生产模式。

AIGC产业的市场规模：据报告，2023年中国AIGC市场规模约为170亿元，预计2024年将达到200亿元人民币，到2030年将达到万亿元规模，2024—2028年的年平均复合增长率将超30%。

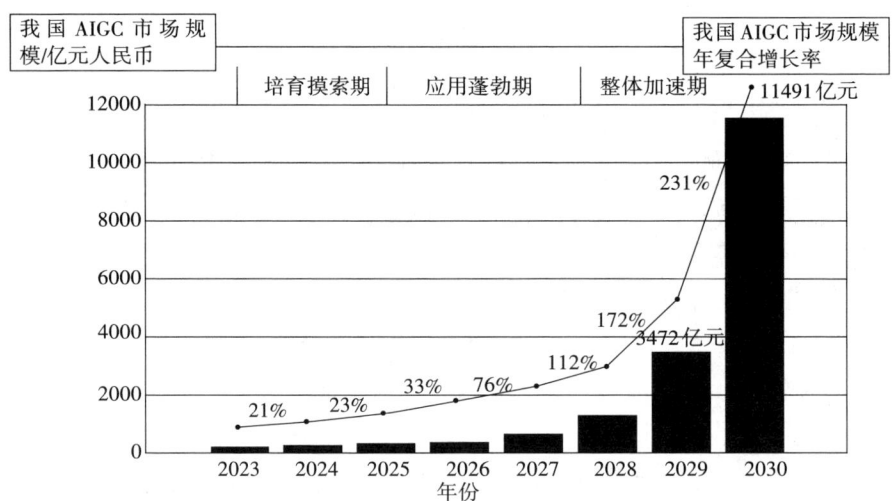

图2.17 中国AIGC产业市场规模预测图

AIGC行业的产业链：AIGC产业链主要包括上游、中游和下游三部分。上游主要包括数据供给方、算法机构、创作者生态及底层配合工具等；中游主要是算法和模型层，涉及自然语言处理、计算机视觉、多模态模型等领域；下游主要是应用层。AIGC可生成包括文本、图片、音频、视频等在内的多种模态的内容，并应用于传媒、电商、影视、娱乐、教育等领域。

中国AIGC企业主要分布在北京市和广东省，其中，北京市占比最高，达28.32%。其次分别为广东省、上海市、浙江省，占比分别为26.45%、13.09%、9.00%（图2.18）。

第2章 中国AI产业发展现状及趋势

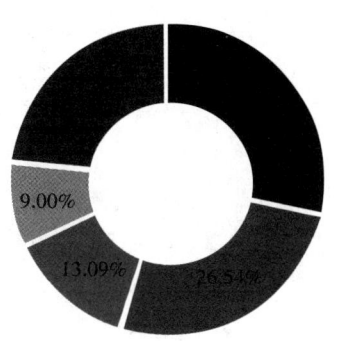

图2.18 中国AIGC企业省市分布情况

在政策推动与技术应用落地等多方位因素驱动下,我国AIGC行业正迎来新的风口。从2021年起,国内AIGC投融资市场投资热情高涨。2023年投资事件达204起,已披露融资金额达1656.48亿元,为历史新高。2024年第一季度,中国AIGC领域投融资事件达75起,已披露融资金额超过500亿元人民币,显示出市场的高热度和资本的强烈关注。

2.4.2 AIGC技术应用现状与发展趋势剖析

在科技浪潮推动下,AIGC技术正以前所未有的速度改变着众多行业的面貌。从创意产业的灵感激发,到商业领域的策略制定,再到教育和医疗的专业服务,AIGC技术以高效的内容创作能力和周到的个性化服务,成为推动社会数字化转型的重要力量。下面将探讨AIGC技术的应用现状,并展望其未来的发展趋势。

2024年,被誉为大模型落地元年,AIGC技术正以前所未有的速度席卷各行各业。从软件APP、智能终端到具身智能,AIGC的应用边界不断拓宽,办公、创作、营销、教育、医疗等多个领域相继被深刻渗透。一个万亿元级的市场正在悄然酝酿,吸引着大模型玩家、互联网巨头、终端厂商及垂直场景玩家纷纷入局。

（1）生成式AI核心技术应用现状

当前，以GAN、VAE、Transformer、自回归模型等为例的核心技术发展，高效助推了各行业、多类型（如图像、文本、音频等）的内容生成应用（图2.19），例如GAN在医学成像中的应用，VAE在制造业中的设备检测应用等。

图2.19　生成式AI核心技术应用现状

GAN在图像生成质量和细节处理方面具有一定优势，被广泛应用于游戏设计与影视中的人脸图像生成；VAE在逼真的数据分布层面表现突出，被广泛应用于数据压缩和去噪及制造业中应用较多的异常检测；自回归模型与VAE同样在数据生成领域突出，自回归模型更多用于文本生成等；Transformer在自然语言处理和多模态生成中取得突破性进展，常用于对话系统等。

（2）市场规模与商业模式：B端稳健，C端潜力巨大

在AIGC技术应用的商业模式上，B端产品凭借清晰的盈利模式和稳定的

客户基础，实现了80%的营收。这些产品主要集中在通用场景和垂直赛道，通过会员订阅和按需付费等方式获得收入（图2.20）。相比之下，C端产品虽然用户基数庞大，但盈利状况普遍不乐观，因为近半数产品仍以免费为主，所以探索有效的商业模式成为其未来发展的关键。

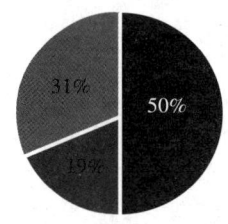

图2.20　面向B、C端用户群体的AIGC应用占比图

这主要是因为C端市场竞争激烈，用户对于产品的耐心和注意力有限，导致产品难以形成有效的盈利模式。然而，随着技术的不断进步和用户体验的不断优化，C端产品也有望在未来实现盈利模式的创新和突破。

（3）应用类型：AI原生 > X + AI

在AIGC应用产品中，AI原生应用以完全基于生成式AI技术打造的特点，占据了57%的市场份额，超过了传统产品加AI（即X+AI）的模式（图2.21）。这一趋势反映出市场对纯粹AI技术的认可和追求。

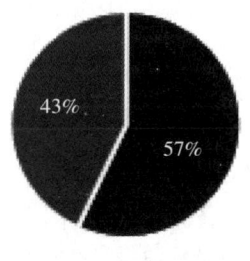

图2.21　中国AIGC应用的两种类型占比图

应用类型的创新解读。AIGC应用产品主要分为AI原生和X+AI两种类型。AI原生应用完全基于生成式AI技术打造，能够充分发挥AI技术的潜力，提供更加智能化、个性化的服务。例如，一些基于AI原生的智能助手和图像生成

工具，已经能够在日常生活中为用户提供便捷的服务和娱乐体验。而X+AI则是在传统产品中融入生成式AI技术，通过融合传统技术和AI技术提升产品的竞争力。例如，一些在线教育平台通过引入AIGC技术，为学生提供更加个性化的学习资源和教学内容，从而优化教学效果和学习体验。

如果按照大模型应用类型划分，AIGC应用产品又包括自研基础大模型、自建垂直大模型和API接入三大类。如图2.22所示，整个应用层中基于自建垂类大模型的产品占据主流。这部分企业利用自己的数据积累和技术能力，率先找到AIGC的落地方向。

再交叉分析，AI原生产品又以自建垂直大模型和自研基础大模型为主；X+AI产品除了基于自建垂直大模型以外，主要以API接入为特色。

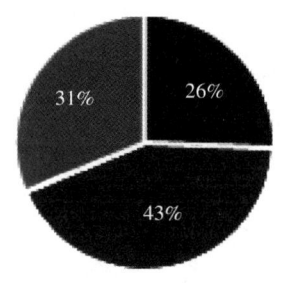

■API接入　　■自建垂直大模型　　■自研基础大模型

图2.22　中国AIGC应用产品分类

（4）技术普及度：多模态是趋势，在教育、医疗领域崭露头角

在技术普及度方面，文本生成仍然是最为普及的模态，但图像、音频和3D等也在逐步崛起（图2.23）。音频生成技术随着Suno和Udio等音乐生成器的出现，展现出巨大的潜力。在应用领域，教育、医疗等垂直行业开始崭露头角。教育领域通过AIGC技术实现个性化教学和学习资源的生成，提升了教学效率，优化了学习体验；医疗领域利用AIGC技术进行疾病诊断、药物研发等，为医疗行业带来了革命性的变革。

同时，多模态技术作为AIGC的未来发展方向，已经占据了48%的应用市场。它能够识别和理解两种及以上的模态数据，为用户带来更加丰富和沉浸式的体验。随着技术的不断进步，多模态应用将有望进一步拓展其市场份额。

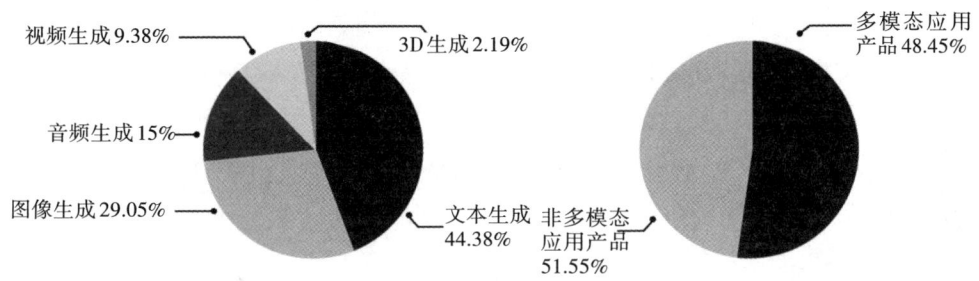

图2.23 中国AIGC应用技术普及度

技术普及度的未来展望：多模态技术的崛起。在AIGC应用生成的模态中，文本生成最为普及，图像生成次之。然而，随着技术的不断进步和消费者需求的多样化，多模态技术正逐渐成为AIGC技术的重要发展方向。多模态技术能够识别和理解两种及以上的模态数据，为用户提供更加丰富、更加多样的交互体验。例如，在教育领域，多模态技术可以为学生提供包括文本、图像、音频和视频在内的全方位学习资源，从而提升学生的学习效率和增强学习兴趣。未来，随着多模态技术的不断普及和应用场景的拓展，AIGC技术将在更多领域发挥重要作用。

(5) 未来展望：商业模式的创新探索与应用领域的拓展思考

① 商业模式的创新探索

随着市场的成熟和技术的进步，B端和C端产品都将探索出更多元化的盈利模式，实现商业价值的最大化。

本书针对B端与C端产品盈利模式的差异性，精心提炼并呈现了一系列创新性的商业模式策略。对于B端产品而言，我们倡导通过深度定制化解决方案与增值服务的提供，开辟多元化收入渠道；结合大数据与人工智能的尖端技术，精准剖析用户行为，以实现营销策略的精细化与成本控制的最优化。转观C端市场，本书建议采纳付费订阅与广告融合的混合盈利模式，以双重策略保障收益稳定性；深入探索并应用基于用户兴趣与需求的个性化推荐算法，不仅增强用户体验的定制化程度，而且有效提升用户忠诚度与付费转化率，为产品赢得持久竞争优势。

② 应用领域的拓展思考

除了已经广泛应用的营销、零售、教育、影视、办公协同等领域外，AIGC 技术还可以拓展到更多潜在的应用领域。例如，在智慧城市建设中，可以利用 AIGC 技术优化城市规划和管理；在智能制造领域，可以利用 AIGC 技术实现产品的智能化设计和生产；在金融科技领域，可以利用 AIGC 技术提供更加智能化的金融服务和风险管理方案。这些新兴应用领域的拓展将为 AIGC 技术的发展带来更多的机遇和挑战。

③ 技术挑战与解决方案

当前，AIGC 技术面临着数据隐私保护、算法偏见、技术普及难度等挑战。为了解决这些问题，本书深入探讨了针对 AIGC 技术面临的挑战，并精心构思了一系列创新性的解决方案与对策。例如，在强化数据隐私保护方面，倡导实施先进的数据加密技术和严格的访问控制机制，以确保用户信息的绝对安全与私密；在消除算法偏见层面，建议通过优化算法架构、强化监管框架及透明度，有效遏制算法歧视现象；在技术普及方面，主张加大教育培训力度，拓宽技术推广渠道，旨在显著降低应用门槛，促进技术的广泛采纳与成本效益的最大化。

总之，2024 年是 AIGC 产业发展的重要节点，市场规模的快速增长、应用类型的丰富多样及技术趋势的不断演进，都预示着这个产业将迎来一个充满机遇与挑战的新纪元。

2.4.3　AIGC 技术重塑医疗、教育、艺术设计等行业的创新格局

随着 AI 技术的飞速发展，AIGC 技术正逐步渗透到各行各业，对医疗、艺术设计、教育、零售、交通等行业产生了深远的影响。本部分将详细探讨 AIGC 技术在这些关键领域中的应用及所带来的变革。

2.4.3.1　AIGC 技术在医疗行业的应用与创新

AIGC 技术在医疗行业的应用与创新价值主要体现在以下三个方面（图 2.24）。

智能诊断与辅助决策：AIGC 技术利用大数据、机器学习、大模型技术，深度分析医疗影像和病历，提升诊断准确性，缩短诊断时间。同时，它综合了

患者信息，可以为医生提供个性化治疗方案，实现精准医疗。

医疗教育与培训：通过构建虚拟医疗场景，AIGC技术助力医护人员实践训练，增强技能。此外，它通过整理医学知识，促进知识的智能传播与普及，助力医护人员提升医疗水平。

患者管理与健康监测：AIGC技术实时分析患者健康数据，及时发现异常，为医生提供预警信息。它还推动远程医疗和智能健康监测，方便患者就医，扩大医疗服务范围，并提供个性化健康管理建议。

AIGC技术在医疗保健行业中具有巨大的潜力。未来，随着技术的不断进步和政策的完善，AIGC技术有望在医疗保健领域发挥更加积极和革命性的作用。

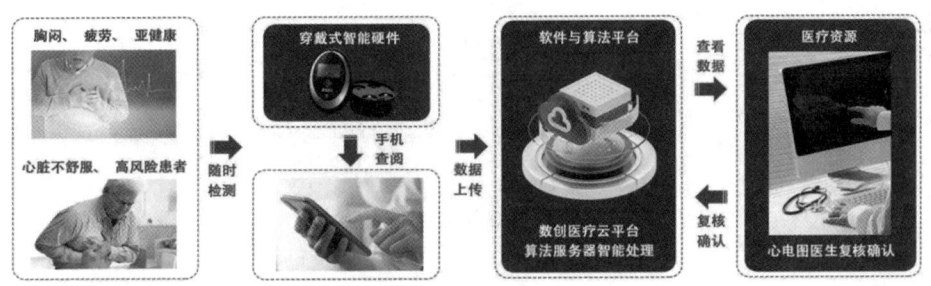

图2.24　AI智能医疗平台

2.4.3.2　AIGC技术在教育行业的应用与创新

在教育领域，AIGC技术正开启一场学习方式的革命，通过个性化教学、增强互动体验、提供丰富的学习资源等方式，极大地促进了教育的普及和质量的提升，其应用创新点主要包括以下几个方面。

个性化教学内容生成：AIGC技术能够根据学生的学习习惯与能力，精准分析学生的学习需求，定制个性化的教学内容与进度。通过深度学习和大数据分析，AIGC可以生成符合学生个性化需求的学习资源，如练习题、教学视频等，确保每名学生都能在最适合自己的学习环境中成长。

AIGC技术在教育资源库建设中的作用：AIGC技术在教育资源库建设中发挥着核心作用。它能够大规模生成高质量的教育资源（图2.25），如课程视频、教学课件、互动习题等，极大地丰富了教育资源库的内容。同时，AIGC还能通过智能推荐系统,为教师和学生提供符合其需求的学习资源,提高资源的使用效率和满意度。

图 2.25　AIGC 智能答疑系统

　　智能教学辅助工具:AIGC 技术驱动的智能答疑系统,能实时解答学生疑问,提供即时反馈,减轻教师负担,同时提升学生的学习效率,增强学生学习自主性。此外,智能备课工具和虚拟助教等也大大提高了教学的智能化水平。

　　教学过程的自动化与智能化管理:AIGC 技术能够实现教学过程的自动化与智能化管理。通过智能分析学生的学习数据,AIGC 可以自动调整教学策略和教学方法,确保教学过程的针对性和有效性。例如,在课堂教学中,AIGC 可以根据学生的学习进度和理解程度,动态调整教学内容和难度,提供个性化的学习路径和即时帮助。同时,AIGC 还能协助教师进行学情分析,为教师提供精准的学情反馈,促进教学策略的优化。

　　教育评估与反馈:在教育评估与反馈方面,AIGC 技术可以自动批改作业、自动组织考试,提供即时、准确的反馈。通过进一步地分析学生表现,深度学习技术识别错误与不足,给出针对性建议。因此,全面的学情报告可以帮助教师了解学生情况,制订更有效的教学策略,促进教学质量提升。

2.4.3.3　AIGC技术在艺术设计行业的应用与创新

AIGC技术正在艺术设计领域引发一场创新浪潮，这不仅改变了艺术家创作作品的方式，而且丰富了艺术作品的可能性，提高了观众的参与度，具体表现在以下几个方面。

创意设计与灵感激发：AIGC技术为设计师提供丰富的灵感与素材，通过学习不同艺术风格，生成独特设计元素，激发创意。

智能化设计工具：智能化设计工具利用AIGC技术，根据设计师意图自动调整元素，提高设计准确性，实现内容自动化创作。

艺术作品生成与鉴赏：AIGC技术生成多样化艺术作品，丰富表现形式，同时建立智能鉴赏标准，提供客观的艺术评价。

设计流程优化：AIGC技术缩短了设计周期，快速生成设计概念与素材，实现设计方案的实时调整与优化，降低成本，提高效率。

图2.26　Midjourney生成效果图

2.4.3.4　AIGC技术在零售业的应用与创新

在零售行业，AIGC技术的应用正在改变商家与消费者的互动方式，优化供应链管理，增强消费者购物体验。具体表现在以下方面。

个性化购物体验：通过分析消费者的购物历史、偏好和行为数据，AIGC技术能够提供高度个性化的产品推荐和购物建议。这种个性化服务不仅能够提高消费者满意度，而且能够增加商家的销售额，提高了顾客忠诚度。

智能客服与支持：AIGC技术可以作为智能客服代表，提供7天24小时的即时客户服务。无论是解答产品相关问题、处理退换货请求，还是提供购物咨询，这些智能系统都能提供快速、准确的服务，大大地提升了消费者的购物体验。

供应链优化：AIGC技术通过分析市场需求、库存水平和物流数据，帮助零售商优化供应链管理。这种数据驱动的决策支持能够提高库存效率，改善货物过剩或短缺的情况，降低运营成本。

虚拟试衣间和产品展示：在服装和家居等领域，AIGC技术能够提供虚拟试衣间和3D产品展示服务，让消费者在线上就能体验产品（见图2.27）。这不仅增加了购物的趣味性和便捷性，而且能帮助消费者做出更加满意的购买决策。

图2.27　虚拟试衣间

市场分析和趋势预测：通过大数据分析，AIGC技术能够帮助零售商洞察市场趋势和消费者行为，预测未来的销售走向。这种洞察力使得零售商可以更加灵活地调整营销策略和产品线，抓住市场机遇。

拓展购物渠道：AIGC技术通过社交媒体、移动应用和在线平台等多个渠道增强消费者的购物体验。消费者可以通过自然语言交互查询产品信息、进行购物和享受定制化服务，使得购物过程更加方便。

反欺诈与安全性：在电商环境下，AIGC技术还能够帮助零售商识别和防止欺诈行为，如假冒交易、信用卡欺诈等，保护消费者的财产安全。

第2章 中国AI产业发展现状及趋势

AIGC技术为零售行业带来了诸多机遇，零售商需要在采用这些先进技术的同时，确保合理的数据使用和保护措施，建立透明的消费者沟通机制，以实现技术创新与消费者权益保护的平衡（见图2.28）。未来，随着技术的不断发展和应用场景的进一步拓展，AIGC技术有望为零售业带来更加深刻的变革，创造出更加智能、高效和个性化的购物体验。

图2.28 AIGC+新零售场景

2.4.3.5 AIGC技术在交通行业的应用与创新

在交通行业，AIGC技术的应用正在为城市规划、交通管理、乘客服务等领域带来革命性的变化。通过优化交通流量、提升安全性、增强乘客体验，AIGC技术正成为推动交通行业进步的关键力量。具体表现在以下方面。

智能交通管理与优化：AIGC技术可以分析大量的交通数据，包括车流量、交通事故、天气情况等，以预测和管理城市交通流。通过实时优化交通信号灯控制和路线规划，大幅减少交通拥堵，提高道路使用效率。

自动驾驶技术：AIGC技术是推动自动驾驶汽车发展的关键（见图2.29）。通过深度学习和模式识别，自动驾驶系统能够识别路标、行人和其他车辆，做出快速决策，从而提高驾驶的安全性。随着技术的不断进步，全自动驾驶汽车的商用化前景正逐步变为现实。

101

图2.29　waymo新自动驾驶系统发布，让用户看到500米外的路况

个性化乘客服务：在公共交通领域，AIGC技术通过分析乘客的出行习惯和偏好，提供个性化的出行建议和服务。这包括实时交通信息、最优路线规划、预测交通拥堵情况等，极大地提升了乘客的出行体验感和满意度。

运营效率提升：AIGC技术可以优化交通运营管理，包括车辆调度、维护计划和能源管理等。通过预测需求和实时调整运营策略，交通运营商能够更高效地利用资源，降低运营成本。

交通安全增强：利用AIGC技术进行事故预测和风险评估，能够显著增强道路安全。通过实时监控交通状况和驾驶行为（图2.30），及时发现潜在危险，采取预防措施，减少交通事故的发生。

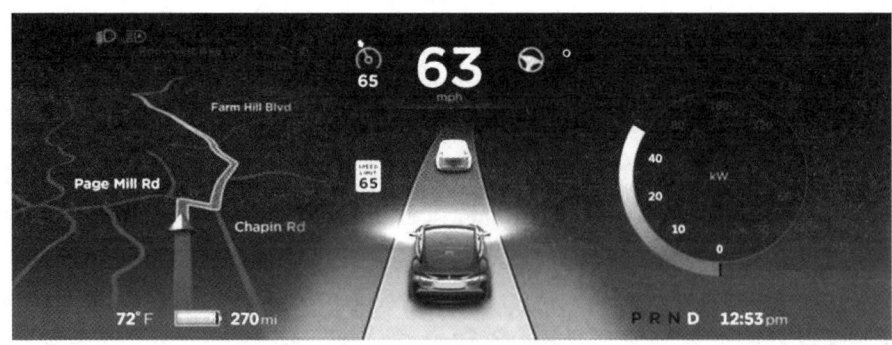

图2.30　特斯拉自动驾驶界面

环境影响评估：AIGC技术能够分析交通系统对环境的影响，包括排放量

计算、污染预测等，对制定可持续交通政策、减少交通对环境的负面影响具有重要意义。

尽管AIGC技术为其在交通行业中的应用带来了诸多益处，但是，相关部门和组织依然需要制定严格的标准和政策，确保技术的安全、可靠，并负责任地使用。未来，随着技术的进一步成熟和应用范围的拓展，AIGC技术有望在促进交通行业可持续发展、提升公共安全水平和改善乘客体验方面发挥更大的作用。

2.4.4 中国AIGC行业的未来展望与机遇

2.4.4.1 未来展望

中国AIGC行业正站在历史的转折点上，面临着前所未有的发展机遇与挑战。在政策引导、技术创新、应用场景拓展及产业链协同发展的多重驱动下，AIGC行业有望成为中国数字经济发展的新引擎，为经济社会发展注入强大动力，谱写智能化、数字化的时代新篇章。

（1）政策利好行业发展

国家出台多项政策支持AIGC行业发展，如发布了《生成式人工智能服务管理暂行办法》等，明确了服务规范，支持生成式人工智能健康发展。

（2）技术进步带动行业发展

AIGC融合了人工智能、计算机图形学和深度学习等多个领域的技术，通过结合这些技术，可以实现更高效、智能化的图像识别和处理，提升人机交互的用户体验。

（3）场景多元化推动行业发展

AIGC已在多个领域得到广泛应用。未来，应用场景将更加多元化，如数据科学、游戏产业、医药领域、网络安全和艺术领域等。

（4）产业链协同发展

AIGC行业的发展将促进产业链上下游的协同创新与升级，包括硬件制造商、云计算平台、软件开发商、内容创作者等环节。

（5）政策与规范日益完善

随着AIGC技术的广泛应用，相关伦理、法律、安全等问题也日益凸显。未来，各国将促进相关规范的制定与执行，以确保AIGC技术的健康发展。

2.4.4.2 发展机遇

中国AIGC应用正经历着从业务赋能到产业重塑的深刻变革，其发展机遇在不同阶段呈现出鲜明的特点。

（1）第一阶段：产品落地（2024—2027年）

通用型产品实现多模态生成能力的飞跃，为市场引入前所未有的产品形态与功能。

互联网领军企业聚焦于视频生成技术的突破，推动内容智能化创作。

模型开发领域竞争格局初步形成，涌现出大量的"AI原生"产品。

B端市场盈利模式清晰稳定，C端市场从注重用户增长转变为强调盈利能力。

AIGC应用普及率和迭代效率显著提升。

（2）第二阶段：商业模式成熟（2028—2029年）

AI原生产品成为应用层面的中流砥柱，驱动产业智能化转型与升级。

模型开发企业构建应用商店平台，支持创新应用快速孵化与市场推广。

C端商业模式逐渐走向成熟，头部产品引领市场，腰部产品竞争激烈。

AI终端设备市场渗透率持续提升，智能助手功能与服务日益丰富、日益个性化。

（3）第三阶段：规模化盈利（2030年以后）

进入AGI阶段，产品具备多项能力，能够更好地模拟人类，提供智能、人性化服务。

应用层实现规模化盈利，头部产品触达多个行业场景，腰部产品聚焦垂直类行业。

AIGC应用深度融入各行各业，推动产业全面转型升级。

2.4.4.3 未来发展趋势

展望未来，AIGC行业的发展趋势呈现出以下几个显著特点。

(1) 技术创新加速推进

多模态融合：注重多模态数据的融合，创造更为逼真和引人入胜的内容。
智能反馈与自适应优化：生成器引入用户反馈，自适应调整生成策略。
先进模型架构：出现更加先进且高效的模型架构。

(2) 应用场景持续拓宽

娱乐与创意产业：提升内容创作效率，完善创意表达。
企业级应用：在知识管理、营销、办公、教育、医疗等领域发挥重要作用。
新兴领域探索：在智能制造、智慧城市、环境保护等新兴领域实现突破。

(3) 产业链协同发展

上下游协同创新：促进产业链上下游多个环节的协同创新。
生态体系建设：构建涵盖技术、应用、服务等多个领域的完整生态体系。

(4) 商业模式不断创新

SaaS服务：基于AIGC技术的SaaS服务成为重要的商业模式。
定制化内容生成服务：满足用户个性化、差异化的需求。
内容分发平台：通过智能推荐、精准营销等方式提高内容传播效率，增强影响力。

2.4.5 常用AIGC大模型及其最新进展

在人工智能技术的飞速发展中，大型语言模型和自然语言生成技术成为推动AIGC应用的核心力量。本书将详细介绍几款当前流行的大模型，并探讨AIGC在多个领域的应用场景及其最新进展。

2.4.5.1　GPT-4及最新进展

GPT-4（generative pre-trained transformer 4）是OpenAI在GPT-3之后推出的又一种里程碑式大模型。相比GPT-3，GPT-4在规模、效率、准确性及跨模态理解方面均有显著提升。GPT-4不仅在文本生成和理解方面表现卓越，而且具备了处理图像和文本结合任务的能力，展现了更广泛的应用潜力。

（1）GPT-4的技术特点

GPT-4的核心优势在于引入的多模态处理机制，这一机制使得模型能够同时理解和生成文本、图像等多种类型的数据，实现了跨模态的信息处理与交互。这一特性不仅增强了模型对复杂场景的理解能力，而且为用户提供了更加丰富、直观的交互体验。

多模态理解能力：GPT-4能够同时处理和分析文本、图像等多种模态的信息，从而更准确地理解用户的意图和需求。这种跨模态的理解能力使得模型在处理复杂任务时更加得心应手。

高效的内容生成：基于多模态处理机制，GPT-4能够生成包含文本、图像等多种元素的内容，如图文并茂的报告、多媒体演示文稿等。这种生成能力极大地丰富了内容的表现形式，提高了信息的传递效率。

先进的模型架构：GPT-4采用了更加先进的模型架构，包括更深的网络层数、更复杂的注意力机制等，以进一步提升模型的性能。这些优化使得GPT-4在执行大规模数据集和复杂任务时更加高效、准确。

（2）GPT-4的应用场景

GPT-4在跨媒体内容创作、智能客服、教育辅导、医疗诊断辅助等领域展现出巨大价值，尤其是在需要同时处理文本和图像信息的场景中，如生成图文并茂的报告、设计多模态交互界面等。

跨媒体内容创作：在广告、出版、影视等行业（见图2.31和图2.32），GPT-4能够根据用户需求生成包含文本、图像、视频等多种元素的多媒体内容，如广告创意、电影剧本、新闻报道等。这种能力极大地提高了内容创作的效率和质量。

智能客服：在客户服务领域，GPT-4能够同时处理用户输入的文本和图像,提供更准确、更个性化的服务。例如,在电商平台上,GPT-4可以根据用户上传的商品图片和描述,快速生成相应的推荐信息或解答用户的疑问。

教育辅导:在教育领域,GPT-4可以作为智能辅导工具,帮助学生更好地理解复杂的知识点。通过生成包含文本、图像、动画等多种元素的教学材料,GPT-4能够激发学生的学习兴趣,提高学习效率。

医疗诊断辅助:在医疗领域,GPT-4可以辅助医生进行病情分析和诊断。通过处理患者的病历、检查报告等文本信息及影像资料等图像信息,GPT-4能够提供更全面、更准确的诊断建议,为医生的治疗决策提供有力支持。

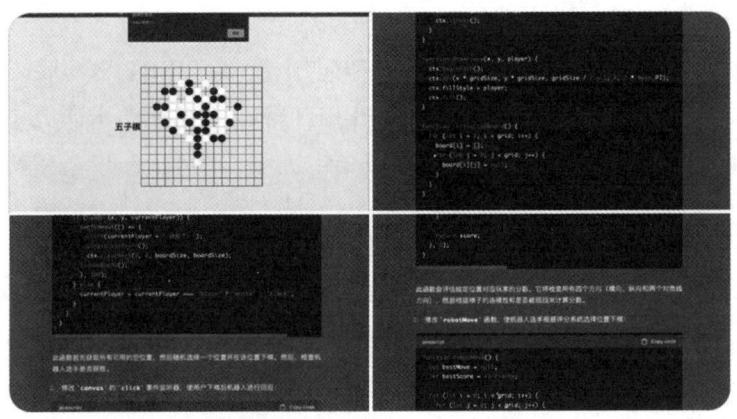

图2.31 基于GPT-4的一句话获得五子棋游戏

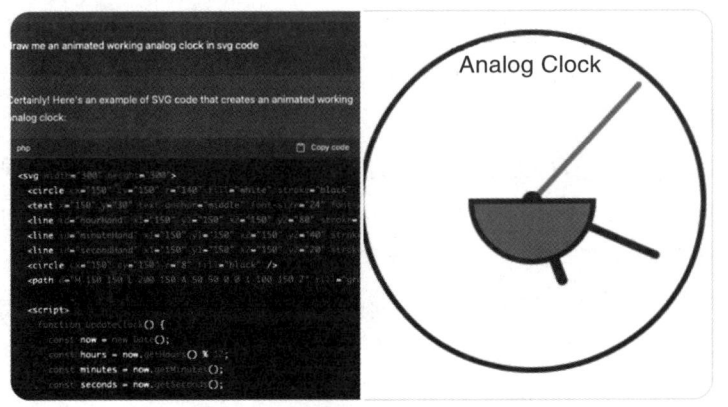

图2.32 使用GPT-4编写SVG动画

此外,GPT-4在需要同时处理文本和图像信息的场景(如生成图文并茂的报告、设计多模态交互界面等）中，也展现出巨大的应用潜力。这些应用场景的拓展不仅推动了 AIGC 技术的发展，而且为各行各业带来了更多的创新可能。

2.4.5.2 BERT 及最新变体

BERT（bidirectional encoder representations from transformers）是 Google 在 2018 年提出的一种先进的 NLP 技术。作为一种深度学习模型，BERT 在许多 NLP 任务中取得了显著的成就，包括文本分类、问答系统、情感分析和语言理解等。BERT 模型的核心创新之处在于双向 Transformer 编码器的使用，这一设计使得 BERT 能够更加准确地理解和处理自然语言文本。

BERT 彻底改变了 NLP 领域的研究和应用格局。BERT 及其后续变体，如 RoBERTa、ELECTRA、ALBERT 和 DistilBERT 等，不仅在学术研究中取得了显著成就，而且在实际应用中展现了强大的能力。

（1）BERT 的核心创新

BERT 的核心创新在于采用了双向 Transformer 架构，实现了对文本的深层次双向理解。传统的 NLP 模型在处理文本时，通常只能从左到右或从右到左单向地理解文本，这限制了模型对上下文信息的全面捕捉。而 BERT 通过同时考虑单词左右两侧的上下文信息，能够更全面、准确地掌握词义和句子结构，从而显著增强了模型对自然语言的理解能力。这种双向上下文的理解能力是通过引入 MLM（masked language model）和 NSP（next sentence prediction）两种预训练任务实现的，它们共同让 BERT 在理解语言的细微差异和复杂结构方面具备了显著的优势。

BERT 的预训练策略也是其成功的关键之一。BERT 通过在大规模文本语料库中进行无监督的预训练，学习语言的通用模式。在预训练过程中，BERT 采用了 MLM 和 NSP 两种任务，分别用于训练模型对单个单词和句子关系的理解。这些预训练任务使得 BERT 在后续的微调阶段能够更快地适应特定的 NLP 任务，提高了模型的通用性和可迁移性。

（2）BERT 变体的技术特点

随着 BERT 的成功，研究者不断推出新的变体，以进一步提升模型性能。

这些变体在保持BERT核心优势的同时，针对特定方面进行了优化。

RoBERTa：在BERT的基础上，通过增加训练数据、调整训练策略等方式，进一步优化了模型在多个NLP任务中的表现。

ELECTRA：引入了一种新的生成-判别框架，通过生成伪样本并训练判别器来识别伪样本，从而在保持高效训练的同时，增强模型的泛化能力。ELECTRA的这种设计使得模型在理解语言的细微差异和复杂结构方面的表现更加出色。

ALBERT：通过参数共享和句子顺序预测等策略，减少了模型的参数数量，同时保持甚至提高了模型的性能。这使得ALBERT在资源受限的环境下也能取得良好的效果。

DistilBERT：一种轻量级的BERT变体，通过知识蒸馏的方法从BERT中提炼出关键信息，从而构建了一个更小但性能相近的模型。DistilBERT的出现降低了BERT在实际应用中的部署成本。

（3）BERT及其变体的应用场景

BERT及其变体在NLP领域的广泛应用，为多个行业带来了深远的影响。以下是一些主要的应用场景。

文本分类：BERT及其变体能够准确地对文本进行分类，如情感分析、新闻分类等。这为社交媒体分析、市场调研等领域提供了有力的支持。

命名实体识别：模型能够识别文本中的实体（如人名、地名、组织名等），这对信息抽取、知识图谱构建等任务至关重要。

问答系统：BERT及其变体在理解问题和生成答案方面表现出色，为搜索引擎、智能客服等领域提供了高效的解决方案。

语言理解：模型能够深入理解文本的含义和上下文关系，为机器翻译、文本摘要等任务提供了强大的支持。

随着深度学习技术的不断发展和优化，BERT及其变体将在提供更准确的语言模型、处理更复杂的语言任务及促进人机交互等方面发挥更大的作用。同时，BERT的技术原理和成功应用也将激励未来更多的创新和探索，为解决NLP领域的挑战提供新的思路和方法。

2.4.5.3 Stable Diffusion模型及其最新进展

Stable Diffusion作为2022年发布的深度学习文本到图像生成模型，自问世以来，便迅速在AI绘画领域崭露头角，成为当前最受欢迎的AI绘画模型之一（见图2.33）。它不仅在技术上实现了重大突破，而且在创意产业中引发了人们的广泛关注和热烈讨论。

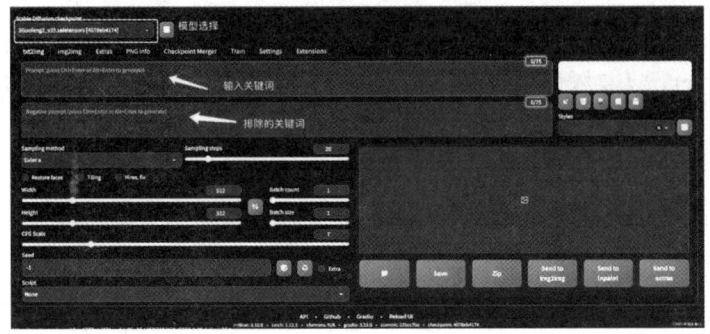

图2.33　Stable Diffusion Web UI

（1）Stable Diffusion的技术特点

Stable Diffusion的核心优势在于能够根据文本描述生成高质量、高分辨率的图像。这一能力得益于其基于一种被称为"潜在空间扩散模型"（latent space diffusion model）的变体模型，该模型在潜在空间内应用扩散和去噪过程生成图像。相比传统的生成对抗网络，Stable Diffusion能够提供更良好的生成质量和更严格的细节控制。此外，Stable Diffusion还具备灵活的文本—图像生成能力，支持用户根据需求自定义图像风格和效果。

Stable Diffusion的另一显著特点是开源性质。这意味着开发者可以自由地使用、修改和扩展该模型，从而推动AI绘画技术的不断创新和进步。这种开源精神不仅促进了Stable Diffusion在开发者社区中的广泛传播，而且为其在创意产业中的应用提供了无限可能。

（2）Stable Diffusion的应用场景

Stable Diffusion在多个领域展现出广泛的应用潜力。在艺术设计方面，艺术家和设计师可以利用Stable Diffusion生成各种风格的插画、概念图和设计方案，极大地提高了创作效率和灵活性。在游戏和电影行业，Stable Diffusion可以生成符合游戏场景或电影情节的图像，为游戏开发和电影制作提供有力支持。此外，Stable Diffusion还可以应用于广告、产品设计、室内设计等多个领域，为创意产业注入新的活力。

(3) Stable Diffusion 的最新进展

随着技术的不断发展，Stable Diffusion 也在不断更新和优化。最新的 Stable Diffusion 版本在图像生成质量、速度和稳定性方面均有所提升，同时增加了更多的自定义选项和功能，以满足用户多样化的需求。此外，研究者还在探索将 Stable Diffusion 与其他先进技术相结合的可能性，如结合虚拟现实（VR）和增强现实（AR）技术，为用户带来更加沉浸式的创作体验。

Stable Diffusion 作为 AI 绘画领域的佼佼者，其发展潜力不可估量。随着技术的不断进步和应用场景的不断拓展，Stable Diffusion 有望在更多领域发挥重要作用，为创意产业带来革命性的变革。同时，我们也期待 Stable Diffusion 能够在开源社区的共同努力下，不断创新和进步，为 AI 绘画技术的发展贡献更大力量。

2.4.5.4　Midjourney 模型及其最新进展

Midjourney 是一款由同名实验室研发的人工智能图像生成模型，它利用先进的深度学习技术，能够根据用户提供的文字描述生成高质量的图像（见图 2.34）。该模型自推出以来，便因其独特的生成能力和广泛的应用前景而备受关注。

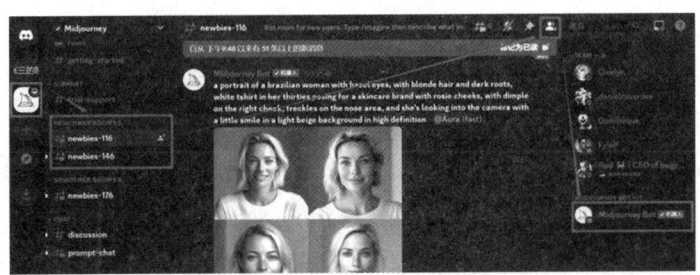

图 2.34　Midjourney Web UI

(1) Midjourney 模型的技术特点

先进的生成算法：Midjourney 采用了基于扩散模型（diffusion model）的生成算法，这种算法通过逐步添加和移除噪声的过程生成图像，使得生成的图像更加自然且逼真。

丰富的描述词组合：用户可以通过组合不同的描述词（如图片关键词、风格关键词、渲染关键词、图片质量关键词等）来精确控制生成图像的风格、内容和质量，从而满足个性化的创作需求。

多模态支持：虽然传统的Midjourney模型主要基于文本描述生成图像，但随着技术的不断发展，未来的版本可能会支持更多模态（如图像、声音等）的输入，为用户提供更丰富的创作方式。

（2）Midjourney模型的应用场景

艺术设计：艺术家和设计师可以利用Midjourney快速生成设计草图、概念图等，提高创作效率。

广告与营销：企业可以利用Midjourney生成吸引人的广告图像，提升品牌形象和市场竞争力。

教育与培训：教育机构可以利用Midjourney生成教学辅助材料，帮助学生更好地理解抽象概念。

游戏与娱乐：游戏开发者可以利用Midjourney生成游戏场景、进行角色设计等，丰富游戏内容。

（3）Midjourney模型的新进展

生成质量的提升：随着算法的不断优化和训练数据的增加，Midjourney生成的图像质量得到了显著提升，更加逼真和细腻。

新功能的引入：Midjourney最近推出了新的图像编辑功能，允许用户对生成的图像进行进一步的修改和优化，如调整颜色、添加滤镜等。

跨平台支持：Midjourney现在支持更多的平台和设备，使用户可以在不同的设备上无缝使用该模型进行创作。

社区与生态建设：Midjourney积极构建社区生态，鼓励用户分享创作经验和成果，形成了良好的互动氛围和创作环境。

随着技术的不断进步和应用场景的不断拓展，Midjourney模型有望在未来实现更多的创新和突破。例如，支持更多模态的输入、实现更高效的图像生成、提供更丰富的创作工具等。同时，随着社区生态的不断完善和用户数量的持续增长，Midjourney将成为AI图像生成领域的重要力量之一。

2.4.5.5　Midjourney与Stable Diffusion对比分析

Midjourney和Stable Diffusion都是AI绘画工具，虽然它们有一些共同点，但是也有很多不同之处。

（1）两者的共同点

两者都是基于AI技术的绘画工具，都可以通过输入文字或文本提示来生成图像；都可以用于创作各种类型的艺术作品，包括插画、漫画、摄影、设计等。

（2）两者的不同点

生成图像的算法不同：Midjourney主要使用扩散模型，注重图像质量与细节。Stable Diffusion基于一种被称为"潜在空间扩散模型"的变体模型，强调在潜在空间中的高效生成。

使用的技术栈不同：Midjourney使用了DALL·E模型，功能丰富，支持多种输入方式；Stable Diffusion使用了CLIP ViT-L/14文本编码器。

输出图像的质量不同：Midjourney输出图像的质量相对较高，而Stable Diffusion输出图像的质量相对较低。

使用门槛与成本不同：Midjourney学习曲线较陡，可能需要特定的网络环境，部分功能需付费；Stable Diffusion易操作，提供免费的本地使用版本，对新手友好。

功能不同：Midjourney具有更多的功能和插件，可以用于创作各种类型的艺术作品，而Stable Diffusion主要专注于图像生成。

（3）两者的优缺点对比

① Midjourney的优点

输出图像质量高。

功能丰富：Midjourney具有较多的功能和插件，可以用于创作各种类型的艺术作品，如插画、漫画、摄影、设计等。

支持多种输入方式：Midjourney支持文字、图像、视频等多种形式的输入，方便用户进行创作。

② Midjourney 的缺点

使用难度较高，需要特定的网络环境，部分服务需付费。

③ Stable Diffusion 的优点

运行稳定，细节表现佳，本地免费使用。Stable Diffusion 对硬件的要求较低，可以在普通的 PC 上运行。

④ Stable Diffusion 的缺点

输出图像质量不稳定：Stable Diffusion 的输出图像质量有时会不稳定，需要一定的实践和调整才能得到满意的图像。

功能相对较少：Stable Diffusion 的功能相对较少，主要专注于图像生成。

总之，Midjourney 与 Stable Diffusion 各具特色，适用于不同的用户群体。Midjourney 适合追求高质量与多功能的专业用户，Stable Diffusion 以易用性、稳定性和免费特性吸引初学者及日常用户。用户选择时，应根据个人需求、技术能力及资源条件综合考虑。

2.4.5.6　其他国外 AIGC 大模型介绍

除了 2.4.5 节介绍的 AIGC 大模型之外，还有很多大模型已经问世，并已经为各行各业创造商业价值。

DALL·E：是由 OpenAI 开发的一款革命性的人工智能程序，专门设计用来生成高质量、高创造性的图像，基于用户提供的文本描述。这个名字是对画家萨尔瓦多·达利（Salvador Dalí）和皮克斯动画电影《瓦力》（WALL·E）的致敬，旨在反映出该程序结合了艺术和科技的特性。DALL·E 的工作原理基于深度学习的生成对抗网络技术，能够理解用户的文本提示，并基于这些提示创造出新颖的、详细的图像。这项技术在理解复杂的描述、捕捉细节及创造出风格多样的图像方面，表现出惊人的能力，从而使其在艺术创作、设计探索和创意表达等多个领域得到应用。

DALL·E 不仅能生成现实世界中存在的物体或场景图像，而且还能创造出全新的、想象中的场景，这些场景往往超越了人类艺术家的创造力。用户可以通过非常具体和创造性的文本描述，引导 DALL·E 生成独一无二的艺术品，这让人们对未来人工智能在艺术和创意产业中扮演的角色充满了期待。

HeyGen：一种AIGC产品，它是通过AI数字人来帮助用户创建宣传视频的。HeyGen系统是自带背景和解说人像的，无论是免费版还是付费版都没有版权问题，操作过程极其简单（图2.35）。

图2.35　已故AI科学家汤晓鸥以数字人形象"重返"商汤年会演讲

HeyGen支持40多种语言（包括不同的口音），可以使虚拟人与文本完美同步。可以组合多个场景，添加背景音乐，下载高清视频，或者与他人分享视频。适合用于制作企业培训、营销、电子学习等领域的AI虚拟数字人视频。

Runway：一个创新的平台，旨在为创意专业人士提供使用人工智能技术的能力，特别是在图像、视频编辑和生成领域。它通过一个直观的界面，集成了多种先进的AI工具和模型，使用户能够轻松地进行内容创作增强和修改。Runway旨在为艺术家、设计师、视频制作者和其他创意工作者提供强大而灵活的工具，以探索AI在视觉艺术设计中的应用。

Sora：OpenAI发布的人工智能文生视频大模型。2024年12月9日，OpenAI发布了Sora模型正式版，其背后的技术是在OpenAI的文本到图像生成模型DALL·E基础上研发而成的（图2.36）。它不仅支持由文本或图像生成高质量、高分辨率的视频，而且内置了丰富的编辑工具，让用户能够轻松地进行创意编辑。同时，Sora还支持社区互动功能，为用户提供了一个展示作品、交流经验的平台。这些特点使得Sora成为当前市场上最受欢迎的视频生成模型之一。

图2.36　Sora视频生成案例

Sora可以生成最高分辨率为1080p、最长时长达20秒的视频。用户不仅可以通过文字提示生成视频，而且还能将静态图片转化为动态视频，甚至可以对现有视频进行创意改编。此外，Sora还提供了宽屏、竖屏和方形等多种画面比例供用户选择。

Sora模型正式版的发布，给需要制作视频的艺术家、电影制片人或学生带来了创作的无限可能，也标志着AI在理解真实世界场景并与之互动的能力方面实现了飞跃。

2.4.5.7　国内常用的AIGC大模型

国内常用的大模型众多，它们在自然语言处理、图像识别、智能生成等多个领域展现出强大的能力。表2.3是国内常用的一些AI大模型的介绍说明。

表2.3　国内常用的AI大模型列表

大模型名称	厂商	核心特点与应用
DeepSeek-R1	深度求索	5000亿参数多模态融合模型，支持跨语言、跨领域迁移学习，优化长文本推理与生成能力。应用于智能客服、个性化推荐、跨领域情感分析、超大文本数据建模等场景
DeepSeek-V3	深度求索	基于Transformer架构的升级版，优化复杂语境下的语义理解与生成能力，擅长高级文本分析、复杂情感判断、多轮对话系统构建。适用于智能客服、市场舆情分析、多轮交互场景等
文心一言	百度	具备跨模态、跨语言的深度语义理解与生成能力。擅长知识问答、代码理解与调试、图像生成与处理、语音合成与识别、视频数据处理等。广泛应用于搜索、对话、内容创作、智能办公、客户服务、教育等领域

表2.3（续）

大模型名称	厂商	核心特点与应用
DeepSeek-R1	深度求索	5000亿参数多模态融合模型，支持跨语言、跨领域迁移学习，优化长文本推理与生成能力。应用于智能客服、个性化推荐、跨领域情感分析、超大文本数据建模等场景
DeepSeek-V3	深度求索	基于Transformer架构的升级版，优化复杂语境下的语义理解与生成能力，擅长高级文本分析、复杂情感判断、多轮对话系统构建。适用于智能客服、市场舆情分析、多轮交互场景等
通义千问	阿里云	拥有千亿参数，支持多轮对话、文案创作、逻辑推理、多模态理解、多语言支持等。作为AI辅助工具，在金融、医疗、教育、物流等多个行业可以提升工作效率和智能化水平
星火认知大模型	科大讯飞	重视语音识别和自然语言理解，具备文本生成、语言理解、知识问答、逻辑推理、数学能力、代码能力及多模交互等7大核心能力。广泛应用于教育、办公、科研、数学问题解决、代码生成与调试、多模态交互等领域
混元	腾讯	腾讯自主研发的大模型，具备高性能和低能耗特点，支持多模态数据处理，可用于社交、游戏等领域
盘古大模型	华为	包括NLP大模型、CV大模型等，专注于自然语言处理和计算机视觉，应用于云服务和智能设备
豆包	字节跳动	为创作者打造的AI助手，支持视频脚本撰写、文案生成、营销策划等。具备聊天机器人、写作助手、英语学习助手等功能
智谱GLM-4	智谱AI	融合海量知识，可用于商业分析、决策辅助、客户服务等领域。具备强大的语言理解和生成能力
360智脑	360公司	重视安全性和信息检索，应用于搜索和安全领域。在安全可用评分和安全评分这两个方面表现良好
商量SenseChat	商汤科技	多模态对话交互平台，利用视觉、语言等技术，提供沉浸式人机交互体验。具备卓越的自然语言处理能力、多轮对话与超长文本理解能力
天工AI	昆仑万维	强大的核心能力和广泛的应用场景，采用混合专家模型MoE架构，支持超长上下文窗口

这些大模型各具特色，在不同的领域和应用场景中发挥着重要作用。随着技术的不断进步和应用的不断拓展，国内的大模型产业将持续蓬勃发展，为各行各业带来更多智能化的解决方案。

第3章　AI人才发展现状和展望

随着技术的飞速发展，AI领域对专业人才的需求空前高涨，成为推动时代进步的关键力量。本章将深入探讨AI人才的发展现状，分析全球范围内的人才供需格局、教育体系与培训机制的适应性变革及面临的挑战与机遇。通过剖析AI人才的成长路径、技能需求和职业发展趋势，进而探讨人才培养的模式与路径，期望能够为政策制定者、企业管理者、教育工作者及广大AI从业者提供有价值的参考和启示。

扫描右侧二维码，即可访问我们的专属AIGC多模态内容创作平台。免费注册账号，即可获得1000算力值，亲手体验AI生成内容的魅力。无论是创作艺术、设计图案，还是开发智能应用，你的创意将在这里无限延伸。快来加入我们，成为AI时代的创造者吧！

3.1　全球AI人才发展现状

3.1.1　全球AI人才市场的总体规模和趋势

随着AI技术的迅猛发展，全球AI人才市场的总体规模正在持续扩大。最新数据显示，全球范围内对AI人才的需求呈现出爆炸性增长趋势，顶尖AI人才成为各大公司竞相争夺的稀缺资源。这一趋势不仅反映了AI技术在各个领域的广泛应用，而且预示着AI人才市场的巨大潜力。

从市场趋势来看，全球AI人才市场的两极分化现象日益明显。根据英国数据公司Zeki发布的《2024年人工智能人才现状》报告，一方面，美国的大型科技公司（如亚马逊、苹果、Google、Meta和微软等）凭借在人工智能领域

第3章 AI人才发展现状和展望

的深厚积累和技术优势，吸引了大量的顶尖AI人才，形成了强大的人才聚集效应，五大科技公司的AI人才数量占整体AI人才市场的11.4%。另一方面，随着AI技术的普及和应用场景的不断拓展，全球范围内对AI人才的需求也在快速增长，许多新兴公司和小型企业也开始积极招聘和培养AI人才，以期在AI领域占据一席之地。

我们对GrandviewResearch、Statista、IDC报告及英国数据公司Zeki发布的《2024年人工智能人才现状》等多个权威来源的相关数据进行了综合分析和预测，包括但不限于市场研究机构、权威报告及公开发布的数据，评估预测2023—2030年的全球AI人才市场的总体规模，如表3.1所示。

表3.1 全球AI人才市场的总体规模

年份	全球AI市场规模/亿美元	全球AI人才数量/万人
2023	2418	—
2024	6382.3	14（顶尖人才）*
2030	18100（预测）	—

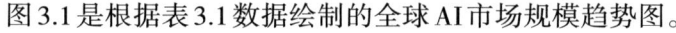

*注：全球AI人才数量的确切数据难以统计，表格中的"14"指的是顶尖AI人才的数量，而非全部人才数量。

图3.1是根据表3.1数据绘制的全球AI市场规模趋势图。

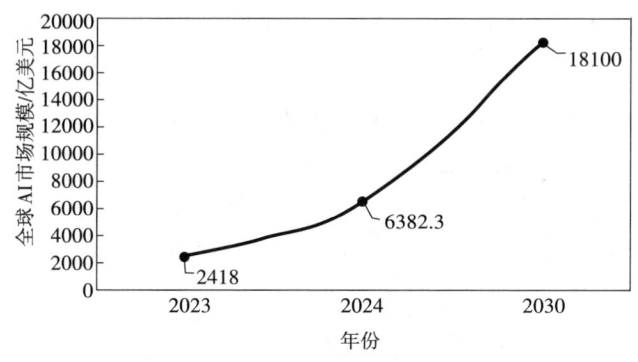

图3.1 全球AI市场规模趋势图

表3.1和图3.1中数据显示，全球AI市场的总体规模和趋势如下。

(1) 市场规模迅速增长

全球AI市场规模在近年来迅速增长，2023年为2418亿美元，2024年达到6382.3亿美元，到2030年预计将达到1.81万亿美元。这表明AI行业正处于快速发展阶段，具有巨大的市场潜力。

(2) 人才竞争激烈

尽管全球AI人才的确切数量难以统计，但可以肯定的是，随着AI技术的不断发展和应用，对顶尖AI人才的需求日益增加。各大公司纷纷布局AI领域，争夺顶尖人才，会使得AI人才市场的竞争变得异常激烈。

(3) 行业应用广泛

AI技术已经深入到各个领域，包括政务、安防、制造、金融、医疗、物流仓储等，极大地促进了这些行业的数字化转型。随着AI技术的不断成熟和应用场景的拓展，其对人才的需求也将持续增长。

综上所述，全球AI人才市场呈现出总体规模迅速增长、竞争激烈和行业应用广泛等趋势。未来，随着AI技术的不断发展和应用，对人才的需求也将持续增加，为AI行业带来了更多的发展机遇和挑战。

3.1.2 顶尖AI人才的流动情况

顶尖AI人才的流动情况是当前全球AI人才市场的一大亮点。根据英国数据公司Zeki发布的《2024年人工智能人才现状》报告，全球顶尖AI人才的流动性极高。

从流动方向来看，顶尖AI人才主要流向了那些能够提供良好职业发展机会、创新环境和优厚薪酬待遇的公司和国家。例如，美国的大型科技公司仍然是吸引顶尖AI人才的主要目的地之一，但欧洲、亚洲等地区的国家和公司也在积极采取措施吸引和留住人才。在过去十年间，欧洲的医疗行业吸引了大量的顶尖AI人才，成为人才流动的新热点。

人才流动的原因多种多样，包括但不限于：对更高薪酬的追求、对更好职业发展机会的渴望、对特定行业或技术的兴趣及对生活质量和工作环境的考虑等。此外，全球范围内对AI技术的重视和投入也加剧了顶尖AI人才的流动。

顶尖AI人才的流动趋势特点如下。

(1) 全球流动趋势

美国的主导地位：尽管面临激烈的竞争，美国依然是全球顶尖AI人才的首选工作地。然而，其市场主导地位正逐渐受到挑战。

中国的崛起：中国近年来在AI领域发展迅速，吸引了大量的顶尖人才回国工作，为全球AI人才流动带来了新的格局。

欧洲的吸引力：欧洲医疗行业对顶尖AI人才的吸引力正在迅速上升。

(2) 人才流动的多元化

跨境流动性高：顶尖AI人才的跨境流动性极高，他们频繁更换职位并有计划地进行职业规划，以获得更大的知名度和影响力。

职业选择的多样性：薪资已不再是影响人才职业选择的唯一因素，他们更重视自身价值的实现和推动AI新应用的市场化。

(3) 行业与地域分布

行业分布：在全球范围内，AI人才广泛分布于多个行业，其中技术密集型行业（如互联网、金融科技、智能制造、医疗健康及自动驾驶汽车等领域）尤为突出。这些行业在AI技术推动下，正经历着深刻的变革，吸引了大量的顶尖人才，共同推动产业生态的重塑与创新发展。

地域分布：从全球视角来看，顶尖AI人才的分布呈现出一定的地域集中性，但也展现出多元化的趋势。虽然一线城市（如美国的硅谷、纽约，中国的北京、上海、深圳，以及英国的伦敦等地）仍然是AI人才的主要聚集地，但越来越多的二线城市和新兴科技中心在积极吸引和培养AI人才，形成了多个具有特色的AI人才集群（见表3.2）。此外，一些国家和地区通过政策扶持、资金投入等措施，也在努力打造自己的AI人才高地，以在全球竞争中占据有利地位。

表3.2 顶尖AI人才流动情况

地区和国家	顶尖AI人才流动趋势	备注
美国	依然是首选工作地，但面临挑战	市场主导地位正逐渐受到挑战
中国	崛起迅速，吸引大量的人才回国	为全球AI人才流动带来新格局
欧洲	吸引力上升，尤其是医疗行业	顶尖AI人才显著增加
其他国家	流动趋势多样化	各国政府和企业需密切关注人才流动趋势

3.1.3 各国在吸引和留住AI人才方面的政策和措施

为了吸引和留住顶尖AI人才,各国政府和企业纷纷出台了一系列的政策和措施。表3.3是一些主要国家和地区的做法。

表3.3 吸引和留住AI人才的政策和措施

国家和地区	政策和措施
美国	推出《AI创新未来法案》,强调国际标准的制定、数据共享和安全性研究的重要性;成立AI安全研究所,关注AI安全性及伦理问题
欧洲（如德国）	成立"欧洲数据中心",旨在整合来自工业和媒体的大量数据,为AI模型训练提供高质量的数据;通过政策扶持和资金投入,支持AI研究和应用发展
英国	提供研究资助,用于增强社会对AI技术风险的防范能力;推动产学研合作,加强AI人才培养和引进
韩国	成立"国家AI实验室",由多家高校联合运营,致力于培养AI人才和推动产学研合作;投入大量的资金提升在全球AI领域的影响力和竞争能力
中国	将AI发展列为国家战略,提供政策、资金和人才等多方面支持;高校开设AI相关专业,培养基础研究型和应用开发型人才;社会培训机构提供应用开发技能培训,增强人才实践能力

这些政策和措施涵盖了人才培养、引进、应用等多个方面,旨在为全球AI人才创造一个更加开放、包容和创新的环境。同时,这些政策和措施的实施也将有助于各国在AI领域保持竞争优势,推动全球AI产业的繁荣发展。

3.2 AIGC技术发展对职业生态的影响

随着AIGC技术的迅猛发展,我们已经进入了一个技术驱动职业变革的新时代。AIGC技术以独特的优势,正在深刻改变着职业生态的各个方面。本节将深入探讨AIGC技术对职业生态的影响,以期为从业者提供有益的参考和启示。

经分析,麦肯锡全球研究院(MGI)发现,目前劳动者50%工时内的工作可能在2030年前被自动化。生成式AI的颠覆性潜力将冲击各行各业的不同岗位,对各类职业造成的影响程度各不相同,其中白领工作受到的冲击将比蓝领工作更大。

总体而言,生成式AI将促进劳动力转型升级,催生全新的工作方式,显著提高工作效率。

随着生成式AI的不断演进,企业与劳动者面临着迫切的适应与运用需求。对此,以下两方面显得尤为重要。

(1) 企业层面

顺应潮流与重新定义:企业需紧跟AI发展步伐,深入挖掘生成式AI的潜力,以此为基础重新定义工作岗位,并着手培养与之匹配的新技能。

AI人才培养挑战:尽管中国在多个AI领域处于领先地位,但是在企业层面部署AI的速度却相对滞后。报告显示,仅有约30%的中国企业通过内部途径培养AI人才,这一比例远低于全球45%的平均水平。原因在于AIGC作为新兴技能,既缺乏充足的学习内容储备,也缺乏有效的传统学习形式支持,使得企业培训部门在培养员工AI技能方面面临重大挑战。

(2) 个人层面

终身学习的必要性:劳动者需树立终身学习的理念,主动寻求技能提升,以便在AI赋能的未来环境中持续成长。

学习资源与指导的获取:对于个人而言,如何筛选并获取高质量的AI学习资源,以及如何跟随经验丰富、实战能力强的AI导师学习,成为另一大亟待解决的问题。

总之,企业与劳动者均需积极应对生成式AI带来的变革,通过重新定义岗位、培养新技能及持续学习,共同迎接AI赋能的未来。

3.2.1 AIGC技术对职业生态的影响

目前,AIGC技术对职业生态的影响主要体现在以下几个方面。

(1) 创新传统职业

① 提高工作效率

AIGC技术通过自动化、智能化处理大量的数据和信息,显著提高了传统职业的工作效率。例如，在财务领域，AI可以自动完成报表生成和数据分析，大大缩短了处理时间；在新闻编辑行业，AI可以快速筛选和整理新闻素材，提高新闻报道的时效性。

② 改变工作方式

AIGC技术改变了传统职业的工作模式，员工可以从烦琐的任务中解脱出来，专注于更有创造性和战略性的工作。例如，设计师可以使用AI辅助设计工具，快速生成多种设计方案，提高设计效率。

表3.4总结了AIGC引入前后在工作方式的主要改变，涵盖了内容创作，数据分析，重复性任务处理，跨语言、跨文化沟通，个性化推荐与营销及工作与生活平衡等多个方面。通过对比，可以清晰地看到AIGC对提升工作效率、优化工作流程、促进创新与个性化等方面带来的积极影响。

AIGC技术对工作方式的改变是深远和多维的。它不仅影响了人们完成任务的效率和方法，而且改变了人们与同事的互动方式，甚至影响了人们对工作和生活的整体态度。随着这项技术的不断发展，人们可以预见一种更加高效、灵活和人性化的工作环境正在形成。然而，要充分利用AIGC带来的机会，个人、团队和组织都需要不断适应新的工作模式，培养相应的技能，并开发出创新的管理和协作策略。

表3.4 AIGC技术对工作方式变革的关键影响点

AIGC引入前的工作方式	AIGC引入后的改变
内容创作	
手动撰写文章、报告	AIGC自动生成初稿，提高创作效率
依赖个人创意和灵感	AIGC提供创意灵感和素材，拓宽创作思路
耗时长，修改频繁	缩短创作周期，减少修改次数
数据分析	
手动收集、整理数据	AIGC自动收集、整理数据，提高数据处理速度
使用传统统计方法进行分析	AIGC利用深度学习和大数据分析，识别数据模式和趋势
依赖人工判断决策	AIGC辅助决策，提高决策准确性和效率
重复性任务处理	

表3.4（续）

AIGC引入前的工作方式	AIGC引入后的改变
手动执行重复性高、创造性低的任务	AIGC自动化处理重复性任务，释放人力资源
易出现人为错误	AIGC减少人为错误，提高工作质量
跨语言、跨文化沟通	
依赖翻译人员或工具	AIGC实现实时语音翻译，提高沟通效率
沟通障碍多	AIGC克服语言和文化障碍，促进全球化进程
个性化推荐与营销	
依赖人工进行市场分析和用户调研	AIGC根据用户行为和偏好生成个性化推荐
营销手段单一	AIGC创新广告形式，提高营销效果
工作与生活平衡	
工作负担重，难以平衡生活	AIGC提高工作效率，帮助员工平衡工作与生活
生活便利性受限	AIGC应用于智能家居等设备，提高生活便利性

③ 降低人力成本

随着AIGC技术的应用，许多重复性和程序化的工作可以被机器取代，减少了对人力的依赖。企业可以通过减少员工数量来降低人力成本，尤其是客服、数据录入等岗位。

（2）催生新兴职业

① 与AIGC技术相关的新兴岗位

AIGC技术的发展催生了如AI辅助平面设计师、AI设计内容审核师、AI产品经理、AI伦理专家、AI法律顾问等新兴岗位。这些岗位要求从业者具备专业的技术知识和实际操作能力。

② 新兴职业的特点及发展趋势

这些新兴职业通常具有高度专业化、技术更新快、跨学科知识需求高等特点。未来，随着AIGC技术的不断成熟和应用领域的拓展，这些新兴职业的需求将持续增长，同时将出现更多细分领域的新岗位。

(3) 调整人才结构

① 技能需求变化

AIGC 技术的普及使得市场对 AIGC 大模型工具使用、数据分析、机器学习、编程等技能的需求量大幅上升，而对传统技能的需求量相对减少。从业者需要不断学习新技能，以适应市场需求。

② 学历要求调整

新兴职业往往对学历要求更加灵活，更注重实际技能和经验。例如，数据标注工程师、AIGC 平面设计工程师可能不需要高学历背景，但需要具备良好的数据敏感性和细节处理能力。

③ 跨界人才培养

AIGC 技术的发展促进了跨学科人才的培养，如 AI 与医疗、法律、教育等领域的结合，需要既懂技术又了解行业知识的复合型人才。

(4) 改变就业格局

① 地域性就业差异

AIGC 技术的发展可能导致就业机会在地域上的重新分配。技术密集型行业可能集中在科技发展水平较高的地区，而传统行业可能面临就业机会减少的困境。

② 行业间就业流动

随着 AIGC 技术的应用，不同行业间的就业流动将更加频繁。例如，制造业的员工可能需要转向服务业或高科技行业，以适应新的就业环境。

③ 就业市场供需关系变化

AIGC 技术的应用可能导致某些岗位的需求减少，而另一些岗位的需求增加。就业市场将面临重新平衡的挑战，劳动力供需关系将发生变化，这要求就业者具备更强的适应性和学习能力。

3.2.2 AIGC 重塑行业职业生态：探索 AI 即将替代的工作领域

AI 正以惊人的速度发展并跨越传统界限。随着机器学习、深度学习、自然语言处理等核心技术的不断突破，AI 所能承担的工作任务日益复杂多变，其替代人类劳动力的范围也在不断拓宽。据麦肯锡预测，至2030年，欧美发达国家中，有27%~30%的工作岗位或将由AI取代。考虑全球技术发展的同步性，我国也很可能面临相似变革，这无疑将对"00后"及"10后"这两代新兴劳动力市场的主体带来深远的就业影响。

AIGC技术的快速发展正在深刻改变各行各业的职业生态，以下是对几个主要行业具体影响的分析。

（1）制造业（基础体力、基础技能类）

① 智能化生产线

AIGC技术在制造业中的应用主要体现在智能化生产线建设上。通过集成AI和机器人技术，生产线能够实现自动化操作，使基础体力和基础技能类工作减少对人工的依赖。许多企业已经大规模引入AI设备，用以从事诸如焊接、装配、包装、搬运等流水线工作，以及产品测试、数据输入等简单重复性工作。相信，在未来，这一趋势会越来越明显。

影响：传统的操作工岗位需求减少，同时创造了新的工作岗位，如机器人编程师、自动化系统维护工程师等。

例子：汽车制造厂使用AI控制的机器人进行焊接、涂装和组装，提高了生产效率和产品质量（见图3.2）。

图3.2　小鹏汽车AI人形机器人Iron拧螺丝

② 设备维护与故障诊断

AIGC技术可以实时监控生产设备的状态，并预测潜在的故障。

影响：设备维护人员的需求从常规维护转向更专业的故障诊断和修复，要求其具备更高的技术知识和技能。

例子：通过AI分析设备数据，预测设备故障，维护团队可以提前进行干预，减少停机时间。

（2）批发零售业（传统销售、客服）

当前，传统销售与客服岗位受到AI技术的强烈冲击，成为这一变革浪潮中的前沿阵地。在零售业，AI赋能的自动售货系统、智能化导购解决方案及语音交互助手等创新技术，已显著缩减了其对人工干预的依赖。同样，在客户服务领域中，依托自然语言处理技术和高效对话系统的虚拟客服AI正逐步崛起，预示着传统呼叫中心及在线人工客服角色的大幅缩减。不可否认，在这些特定职位上，相较于AI的高效与精准，人类劳动力的竞争优势已日渐微弱。

① 客户服务机器人

AI驱动的客户服务机器人可以处理大量的客户咨询和投诉，提供7天24小时的服务。

影响：对传统的客户服务代表岗位的需求减少，但对AI训练师和对话设计师的需求增加。

例子：零售银行使用聊天机器人回答客户常见问题，减轻了前台服务人员的压力。

② 个性化推荐系统

AIGC技术可以根据用户的历史行为和偏好提供个性化的服务推荐。

影响：销售和市场营销人员的角色转变为利用数据分析来优化推荐系统，提高了用户满意度和转化率。

例子：电商平台利用AI推荐系统向用户推荐商品，提高了销售效率。

（3）教育和咨询行业（传统教育、初级咨询）

教育培训和咨询领域，虽然长期被视为智力密集型的行业，但是它们同样会遭到AI的冲击。随着深度学习和知识图谱等技术的进一步突破，AI未来可以完全（或部分）可以接管传统教学和一些初级咨询工作。

① 个性化教学

AIGC技术可以根据学生的学习习惯和能力提供个性化的教学资源和辅导。

影响：教师的角色从传统的知识传授者转变为学习引导者和辅导者，需要对教育技术和个性化教学有更深入的理解。

例子：在线教育平台使用AI为学生提供定制化的学习计划和资源（见图3.3）。

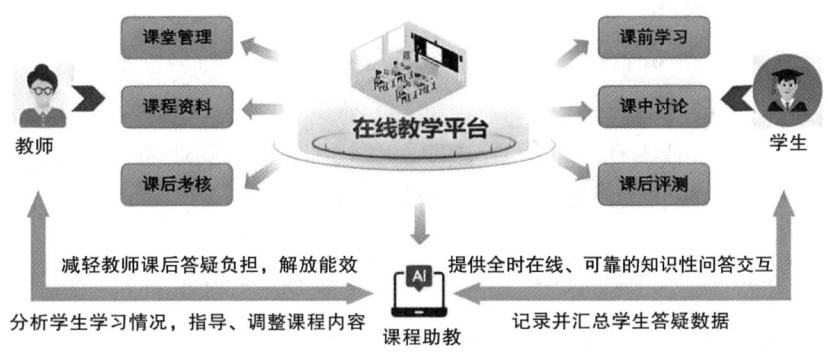

图3.3 基于在线教育平台的AI个性化教学模式

② 初级咨询工作将被AI替代

初级咨询工作，如数据收集、信息整理和基础分析等，正面临着被AIGC技术替代的风险。

影响：对初级咨询顾问的需求可能会减少，而对高级咨询顾问的需求会增加，他们需要具备更深层次的专业知识和复杂问题解决能力。

例子：在一家管理咨询公司，AI系统被用来对客户公司的财务数据进行自动化分析。该系统可以快速识别财务趋势、成本节约机会和潜在的风险。这些工作原本需要初级咨询顾问完成。通过AI的介入，初级咨询顾问的工作量大大减少，他们转而需要专注于更复杂的业务分析和策略制定任务。例如，AI可以自动生成市场研究报告，而初级咨询顾问则需要基于这些报告，为客户提供更深层次的行业洞察和定制化解决方案。

（4）医疗行业

① 疾病诊断与治疗

AIGC技术在医疗影像分析和疾病模式识别方面的应用，提高了诊断的准确性和效率。

影响：医生的工作方式发生变化，他们可以利用AI辅助进行更精确的诊断和治疗规划。

例子：AI系统在分析医学影像时，能够帮助放射科医生更快地识别病变。

② 医疗数据分析

AIGC技术可以处理大量的医疗数据，为临床决策提供支持。

影响：对医疗数据分析专家的需求增加，他们负责解读AI分析结果，并将其应用于临床实践。

例子：通过分析患者数据，AI能够预测疾病发展趋势，帮助医生制定预防措施。

总之，AIGC技术在不同行业中的应用，既带来了职业岗位的变化，也要求从业者不断增强自身技能，以适应新的职业生态。

3.2.3 AIGC时代需要具备的职业基础技能

随着AIGC技术的快速发展，职业环境正经历着深刻变革。以下是适应这一新时代所需的几项关键技能。

（1）技术技能

数据分析：增强数据分析能力，能够从海量数据中提取洞察和有价值的信息。

编程能力：掌握基本的编程知识，以便开发或优化AIGC算法。

AI理解：深入理解AI的原理和应用，以在自动化环境中发挥优势。

（2）批判性思维与创新能力

内容评估：批判性地分析AIGC生成内容的质量和潜在偏差。

创新驱动：在AIGC技术主导的市场中持续创新以保持竞争力。

（3）沟通技能与团队合作

人机交流：有效沟通，确保AI准确理解人类需求。

跨学科合作：在多元化团队中发挥作用，共同推进AIGC系统的开发与优化。

（4）终身学习

技能更新：适应技术快速发展，不断更新个人技能和知识。

行业洞察：关注新兴行业趋势和法律法规变化，保持职业敏感度。

在AIGC技术引领的职场变革中，掌握数据分析、编程、AI理解、批判性思维、创新能力、沟通与合作及终身学习等跨领域技能，是保持职业竞争力的关键。通过不断增强这些技能，我们不仅能够把握新时代的机遇，还能在职业发展的道路上稳步前行。

3.2.4 AIGC时代职业生态健康发展的应对策略

面对AIGC带来的挑战与机遇，采取有效的应对策略至关重要，需从多方面着手应对。

（1）政府与教育机构

加强终身教育体系建设，提供多样化的技能再培训项目，帮助工作者适应技术变革。

鼓励高校与科研机构加强AIGC相关人才的培养，为市场输送专业人才。

（2）企业层面

鼓励创新思维与灵活性，为员工创造支持成长与发展的工作环境。
实施内部培训计划，帮助员工升级技能，实现职业转型。
引入AIGC技术时，注重人机协作，发挥人类与AI的各自优势。

（3）社会层面

建立包容性强、公平的劳动市场，确保所有工作者都能从技术进步中受益。

加强社会保障体系，为因技术变革而失业的劳动者提供必要的经济支持与职业培训。

倡导全社会关注技术伦理与就业公平，避免技术排斥导致的社会不平等。

（4）个人层面

保持学习心态，积极掌握新技能，提升个人竞争力。
关注行业动态与技术发展趋势，合理规划职业发展。
增强跨学科能力与软技能，如创造力、沟通能力等，以应对未来职场的变化。

面对 AIGC 技术对传统职业的影响，我们需要从政府、企业、社会和个人四个层面共同努力，采取有效的应对策略，以应对技术变革带来的机遇和挑战。

3.3 中国 AI 人才发展现状

近年来，随着 AI 技术的迅猛发展和应用领域的不断拓展，中国 AI 产业取得了显著进步，成为全球 AI 产业的重要组成部分。然而，在快速发展的背后，人才短缺问题日益凸显，成为制约行业进一步发展的瓶颈。本节将深入探讨中国 AI 人才的发展现状，分析人才需求的激增、供给的不足及人才培养的现状与挑战，旨在揭示中国 AI 产业在人才领域的真实现状，为未来的政策制定和人才培养提供有益的参考。

3.3.1 中国 AI 人才缺口情况概览

关于中国 AI 人才缺口的具体数字，不同来源的报告和数据可能存在一定的差异。但根据多方权威信息，可以归纳如下。

（1）总体缺口情况

人社部的报告指出，我国 AI 人才缺口超过 500 万人，供求比例高达 1∶10。

复旦大学党委书记裘新在 2023 年世界 AI 大会期间也指出，国内 AI 领域人才总缺口达 500 万人。

麦肯锡 2023 年 5 月发布的报告预计，到 2030 年，中国的 AI 人才供应只有市场需求的三分之一，人才缺口将达 400 万人。

（2）细分领域缺口

从技术方向来看，机器学习、计算机视觉、智能语音和自然语言处理等方向岗位的人才供给普遍较少，尤其是计算机视觉和智能语音方向，人才短缺问题十分突出。

在热门职位中，算法工程师等高端技术岗位需求量大，且薪资待遇高，进一步凸显了人工智能领域的人才缺口。

（3）地区分布与需求

AI相关职业主要集中于北京、广东、上海等科技创新能力强的省市，这些地区的AI人才聚集效应尤为明显。

随着各行各业数字化转型的加速，市场对AI人才的需求将进一步向交通、医疗、教育、安防等多个领域延伸，对跨学科知识和创新能力的要求也越来越高。

（4）人才培养与供给现状

尽管高校和社会培训机构在培养AI人才方面做出了努力，但由于课程落后、实践不足等，人才供给仍然无法完全满足市场需求。

高校AI专业建设仍面临一些挑战，如学科专业建设较为薄弱、师资力量不足、人才培养模式创新不足等。

综上所述，中国AI人才缺口较大，且随着技术的快速发展和产业规模的不断扩大，这一缺口可能会进一步扩大。因此，加大对AI人才的培养和引进力度，优化人才结构，提升人才质量，对于推动中国AI产业的持续健康发展具有重要意义。

3.3.2 AI产业人才需求分析

3.3.2.1 2024年中国AI人才供需特点

近年来，中国在AI领域取得了显著成就，国际科技论文发表量和专利授权量位居全球前列，部分核心技术实现了重要突破。然而，人才短缺依然是制约该行业进一步发展的主要瓶颈。

（1）人才供需矛盾突出

AI产业发展迅速，但人才供给不足，高端人才短缺问题突出。

需求旺盛：随着AI技术在各个行业的广泛应用，市场对AI人才的需求呈现爆发式增长。从数据分析、机器学习工程师到AI产品经理，各个岗位都面临着人才短缺的问题。

供给不足：虽然近年来高校纷纷开设AI相关专业，但人才培养周期较长，短期内难以满足市场需求。同时，现有人才培养体系与企业实际需求脱节，导致人才供给不足。

高端人才短缺：具备深厚技术积累和丰富实践经验的AI高端人才更加稀缺，成为制约产业发展的瓶颈。

（2）人才分布不均衡

AI人才主要集中在北京、上海、深圳等一线城市，且对学历和经验要求较高。

地域集中：AI人才主要集中在北京、上海、深圳等一线城市，以及杭州、南京等部分二线城市。中西部地区AI人才相对匮乏。

学历要求高：AI相关岗位对学历要求较高，普遍要求本科及以上学历，其中硕士和博士学历人才占比逐年上升。

经验要求丰富：企业更加注重人才的实践经验和项目经验，对工作经验的要求也不断提高。

（3）新兴领域人才需求旺盛

市场对AIGC、大模型、深度学习等领域人才需求旺盛，薪资水平持续上涨。

AIGC人才：随着AIGC技术的快速发展，市场对文本生成、图像生成、视频生成等方面的人才需求旺盛。

大模型人才：大模型技术成为AI领域的热点，对大模型训练、推理、部署等方面的人才需求增长迅速。

深度学习人才：深度学习是AI的核心技术，市场对深度学习算法、模型、框架等方面的人才需求持续增长。

3.3.2.2 2024年中国AI人才供需数据分析

相比2022年，2023年AI人才需求快速增长。2022年，AI人才供需比为0.63。2023年1—8月，人才供需比低至0.39，几乎5个岗位争夺2个人才。从平均薪资来看，2022年AI新发岗位平均薪资为43817元，2023年前8个月，这一数字上涨到46518元，提升6.16%（见图3.4）。这一上升趋势在2024年得以延续，显示出AI人才市场的持续繁荣与薪资水平的稳步增长。

第3章 AI人才发展现状和展望

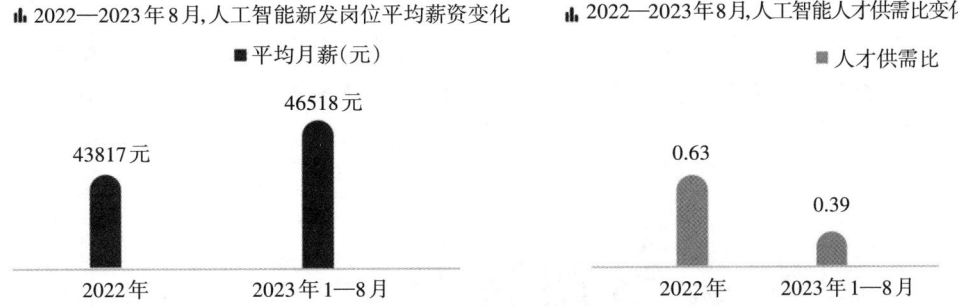

图3.4 人工智能人才供需比变化

艾媒咨询（iiMedia Research）数据显示，2024年中国受访企业涉及人工智能技术相关的项目或产品方向中，AI+多媒体（音、视频）推荐位列第一，占比为34.08%，AI+资讯（新闻、广告等）推荐和AI+交通分别位列第二、第三，占比分别为29.98%和23.84%。AI+医疗（20.48%）、AI+家居（20.48%）等项目或产品也受到部分企业重视。

根据图3.5的数据可以明确看出，多媒体音视频、新闻与广告、交通、医疗及家居是AI技术当前应用最为集中的行业。此外，AI技术还深入渗透到教育、金融、制造等多个关键领域，展现了其广泛的适用性。由此可以合理推断，这些领域不仅见证了AI技术的快速发展，也成为了对AI专业人才需求最为迫切的领域，预示着在这些行业内，AI相关岗位的需求将持续旺盛。

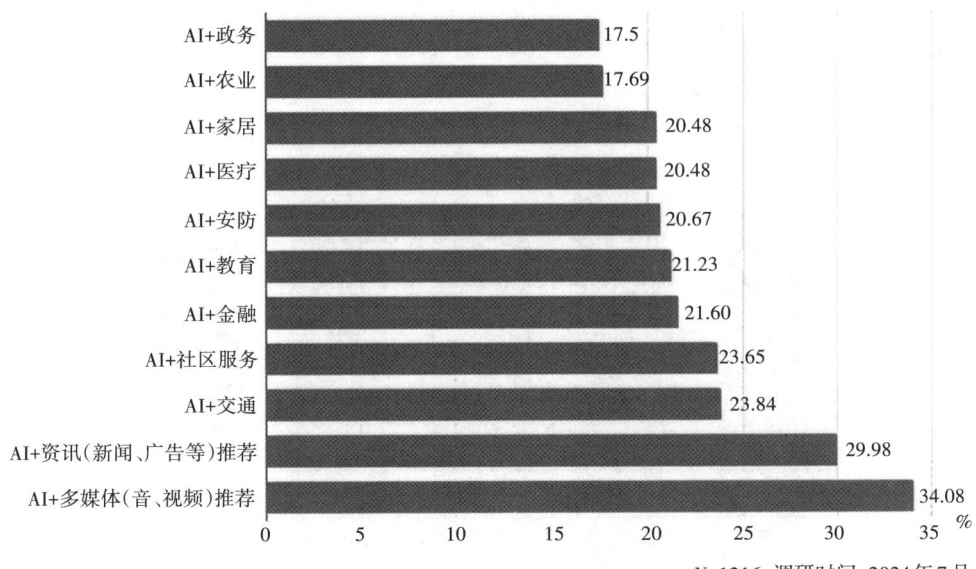

N=1216，调研时间：2024年7月

图3.5 2024年中国受访企业涉及人工智能技术相关的项目或产品方向

艾媒咨询数据显示（见图3.6），AI数据工程师（29.59%）、AI机器人工程师（27.35%）和AI算法工程师（27.14%）是受访企业需求最大的三个AI相关职位，计算机视觉工程师（23.27%）和深度学习工程师（19.18%）也为部分企业需要。

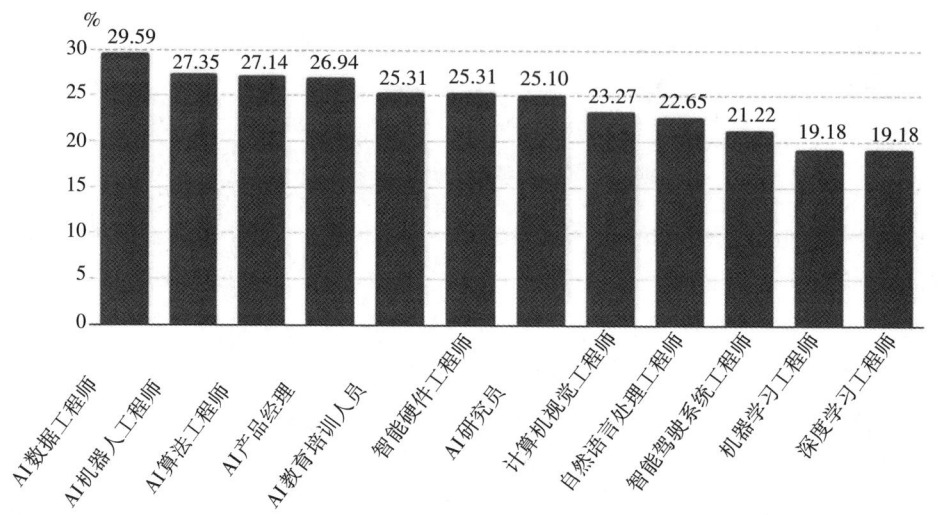

N=1216，调研时间：2024年7月

图3.6　2024年中国受访企业人才需求较大的AI相关职位

此外，超半数的企业要求AI技术类岗位应聘者具有模型训练及机器学习（52.96%）和功能需求分析（51.67%）的项目经验。此外，部分企业还要求应聘者有应用开发（49.10%）、数据采集（48.84%）和算法研究（44.47%）的项目经验（见图3.7）。

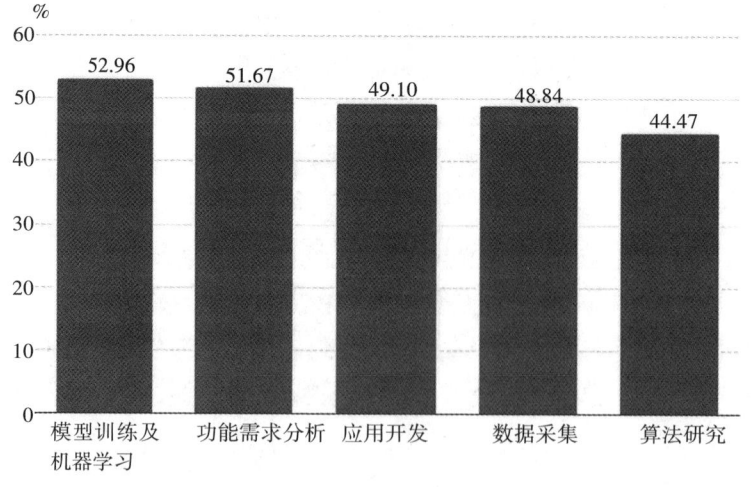

N=1216，调研时间：2024年7月

图3.7　2024年中国受访企业对于AI技术类岗位应聘者的项目经验要求

当前，企业在招聘AI技术类岗位时，普遍对应聘者的实践经验提出高要求，尤其是模型训练及机器学习、功能需求分析、应用开发等相关项目经验。模型训练及机器学习能够提升AI应用智能化水平，功能需求分析能够确保企业的产品精准贴合用户需求，而应用开发能力则是实现技术落地的关键。只要掌握这些技能，企业就能更高效地开发智能应用，提升产品竞争力。求职者应通过参与实际项目、在线课程及实践平台积累项目经验。此外，企业在员工入职后仍需提供持续培训，如最新算法学习、工具使用等，以保持团队技能的前沿性。

2024年中国受访企业对于AI技术类岗位应聘者的编程语言类型要求（见图3.8）中，C语言以32.65%的占比位列第一，随后，R语言（29.31%）、Java（28.53%）、Python（28.02%）和C++（27.51%）占比相当。

C语言、R语言、Java、Python和C++等成为企业招聘AI岗位的首选要求，显示了这些语言在技术领域的广泛应用和重要性。当前，编程语言学习越来越普遍，部分一线城市还让学生从小学开始学习编程，体现了AI对社会生活的渗透和影响。

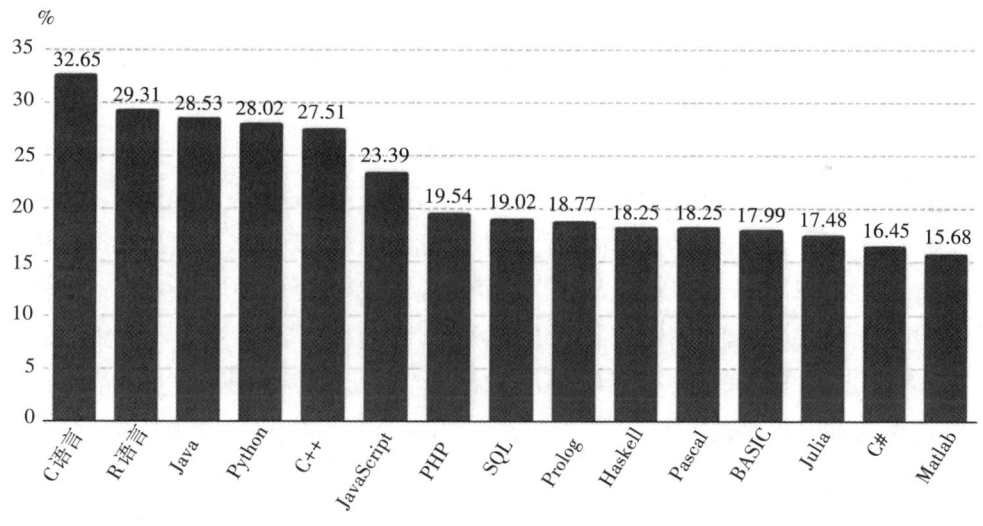

N=1216，调研时间：2024年7月

图3.8 2024年中国受访企业对于AI技术类岗位应聘者的编程语言类型要求

3.3.3 AI产业人才分布特征

2023年1—8月，上海、北京、杭州、深圳成为AI领域新发岗位平均月薪

最高的4个城市，上海和北京的平均月薪旗鼓相当，均达到了5.3万元。而杭州和深圳的平均月薪为5万。进入前10的城市都拥有良好的AI相关产业环境或相关的科研院所（图3.9）。

根据2024年的发展情况来看，2024年AI领域新发布岗位的平均月薪有可能会继续增长，但增速可能逐渐放缓。上海、北京、杭州、深圳这4个城市在薪资排名上可能保持稳定，而其他城市可能根据各自的发展情况有所微调。

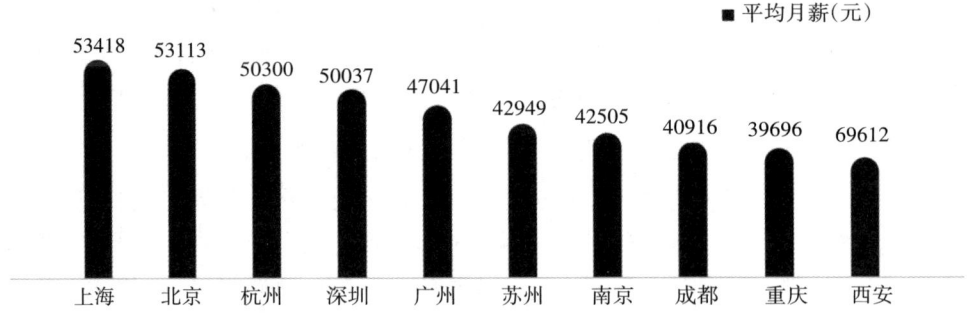

图3.9　2023年1—8月AI新发岗位平均薪资最高的城市TOP10

在AI相关岗位招聘中，通常情况下要求人才经验丰富且学历高。2023年1—8月，新发布的AI岗位中，有42.19%的岗位要求具有5年以上的经验；而高达95.88%的岗位要求应聘者拥有本科及以上学历，其中，要求硕士或博士及以上学历的岗位占比达到了44.17%。

基于2023年1—8月AI领域新发岗位的经验和学历要求数据（见图3.10），预计2024年该领域在招聘时仍将继续重视应聘者的经验和学历背景。更多岗位有可能要求应聘者具备5年以上的相关经验，并且本科及以上学历将成为绝大多数岗位的必备条件，其中，硕士或博士及以上学历的要求也可能会保持较高比例或进一步增长。

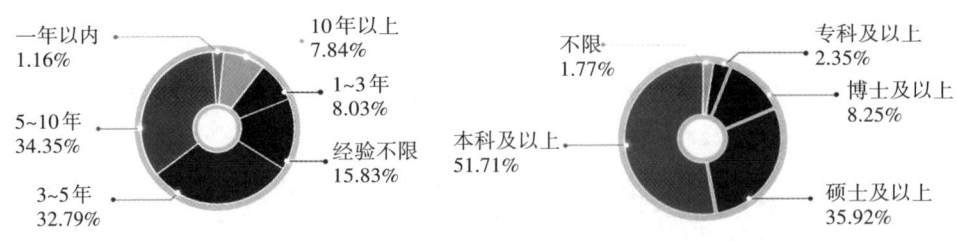

(a) 经验要求　　　　　　　　(b) 学历要求

图3.10　2023年1—8月AI新发岗位经验和学历要求分布

在AI从业者中，有87.93%的人拥有本科及以上的学历，该比例在新经济行业中位列第一。其中，本科学历的从业人员占比超过了五成，硕士和博士及以上学历的从业人员占比达到了36.06%。硕博从业人才占比超过了证券经纪行业的34.65%和纯互联网行业的23.02%。

预计2025年，AI从业者中本科及以上学历的占比将继续在新经济行业中保持领先地位，且有可能进一步提升。本科学历的从业人员仍将是主体，占比或维持在五成以上，而硕士和博士及以上学历的从业人员比例也有望持续增长，可能会进一步拉开其与其他新经济行业（如证券经纪）和纯互联网行业在高端人才占比上的差距（见图3.11）。

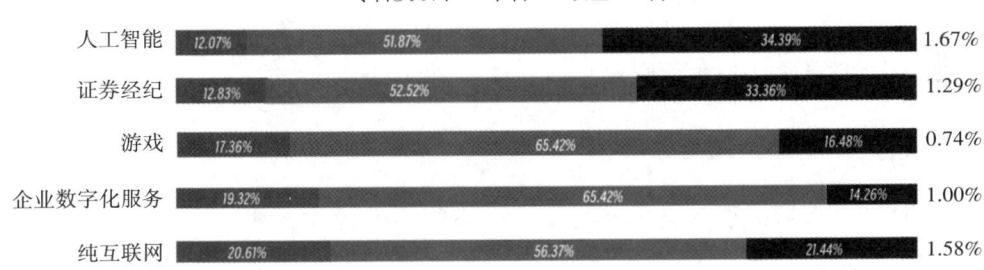

图3.11　2023年8月，本科及以上人才占比最高的新经济行业TOP5

3.3.4　中国AI人才需求特点

中国AI人才的需求呈现出多元化、实践性、创新性和协作性等特点。这些特点不仅反映了AI产业的快速发展和广泛应用趋势，也为高校、社会培训机构和企业等提供了明确的人才培养方向和培养目标。

（1）复合型人才需求增加

AI产业发展需要具备多学科知识和技能的复合型人才，例如"AI+X"人才。

多学科背景需求：AI产业不仅要求人才具备计算机科学、数学、统计学等基础知识，还需要具备行业背景知识。例如，在医疗、金融、教育等领域应用AI时，需要既懂AI技术又懂行业知识的人才，即"AI+医疗""AI+金融""AI+教育"等复合型人才。

跨界融合能力：随着 AI 技术的不断成熟，其应用场景越来越广泛，涉及的行业也越来越多。因此，企业越来越需要那些能够跨越不同领域、融合不同学科知识的人才，以推动 AI 技术的创新和应用。

（2）实践能力要求提高

企业更加注重人才的实践能力和工程实践经验，将理论知识应用于实际项目中。

实际项目经验：企业在招聘 AI 人才时，越来越注重候选人的实际项目经验。这就要求人才不仅要具备扎实的理论基础，还能够在实际项目中快速操作、解决问题。

工程实践能力：除了理论知识外，企业还非常看重人才的工程实践能力，包括系统设计、算法实现、模型调优、数据处理等。具备这些能力的人才能够更好地将 AI 技术应用于实际场景中，推动项目的顺利进行。

（3）创新能力成为关键

AI 产业发展需要具备创新思维和研发能力的优秀人才，能够推动技术进步和应用创新。

创新思维：AI 产业这个产业发展迅速，需要不断的技术创新和应用创新。因此，企业越来越需要具备创新思维的人才，他们能够不断探索新的技术方向，提出新的解决方案，推动 AI 技术的不断进步。

研发能力：创新不仅体现在思维上，还体现在研发能力上。企业需要能够独立完成研发工作、攻克技术难题的人才，以推动 AI 技术的深入发展和应用。

（4）其他需求特点

持续学习能力：AI 技术更新速度非常快，因此企业需要具备持续学习能力的人才，能够不断跟踪最新的技术动态、学习新的技术知识，以保持竞争力。

团队协作能力：AI 通常涉及多个学科和领域的交叉融合，需要团队成员之间紧密协作和沟通。因此，企业需要具备良好的团队协作能力的人才，能够与其他团队成员有效沟通、共同推动项目的顺利进行。

3.3.5 AI人才发展面临的挑战和机遇

3.3.5.1 AI人才发展面临的挑战

近年来,中国AI技术已在众多领域取得了突破性进展,从智能制造到智慧城市,从医疗健康到金融科技,AI正逐步渗透到社会经济的各个层面,成为推动产业升级、经济转型和社会进步的关键驱动力。在这一进程中,人才作为科技创新的核心要素,其重要性不言而喻。

AI技术的快速发展和广泛应用,对专业人才的数量和质量提出了前所未有的需求。无论是算法工程师、数据科学家,还是AI产品经理、伦理法律专家,都是推动AI行业持续前行不可或缺的力量。他们不仅负责技术的研发与创新,还承担着将技术转化为实际应用、解决社会问题的重任。因此,构建一支高素质、多层次、跨领域的AI人才队伍,对于保障中国AI行业的持续健康发展至关重要。

然而,在AI行业蓬勃发展的背后,也面临着一系列人才发展上的挑战。这些挑战不仅关乎人才的数量供给,更涉及人才的结构优化、技能更新、跨学科融合及国际化竞争等多个维度。如何有效应对这些挑战,促进AI人才的全面发展,成为当前亟待解决的问题。因此,本节将深入探讨中国AI人才发展面临的主要挑战,包括人才供需失衡、技术更新与人才培养不同步、跨学科融合能力不足、高端人才流失与国际化竞争以及伦理与法律问题等。全面剖析这些挑战,旨在为中国AI行业的人才培养和政策制定提供有益的参考和启示。

(1)挑战一:人才供需失衡

当前,中国AI领域正处于高速发展的黄金时期,各行各业对AI技术的需求急剧增加,从互联网巨头到传统制造业,从金融科技到医疗健康,都在积极探索AI技术的应用与融合。这种广泛的应用需求直接带动了对AI专业人才的大量需求,包括但不限于算法工程师、数据科学家、机器学习专家、AI产品经理等关键岗位。然而,与旺盛的需求相比,AI人才的供应量显得相对不足。尽管近年来国内高校纷纷开设人工智能相关专业,但由于起步较晚、培养体系尚不完善等,短期内无法有效缓解人才短缺的压力。因此,人才供需失衡成为了当前中国AI行业发展的一个显著特征。造成中国AI人才供需失衡的主要原因如下。

第一，高等教育体系与市场需求脱节。传统的高等教育体系更注重理论知识的传授，在实践应用、项目经验等方面存在不足。AI技术作为一门实践性极强的学科，对人才的实践能力、创新能力有着极高的要求。然而，当前的教育体系往往难以满足这一需求，导致毕业生在就业市场难以找到合适的工作，企业也难以找到符合要求的优秀人才。

第二，人才培养周期较长。AI技术的快速发展要求人才具备持续学习的能力和快速适应新技术的能力。然而，传统的高等教育体系往往以四年为一个培养周期，难以跟上技术迭代的步伐。此外，AI技术的复杂性也决定了其学习曲线较为陡峭，需要较长时间的学习和实践才能掌握。

第三，行业认知与职业规划存在不足。部分学生对AI行业的认知不足，缺乏明确的职业规划，导致在选择专业时存在盲目性。同时，由于AI技术的专业性较强，部分非相关专业的学生难以通过自学或短期培训进入该领域，进一步加剧了人才供需失衡问题的严重性。

AI人才供需失衡给中国AI行业发展带来的影响不容小觑，主要包括以下几个方面。

第一，项目延期。人才短缺直接导致企业难以组建完整的项目团队，进而影响项目的进度和交付。在AI项目中，算法设计、数据处理、模型训练等环节都需要专业的人才，任何一环的缺失都可能导致整个项目延期。

第二，成本增加。为了招聘到合适的人才，企业往往需要提高薪资待遇、优化工作环境、提供更具吸引力的职业发展机会等，这些都会增加企业的运营成本。同时，人才短缺导致的项目延期和效率降低，也会间接增加成本。

第三，创新能力受限。AI技术的创新需要人才的支撑。人才短缺意味着企业在研发新技术、探索新应用时缺乏足够的智力支持，进而影响企业的创新能力和市场竞争力。在激烈的市场竞争中，创新能力是企业保持领先地位的关键，而人才短缺无疑会削弱企业的这一优势。

(2) 挑战二：技术更新与人才培养不同步

AI技术以其日新月异的发展速度著称，这一领域的进步不仅体现在硬件计算能力的飞跃上，更在于算法的不断革新和模型的持续优化。从基础的机器学习算法到深度学习框架的广泛应用，再到自然语言处理、计算机视觉等领域取得的突破性进展,每一项技术的进步都标志着AI领域的一次重大飞跃。算法的更新迭代不仅提高了模型的准确性和效率,还推动了AI技术在更多应用场景中的落地。然而,这种快速的技术迭代也对人才的技能与知识储备提出了更高的要求。

随着AI技术的不断发展,对人才所需技能和知识储备的要求也在不断变化。以深度学习为例,这一技术的兴起要求人才不仅要掌握传统的机器学习算法,还需要熟悉神经网络结构、优化算法、激活函数等深度学习特有的知识点。同时,自然语言处理技术的进步也要求人才具备语言学、信息检索、文本挖掘等多方面的知识。此外,随着AI技术在更多领域(如自动驾驶、医疗诊断等)的应用,对人才的专业背景和跨学科能力也提出了更高的要求。

面对技能与知识的快速更新,如何有效培训和更新人才技能成为了AI行业面临的一大挑战。

第一,培训内容的时效性。由于AI技术的快速发展,传统的教材和教学内容往往难以跟上技术发展的步伐。因此,培训机构和高校需要不断更新课程内容,引入最新的技术和案例,以确保培训与时俱进。

第二,培训方式的灵活性。AI技术的复杂性决定了其学习曲线较为陡峭,传统的课堂教学方式难以满足不同层次学习者的需求。因此,需要采用更加灵活多样的培训方式,如在线课程、实战项目、工作坊等,以满足不同学习者的学习需求。

第三,实践经验的积累。AI技术的实践性极强,仅凭理论学习难以掌握其精髓。因此,高校、培训机构和企业需要为学习者提供充足的实践机会,如参与实际项目、进行模型训练等,以帮助学习者积累实践经验,提高技能水平。

第四,持续学习的激励机制。面对技术的快速迭代,人才需要保持持续学习的态度。然而,由于工作压力和生活琐事的影响,很多人难以保持持续学习的动力。因此,高校、企业和培训机构需要建立完善的激励机制,如提供晋升机会、奖励学习成果等,以激发人才持续学习的热情。

(3) 挑战三:跨学科融合能力不足

AI领域作为现代科技的前沿阵地,对跨学科知识的融合需求尤为迫切。这一领域不仅需要深厚的计算机科学基础,还涉及数学、统计学、心理学、认知科学、神经科学、语言学等多个学科的知识和理论。例如，计算机科学为AI架构提供基础理论和技术支持，如知识表示与推理、机器学习和自然语言处理；数学和统计学为AI提供算法优化和数据分析的基础；心理学和认知科学研究人类认知过程，为AI架构提供启示和模型，如感知、注意力、记忆和决策等关键概念；神经科学研究大脑的结构和功能，为AI架构提供生物学参考，如神经元的工作原理和信息处理机制。这种跨学科知识的融合不仅有助于构建更贴近人类智能的AI系统，还能解决数据稀缺性、模型可解释性和智能行为生成等问题。

然而，当前的教育体系在培养跨学科融合能力方面存在诸多不足。首先，课程设计整合难度大，跨学科教学需要对不同学科的课程进行有机整合，这一过程不仅耗时耗力，还要求教师具备强大的课程设计能力。其次，教师的知识储备通常会受到限制，很多教师往往只在自己所教的学科领域深耕，缺乏对其他学科的了解和掌握，这导致其在跨学科教学中难以有效解答多学科交叉问题。再次，学生对跨学科学习的适应能力也值得关注，他们长期以来习惯于单一学科的学习方式，在跨学科学习时往往需要时间来调整学习习惯与思维方式。最后，不同学科之间的资源共享障碍、教学方法的挑战及评价标准的模糊性等问题也制约了跨学科教育的发展。

为了促进跨学科教育和学科交叉融合的发展，提出如下建议。

第一，优化课程设计。鼓励教师打破学科壁垒，设计跨学科的整合性课程。通过选择具有综合性和实践性的主题，将不同学科的知识和技能有机地结合起来，帮助学生建立知识间的联系，培养学生综合运用知识的能力。

第二，提升教师跨学科素养。加强对教师的跨学科培训，提高他们的跨学科知识和教学设计水平。同时，鼓励教师之间的合作与交流，形成跨学科的教学团队，共同开展跨学科教学。

第三，创新教学方法。采用项目式学习、案例分析、团队合作等多元化的教学方法，激发学生的学习兴趣和积极性。通过实践性的学习活动，帮助学生将理论知识应用于实际情境中，增强他们的问题解决能力和创新能力。

第四，建立跨学科资源共享平台。整合不同学科的教学资源，建立跨学科的资源共享平台，帮助教师和学生快速查找和使用所需资源。同时，鼓励教师开发跨学科的教材和案例，丰富教学资源库。

第五，完善跨学科评价标准。制定明确的跨学科评价标准和方法，确保评价的客观性和准确性。同时，关注学生的综合能力和素质的培养情况，为学生未来的发展打下坚实的基础。

第六，加强跨学科科研合作。鼓励教师和研究人员开展跨学科的科研合作，共同解决复杂问题。通过科研合作，推动学科交叉融合的发展，为跨学科教育提供有力的支撑。

第七，推广跨学科教育理念。在全社会范围内推广跨学科教育理念，提高公众对跨学科教育重要性的认识。通过举办跨学科论坛、研讨会等活动，促进不同学科领域之间的交流与合作。

加强跨学科教育、促进学科交叉融合是解决当前 AI 领域跨学科融合能力不足问题的关键。通过优化课程设计、提升教师跨学科素养、创新教学方法、建立跨学科资源共享平台、完善跨学科评价标准、加强跨学科科研合作及推广跨学科教育理念等措施的实施，有效推动跨学科教育的发展，为培养适应未来社会需求的人才奠定坚实基础。

（4）挑战四：高端人才流失与国际化竞争

近年来，AI 产业蓬勃发展，同时也面临着高端人才流失的严峻挑战。一方面，许多优秀的中国学子在完成国内本科或研究生学业后，选择赴海外深造，特别是在人工智能这一高科技领域，海外顶级学府和科研机构提供了更为丰富的资源和更多元的平台，吸引了大量人才。然而，部分留学生在完成学业后，由于种种原因选择留在国外发展，导致中国本土高端人才储备减少。另一方面，国内培养出的部分高端人才在外资企业的高薪诱惑和优质职业发展机会面前会被外资企业挖走，进一步加剧了人才流失。

人才流失的原因复杂多样，包括但不限于海外更优厚的科研条件、更高的薪资待遇、更开放的工作环境，以及国内科研体制、创新氛围、职业发展路径等方面的不足。这些因素共同作用，使得部分高端人才在权衡利弊后选择了赴海外发展。

全球对 AI 人才的竞争已经变得异常激烈。美国、欧洲、日本等发达国家和地区纷纷加大对 AI 领域的投入，通过提供优厚的科研条件、资金支持、政策优惠等措施，吸引全球顶尖人才。同时，这些国家和地区还积极构建 AI 创新生态，促进产学研用深度融合，为人才提供了广阔的发展空间和众多的机会。

在这样的国际化竞争背景下，中国虽然拥有庞大的人才基数和日益完善的创新体系，但在吸引和留住高端人才方面仍面临不小的挑战。在国际人才市场上，需要更积极地参与竞争，提升自身吸引力和竞争力。

为了有效应对高端人才流失和国际化竞争带来的挑战，可以采取以下策略。

第一，提高人才待遇。通过提供更具竞争力的薪资待遇、福利保障和职业发展机会，吸引和留住高端人才。同时，加大对科研成果的奖励力度，激发人才的创新热情和动力。

第二，优化工作环境。营造开放包容、鼓励创新的工作氛围，为人才提供丰富的科研资源和全方位的支持。加强科研设施建设，改善实验条件，提升设备水平，为人才创造更好的工作环境。

第三，促进国际合作。积极参与国际AI领域的合作与交流，搭建国际合作平台，吸引海外优秀人才回国工作或参与合作。通过国际合作项目、联合实验室等形式，促进国内外人才的交流与合作，提升中国在国际人才市场上的地位和影响力。

第四，改革教育体系。加强AI相关学科的教育和培训，培养更多具有创新精神和实践能力的高端人才。同时，推动教育改革，注重培养学生的跨学科能力和国际视野，为人才提供更全面的教育和发展机会。

第五，完善政策体系。制定更加完善的人才政策体系，包括人才引进、培养、使用、评价等方面的政策措施。通过政策引导和支持，促进人才的合理流动和高效配置，为AI领域的发展提供有力的人才保障。

第六，强化企业文化建设。鼓励企业构建以人为本的企业文化，注重员工的个人成长和职业发展。通过提供培训机会、职业晋升路径等，增强员工对企业的归属感，降低人才流失的风险。

总之，面对高端人才流失和国际化竞争的挑战要采取综合措施，从提高人才待遇、优化工作环境、加强国际合作、改革教育体系、完善政策体系及促进企业文化建设等多个方面入手，全面提升自身吸引力和竞争力，为AI领域的发展提供坚实的人才支撑。

(5) 挑战五：伦理与法律问题

随着AI技术的快速发展和广泛应用，一系列伦理问题也随之显现出来。

这些问题不仅关乎技术本身，更涉及人类社会的核心价值与道德观念，这些伦理问题主要涵盖以下几个方面。

第一，隐私保护。AI每天都会处理大量个人数据，人们确保个人隐私不被侵犯成为一大挑战。例如，智能推荐系统通过分析用户行为推送内容，但这一过程可能会泄露用户的个人偏好、生活习惯等敏感信息。此外，面部识别技术的滥用也可能会侵犯个人的肖像权和隐私权。

第二，算法偏见。在设计和实施过程中，算法可能嵌入设计者的偏见，导致对某些群体的不公平待遇。例如，在招聘、信贷评估等领域，如果算法基于历史数据训练，而这些数据本身存在性别、种族等偏见，那么算法的输出也可能带有偏见。

第三，责任归属。当AI系统做出错误决策或导致不良后果时，责任应该由谁承担？是开发者、使用者还是机器本身？这一问题在自动驾驶汽车发生事故时尤为突出，涉及法律责任、道德责任等多个层面。

第四，人机关系。随着机器人和智能系统的普及，人类与机器之间的界限变得模糊，如何界定和调节这种新型的人机关系，避免过度依赖或滥用机器，也是需要探讨的伦理问题。

此外，在应对人工智能相关问题时，当前法律体系也面临诸多挑战，主要表现如下。

第一，法律滞后性。法律往往滞后于技术的发展，现有法律框架难以完全适应人工智能带来的新情况、新问题。例如，对于算法偏见的监管，现有法律缺乏明确的界定和处罚措施。

第二，跨境法律冲突。人工智能的跨国应用使数据流动、隐私保护等问题变得更加复杂，不同国家之间的法律差异可能导致跨境纠纷难以解决。

第三，证据认定。在涉及AI的违法案件中，如何收集和认定电子证据，确保其真实性和有效性，也是法律实践中的一大难题。

为了应对AI带来的伦理与法律挑战，建议可以从以下几个方面入手。

第一，加强伦理教育。在AI的研发、应用和推广过程中，应加强对相关人员的伦理教育，提高他们的伦理意识和责任感。通过开设伦理课程、举办伦理研讨会等方式，引导从业人员关注伦理问题，遵循伦理原则。

第二，完善法律法规体系。建立健全与AI相关的法律法规体系，明确AI的研发、应用、管理等方面的法律规范和标准。例如，制定数据保护法、算法偏见监管法等，为 AI 的健康发展提供法律保障。

第三，建立伦理审查机制。在 AI 项目开展前进行伦理审查，评估项目可能带来的伦理风险，并提出相应的防范措施。同时，建立伦理监督机构，对 AI 的应用进行持续监督，确保其行为符合伦理标准。

第四，加强国际合作。针对跨境法律冲突和数据流动等问题，应加强国际合作与交流，共同制定国际标准和规范。通过参与国际组织的讨论和谈判，推动形成全球性的法律框架，为 AI 的跨国应用提供法律支持。

第五，推动技术创新与法律融合。鼓励技术创新与法律研究的融合，探索利用技术手段解决法律问题的新途径。例如，利用区块链技术保护数据隐私、利用智能合约规范交易行为等。

第六，强化公众教育。提高公众对 AI 伦理法律问题的认识和理解，鼓励公众参与相关讨论和决策过程。通过媒体宣传、科普活动等方式，增强公众的参与感和责任感，共同推动 AI 的健康发展。

面对 AI 带来的伦理与法律挑战，要从多个方面入手，加强伦理教育、完善法律法规体系、建立伦理审查机制、加强国际合作、推动技术创新与法律融合及强化公众教育与参与，共同构建一个健康、安全、可持续的人工智能发展环境。

综上所述，本节详细探讨了中国 AI 人才发展所面临的多重挑战，这些挑战涵盖了技术、教育、市场、伦理、法律等多个维度，具体包括几下方面。

第一，高端人才流失与国际化竞争。中国虽然拥有庞大的人才基数，但面临着高端人才流失的风险，在全球人才市场上也面临着激烈的竞争。

第二，教育体系与市场需求不匹配。当前的教育体系难以快速适应 AI 行业的快速发展，导致人才供给与市场需求之间存在差距。

第三，产学研用脱节。科研与产业之间的衔接不够紧密，科研成果转化为实际应用的速度较慢，影响了人才的培养和行业的发展。

第四，伦理与法律问题。AI 技术的快速发展带来了一系列伦理和法律问题，如隐私保护、算法偏见、责任归属等，对人才的道德素质和法律意识提出了更高要求。

这些挑战相互交织，共同构成了中国 AI 人才发展的复杂环境，需要从多个方面入手，综合施策，以推动行业的持续健康发展。

应对上述挑战对于推动中国 AI 行业的持续发展具有至关重要的意义。首先，高端人才的稳定和数量增长是行业创新的关键，只有留住并吸引更多优秀人才，才能不断推动技术进步和应用创新。其次，教育体系的完善是人才培养的基础，只有建立起与市场需求紧密相连的教育体系，才能为行业源源不断地输送合格人才。再次，产学研用的紧密结合是加速科技成果转化的有效途径，能够推动AI技术更快地应用于实际，服务于经济社会发展。最后，伦理和法律问题的妥善解决是行业健康发展的保障，只有建立起完善的伦理和法律框架，才能确保AI技术正当使用，避免潜在风险。

3.3.5.2 AI人才发展的机遇

(1) 政策支持

国家出台了一系列政策支持AI产业发展，为人才提供了良好的发展环境。

国家战略：国家将AI作为国家战略，出台了一系列政策支持AI产业发展。例如，《新一代人工智能发展规划》《国家人工智能产业综合标准化体系建设指南》等。

资金支持：国家设立AI产业发展基金，支持AI技术研发、产业化和人才培养。

税收优惠：国家出台税收优惠政策，以降低AI企业成本，鼓励AI企业发展。

人才引进：国家实施海外高层次人才引进计划，吸引海外优秀AI人才回国发展。

(2) 产业升级

AI技术应用于各个行业，推动产业升级，为AI人才提供了广阔的发展空间。

智能化转型：各个行业都在进行智能化转型，对AI人才的需求不断增长，例如智能制造、智能交通、智能医疗、智能金融等。

新兴产业：AI技术催生了新兴产业，例如AIGC、元宇宙、自动驾驶等，为AI人才提供了新的发展机会。

产业融合：AI技术与其他产业融合，例如AI+教育、AI+金融、AI+农业等，为AI人才提供了更广阔的发展空间。

(3) 技术进步

AI技术不断进步，为AI人才提供了更多的发展机会。

算法创新：深度学习、强化学习等算法不断创新，为AI人才提供了更多的发展机会。

算力提升：云计算、芯片等技术的进步，为AI人才提供了更强大的算力支持。

数据资源：大数据技术的应用，为AI人才提供了丰富的数据资源。

工具平台：开源框架、工具平台等的发展，降低了AI技术门槛，为AI人才提供了更多的发展机会。

(4) 社会环境的良性发展

创新创业氛围：社会创新创业氛围浓厚，为AI人才提供了良好的创业环境。

人才竞争加剧：企业对AI人才的竞争加剧，提高了AI人才的薪资待遇和发展机会。

终身学习理念：终身学习理念被逐渐普及，为AI人才提供了不断学习和增强能力的机会。

AI人才发展面临着良好的机遇，政策支持、产业升级、技术进步和社会环境都为AI人才提供了广阔的发展空间。抓住机遇，迎接挑战，AI人才必将为我国AI产业发展作出更大的贡献。

总之，AI人才发展面临着机遇与挑战并存的局面。通过促进人才培养体系建设、推动校企合作、完善人才评价体系等措施，培养更多高素质AI人才，为我国AI产业发展提供有力支撑。

3.4 中国AI人才的发展趋势

中国AI人才的发展趋势将呈现出需求结构变化、跨行业流动、技能提升与职业发展、职业成长路径多元化、市场规模持续扩大、竞争态势加剧及政策支持与引导等特点。这些趋势将有助于推动AI技术的快速发展和AI人才的培养，为中国的经济社会发展注入新的动力。

(1) AI技术的未来发展对人才需求的影响

① 需求结构变化

AI技术的深入发展对算法工程师、数据科学家等高端技术人才的需求将持续增长。这些人才将负责AI算法的研发、优化及数据的处理和分析工作。

同时，对具备跨学科知识背景的复合型人才的需求也将增加。这些人才能够将AI技术与特定行业知识相结合，推动AI技术在各行业的应用和创新。

AI技术的普及对具备基础AI知识和技能的普及型人才的需求也将增加。这些人才将负责AI系统的维护、优化及用户培训等工作。

② 技能要求提升

AI技术的快速发展对从业人员的技能要求将不断提升。未来的AI人才需要掌握更加先进的算法和技术，如深度学习、强化学习等，并具备更强的数据分析和处理能力。

同时，对AI人才的创新能力、实践能力和团队协作能力也将提出更高要求。这些能力将有助于AI人才在复杂的应用场景中解决问题并推动技术创新。

（2）AI人才职业路径和成长趋势

① 跨行业流动

随着AI技术的广泛应用，AI人才将不再局限于特定的行业或领域。他们将在智能制造、智慧金融、智慧医疗、智慧教育等多个行业中发挥重要作用，实现跨行业流动和职业发展。这种跨行业流动将有助于AI人才拓宽视野、积累经验并增强综合能力，从而更好地适应AI技术的快速发展和变化。

② 技能提升与职业发展

AI人才将通过学习和实践不断提升自己的技能水平。他们可以通过参加培训课程、在线学习、参与实际项目等方式积累经验和知识，增强自己的专业能力，提升竞争力。随着技能的提升和经验的积累，AI人才将逐渐从初级岗位向高级岗位晋升，如从初级工程师晋升为高级工程师、技术专家、架构师等职位。这些职位可以为其提供更广阔的发展空间和更高的薪资待遇。

③ 职业成长路径多元化

未来的AI人才职业成长路径将更加多元化。除了传统的技术岗位外，AI人才还可以选择进入管理岗位、咨询岗位或创业岗位等，这将为AI人才提供更多的职业机会和更广阔的发展空间。

(3) AI人才市场的未来展望

① 市场规模持续扩大

随着AI技术的不断成熟和广泛应用，AI人才市场的规模将持续扩大。未来，AI人才将成为各行各业竞相争夺的宝贵资源，市场需求将不断增长。

② 竞争态势加剧

随着AI技术的快速发展和应用场景的拓展，AI人才市场的竞争态势将不断加剧。企业将更加重视AI人才的引进和培养，以抢占AI领域的制高点。同时，高校和社会培训机构也将加大对AI人才的培养力度，以满足市场需求。

③ 政策支持与引导

为了推动AI技术的快速发展和AI人才的培养，政府将出台更多支持政策。这些政策将包括资金扶持、税收优惠、人才引进等，为AI人才的发展营造更加良好的环境，提供更加优越的条件。同时，政府将加强对AI人才市场的监管和引导，促进市场健康有序发展。

第4章　AI人才能力素质要求

AI作为知识密集型产业，对人才的业务能力、工作经验、教育背景和职业道德要求很高。随着AI技术的持续发展和应用的加速推进，单一能力的人才已无法满足企业需求。行业迫切需要拥有综合能力、专业知识、工具技能和工程实践等多方面能力的人才。

4.1　AI人才能力素质模型

为了全面、系统地描述这些能力素质，本书构建了一个AI人才能力素质模型，该模型将围绕综合能力、专业知识、工具技能和工程实践四大核心领域展开工作（见图4.1）。

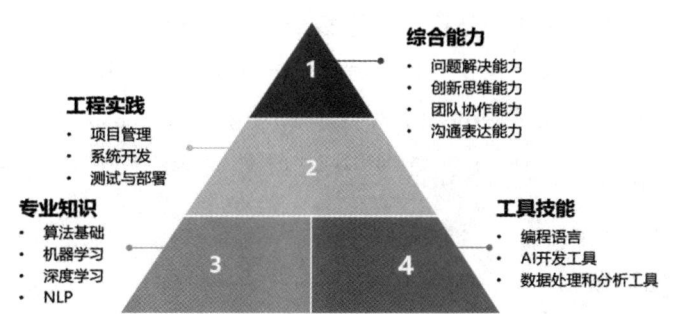

图4.1　AI人才能力素质模型

（1）综合能力

综合能力是AI人才应具备的基本素质，它涵盖了问题解决能力、创新思维能力、团队协作能力和沟通表达能力等多个方面。

问题解决能力：能够运用所学知识和技能解决实际问题，包括算法选择、模型优化等。

创新思维能力：能够不断探索新的技术方法和应用场景，推动技术创新和业务发展。

团队协作能力：能够与团队成员有效协作，共同完成任务。

沟通表达能力：能够清晰、准确地传达技术观点和解决方案。

（2）专业知识

专业知识是AI人才的核心竞争力，它包括了算法基础、数据结构、机器学习、深度学习等多个领域。优秀的AI人才应该具备扎实的计算机科学、数学、统计学等基础知识，以及机器学习、深度学习、自然语言处理等人工智能核心技术知识。

算法基础：掌握基本算法和数据结构，理解算法复杂度分析。

机器学习：了解各种机器学习模型的特点和应用场景，能够选择合适的模型进行训练和评估。

深度学习：掌握深度学习原理和技术，能够设计和实现深度学习模型。

（3）工具技能

工具技能是AI人才进行实际开发和部署所必需的能力，它涵盖了编程语言、开发工具、数据处理和分析工具等多个方面。

编程语言：熟练掌握至少一种编程语言，如Python，Java等。

AI开发工具：熟悉常用的AI开发工具和环境，如TensorFlow，PyTorch等。

数据处理和分析工具：能使用数据处理和分析工具，如Pandas，NumPy等。

（4）工程实践

工程实践能力是AI人才将理论知识转化为实际应用的关键能力，它包括了项目管理、系统开发、测试与部署等多个环节。

项目管理：能够参与或主导AI项目的规划、执行和监控。

系统开发：能够设计和实现AI系统，包括模型集成、接口开发等。

测试与部署：能够对AI系统进行测试和部署，确保系统性能和稳定性。

根据AI领域内的不同岗位和技术方向，上述能力素质的要求也会有所侧重。例如，对于算法工程师岗位来说，算法设计能力和编程实现能力可能更为重要；对于数据分析师岗位来说，数据分析与可视化能力则可能是核心要求。

通过引入AI人才能力素质模型，可以更清晰地理解不同岗位和技术方向对人才的需求，为人才培养和选拔提供有力的参考依据。同时，这也有助于AI人才自身明确能力发展方向，制定有针对性的提升计划。

4.2 不同类型AI岗位的能力素质标准

当前，各AI企业的岗位需求可以总结为以下几类：高级管理岗、高端技术岗、算法研究岗、应用开发岗、实际技能岗和产品经理岗。这些岗位涵盖了从AI研发到应用的各个阶段，显示出行业对多元化人才的需求。在数字经济时代，管理、技术和服务等多类型人才的协作推动了AI的实际应用，体现了AI人才的独特内涵（见图4.2）。下面以3类典型岗位为例展开介绍。

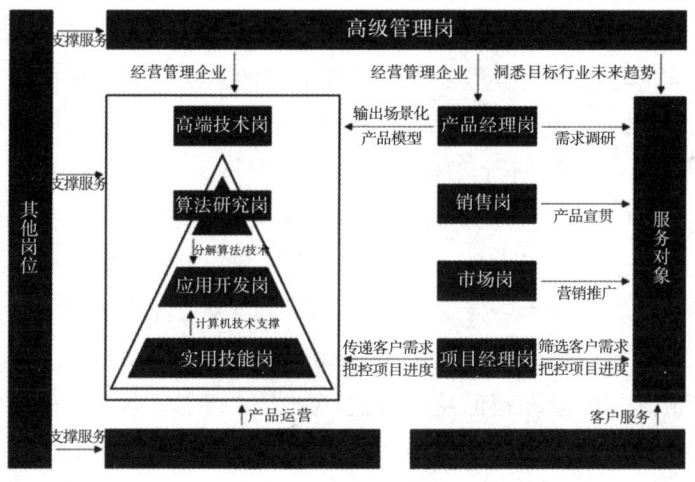

图4.2 AI人才岗位类型

第一，算法研究岗。负责创新和突破AI算法与技术，结合前沿理论与实际算法模型开发。

对于算法研究岗而言，除了深厚的数学、统计学和计算机科学基础外，更需具备创新思维和解决问题的能力，同时，要求人才能够紧跟国际前沿动态，不断探索和尝试新的算法模型。此外，良好的论文撰写和学术交流能力也是不可或缺的，因为将研究成果发表在国际顶级期刊或会议上可以提升企业的学术影响力。

第二，应用开发岗。将AI算法及技术（如机器学习、自然语言处理、智能语音、计算机视觉等）与行业需求结合，实现应用工程化落地。

应用开发岗更加注重实践能力和行业知识的结合。这类岗位的人才需要深入了解特定行业的业务逻辑和需求，能够准确识别并提炼出可应用AI技术的场景。同时，他们还需要熟练掌握各种编程语言和开发工具，并具备项目管理能力，确保应用项目能够按时、保质完成。

第三，实用技能岗。在理解AI技术基本概念的基础上，专注于AI应用的部署、运维与优化，确保AI系统能够在特定场景下快速、高效地运行，并保障其稳定性和安全性。

实用技能岗，由于其工作重点在于AI应用的部署、运维与优化，这类岗位的人才需要具备较强的系统操作和维护能力，熟悉各种主流的AI平台和工具。此外，良好的问题解决能力和应急处理能力也是必不可少的，以便在AI系统出现故障或性能问题时能够迅速定位并解决。

这些岗位各自承担着不同的职责，在实践中的工作重点各具特色，因此，企业对于它们的职业能力素质要求也呈现显著的差异。企业在招聘和培养人才时，应根据岗位特点制定有针对性的选拔和培养计划，以确保团队能够高效协作，共同推动AI技术的创新与应用。

表4.1至表4.4分别详尽地列出了AI行业中算法研究岗、应用开发岗、实用技能岗及产品经理岗四大核心岗位所需的关键能力。这些表格不仅系统地梳理了各个岗位在综合能力、专业知识、工具技能及工程实践能力这四个维度上的具体要求，而且深刻揭示了AI行业对多元化、高素质人才的迫切需求。

从算法研究岗的高深理论功底与创新能力，到应用开发岗的行业洞察与工程技术实践能力；从实用技能岗的系统运维优化与问题解决能力，到产品经理岗的市场洞察、产品规划与团队协调能力，每个岗位都承载着AI技术落地与产业发展的关键环节。

这些表格共同构成了一个全面而细致的AI人才能力要求框架，不仅为AI企业的招聘、培养与评估提供了有力的参考依据，也清晰地指明了AI人才成长与发展的路径。深入分析这些表格，可以更加明确地认识到，AI行业的蓬勃发展离不开各类人才的紧密协作与共同努力，而培养具备综合素质与专业技能的AI人才,是推动AI行业持续创新与发展的关键。

表4.1 算法研究岗位能力要求

岗位能力分类	岗位能力要求
综合能力	具备扎实的理论基础,精通所属技术方向的建模方法,能够通过合理地组合、改造并创新相关算法来解决更加复杂的应用问题;能够对不同场景的通用部分进行提取,提高跨岗迁移与扩展能力,并降低训练成本;具有较强的自我学习能力,始终保持对前沿研究领域的关注,能够复现并改进其中的相关工作,将新技术与既有基线系统进行横向对比
专业知识	具备扎实的算法基础,灵活使用数据结构;深入掌握机器学习及其他所属技术方向的常用算法;具备在大数据环境下的数据处理能力,如文本、图像、文档、网页等数据的导入、加工、转化等能力
工具技能	具备扎实的编程开发基础,包括但不限于熟练掌握C/C++、Python、Java、Shell、MATLAB等编程语言;熟悉Linux、Hadoop、Spark、Hive等大数据计算工具;掌握基于消息中间件调度的掌控数据流程和算法版本的管理,能够实现算法、系统,并进行可重复性的实验,具有算法验证、开发、迭代和上线的能力
工程实践能力	具备丰富的算法项目经验及所属技术方向的系统研发经验;能够结合各个实际面临的业务问题进行分析;解决模型构建过程中的问题,能发现现有系统的不足并提出合理的改进方案

表4.2 应用开发岗位能力要求

岗位能力分类	岗位能力要求
综合能力	能够准确理解和进行AI算法模型的训练及应用,理解不同的算法针对不同领域业务的实际应用价值;能够将综合的模拟型或算法转化为实际AI应用场景可以实现的问题,具备从抽象的算法中提炼出具体的解决方案的能力;能够和科学家、研究员、算法研发工程师等有效沟通,积极响应上述职位的问题需求,协助实现AI应用场景的业务落地
专业知识	掌握所属技术方向的基础知识,熟悉软件工程设计、开发、测试、部署上线、运维等流程;具备数据挖掘基础,熟练掌握逻辑回归、决策树等常用模型算法的原理和适用范围,并能熟练应用于实际场景中

表 4.2（续）

岗位能力分类	岗位能力要求
工具技能	具备良好的编程开发能力，包括 C/C++、Python、Java 等；熟悉主流操作系统开发环境，如 Mac、Linux、Windows 及相关操作系统脚本语言；熟练掌握关系型数据库原理及 SQL 语言，熟练掌握主流数据库，如 MySQL、Oracle、DB2 等
工程实践能力	熟悉并行计算基本原理及分布式计算框架，熟悉 Hadoop、Spark 等分布式开发环境；了解常用的各类开源框架、组件或中间件；熟悉掌握大数据流处理计算框架工具，如 Storm、Kafka 等；熟悉容器技术，如 Docker、K8S、Mesos 等

表 4.3　实用技能岗位能力要求

岗位能力分类	岗位能力要求
综合能力	能够对客户具体问题进行分析和排查，有针对性地为客户提供技术指导，确保客户基于平台的相关问题得到解决，保证产品顺利运行；具备高效的跨团队沟通能力，配合相关技术或产品团队推动问题的解决；能够对技术事件进行分析和总结，对功能、流程、工具等问题进行分析沉淀，并提出建设性意见，帮助提升客户服务体验
专业知识	熟悉并行计算基本原理及分布式计算框架，熟悉 Hadoop、Spark 等分布式开发环境；了解常用的各类开源框架、组件或中间件；熟悉 TCP/IP 协议，具备网络环境问题排查经验；熟悉常用数据库，如 MySQL、Oracle 等
工具技能	具备一定的编程开发基础，熟练掌握 C/C++、Python、Java、Shell、MATLAB 等编程语言；熟练掌握 Linux 系统的使用，具备丰富的 Linux、Windows 系统维护经验；熟悉容器技术，如 K8S、Docker 等
工程实践能力	具备一定的企业客户服务的项目经验，能够多层次解析出客户的具体问题；具备工程化项目落地经验，能够快速定位客户需求并发现关键问题

表 4.4　产品经理岗位能力要求

岗位能力分类	岗位能力要求
综合能力	具备 AI 产品整体规划、产品设计和推进的能力；具备目标行业和目标场景的实践经验和知识积累；具备跨团队协作能力，与产品、算法、工程、编辑、团队充分沟通协作，保证产品功能顺利落地；具备产品创新能力，产品上线后分析使用数据，提炼使用场景，找到产品改进点和突破点，用丰富的交互场景推动 AI 产品创新；具备行业分析能力，包括市场分析、用户需求调研和竞品分析等
专业知识	熟悉 AI 技术的基础知识和当前的能力边界；掌握外界环境变量对 AI 技术的影响程度

表 4.4（续）

岗位能力分类	岗位能力要求
工具技能	熟练使用 Axure、Mockups、Pencil 等原型设计工具；掌握并熟悉思维导图、数据处理、图片处理工具；熟悉或了解常见的编程语言，例如 C/C++、Python、Java、Shell、MATLAB 等编程语言
工程实践能力	具备 AI 相关产品成功落地经验，能够快速定位行业需求和驱动变量

4.3 AI核心技术岗位的能力素质标准

由于AI领域的五大典型技术方向——AI芯片、机器学习、自然语言处理、智能语音及计算机视觉——各自独特的技术特性、所处的发展阶段及业务应用的侧重点存在显著差异，企业对相关产业人才的职业能力素质要求也呈现出多样化和精细化的特点。

表4.5至表4.9分别对这五大技术方向下的岗位能力要求进行了详尽的梳理和归纳。从人工智能芯片相关岗位对硬件设计、芯片测试及优化能力的重视，到机器学习相关岗位对算法原理、模型训练及调优能力的高要求；从自然语言处理相关岗位对语言模型、语义理解及文本生成能力的关注，到智能语音相关岗位对语音识别、语音合成及声学建模能力的强调；再到计算机视觉相关岗位对图像处理、特征提取及目标检测能力的需求，每个表格都精准地刻画了不同技术方向对岗位能力的独特要求及其核心要素。

这些表格不仅为企业提供了招聘、培养和评估人才的明确标准，也揭示了AI行业对人才需求的多样性和复杂性。它们共同构成了一个全面而细致的AI技术岗位能力要求体系，为AI人才的成长与发展指明了方向。同时也提醒我们，在培养AI人才时，应充分考虑不同技术方向的特点和要求，因材施教，精准施策，以培养出既具备扎实理论基础又具备丰富实践经验的复合型人才，为AI行业的持续创新和健康发展提供有力的人才支撑。

此外，表4.5至表4.9所展现的五大技术岗位能力要求，深刻反映了AI行业发展的动态性和前瞻性。随着技术的不断进步和应用场景的日益丰富，企业对AI人才的职业能力素质要求也在不断更新和升级。例如，在AI芯片领域，随着芯片设计技术的不断迭代和制程工艺的提升，企业对芯片设计人才的要求也在不断提高，不仅需要他们具备深厚的硬件设计知识，还需要他们具备对新技术、新材料的敏锐洞察力和快速学习能力。

同样，在机器学习、自然语言处理、智能语音和计算机视觉等领域，随着算法的不断优化和应用场景的不断拓展，企业对相关岗位人才的要求也在不断变化。这要求AI人才不仅要具备扎实的专业技能和理论知识，还需要具备持续学习和创新的能力，以适应行业发展的快速变化。

表4.5 AI芯片相关岗位能力要求

岗位能力分类	岗位能力要求
综合能力	熟悉智能芯片的实现原理与技术架构；具备良好的内外部沟通能力，了解智能芯片领域应用业务需求，并提供相应的解决方案
专业知识	具备机器学习和深度学习基础知识；熟悉常见的图像、语言、自然语言理解智能处理算法；具备通用处理器设计基础知识
工具技能	掌握Verilog编程技能，掌握C/C++、Python、Bash、Tcl、Perl等常用编程语言；熟悉UNIX、Linux操作环境，熟悉vi、vim常用操作；熟悉Caffe、TensorFlow、PyTorch等主流的深度学习框架
工程实践能力	熟悉异构SoC芯片设计流程，具备芯片开发经验；具备一定的项目经验，熟悉智能芯片的逻辑设计、物理设计和验证等完整工作流程；在自作改进、性能调优等方面具备一定的项目经验

表4.6 机器学习相关岗位能力要求

岗位能力分类	岗位能力要求
综合能力	具备较强的需求分析能力，能够用机器学习的方法来解决实践中面临的复杂问题；具备良好的机器学习应用场景业务分析能力，能够将AI能力转化为机器学习实际应用；具备快速学习应用的能力，能根据新技术、新产品快速构建原型，探索新方案
专业知识	具备数据结构与算法基础；深入掌握机器学习算法，包括传统机器学习算法和深度学习算法；熟悉计算机原理、并行计算、分布式系统理论基础
工具技能	熟练掌握C/C++、Python、Java等主流编程语言；熟悉Linux、Windows等操作系统下的开发环境及脚本语言；能够熟练使用Caffe、TensorFlow、MXNet、PyTorch、Keras等深度学习框架；熟练掌握主流数据库如MySQL、Oracle、DB2的使用；熟悉Hadoop、Spark等分布式开发环境

表4.6（续）

岗位能力分类	岗位能力要求
工程实践能力	在系统架构设计、项目开发等领域具备工程经验，能够准确进行AI算法模型的训练和应用；具备项目实施经验，拥有大规模商业AI场景的应用开发经验；能够选择并实施常见的算法模型，准确理解业务需求并转化为可实现的技术方案

表4.7 自然语言处理相关岗位能力要求

岗位能力分类	岗位能力要求
综合能力	能够理解自然语言产品的工作原理，理解模型原理和输入输出；能够深入分析自然语言处理的个性化业务的需求，理解对应方向的相关评价指标与算法的原理与适用场景；了解AI工程实施的流程规范，具备将成熟的AI技术整合到各类实际的自然语言处理应用场景对应的系统中，满足业务实际需求的能力
专业知识	具备数据结构与算法基础；具备机器学习与数据挖掘基础，熟悉基于规则或统计的相关算法模型的构建与应用；熟悉常用的自然语言处理、深度学习算法及常用框架
工具技能	具备扎实的编程开发基础；熟练掌握C/C++、Python、Java等编程语言，熟悉Linux开发环境；掌握主流数据库如MySQL、Oracle、DB2的使用；熟悉并行计算基本原理及分布式计算框架，熟悉Hadoop、Spark等分布式开发环境
工程实践能力	具备一定的项目实施经验，拥有大型商用AI场景的应用经验；能够结合业务、应用自然语言处理算法解决实际问题，如常见的文本分析、纠错、机器翻译等领域；能够选择并实施常见的算法模型，准确理解业务需求并转化为可实现的技术方案

表4.8 智能语音相关岗位能力要求

岗位能力分类	岗位能力要求
综合能力	能够深入分析语音合成应用各个方面的需求，理解数字信号处理、语音模型、声学模型等原理；能够合理组合、改造并创新语音模型、声学模型，用以解决更加复杂的问题；能够构建用于多种使用场景的语音合成模型
专业知识	掌握数据结构与算法基础、机器学习基础；掌握语音相关基础算法、语音识别深度学习算法和神经网络模型；熟悉并深入了解声学模型建立的实际原理

表4.8（续）

岗位能力分类	岗位能力要求
工具技能	熟练掌握Java、Python、C++等编程语言；熟悉和了解语音识别模型，并能够使用主流开发语音开发语言方向的专业工具或行业应用；熟悉主流操作系统，熟悉机器学习及深度学习基本原理和基本模型，熟练使用常用深度学习框架
工程实践能力	具备一定的项目经验，能够对算法模型进行调优；具备语音行业应用的设计与架构能力，具备行业应用经验；能够准确理解业务需求，为语言翻译、语音控制、语音转录、情感识别及声音识别等语言应用场景提供较为合适的解决方案

表4.9 计算机视觉相关岗位能力要求

岗位能力分类	岗位能力要求
综合能力	能够通过分析问题、收集数据、特征提取、建模、设计算法、评估改进等步骤用计算机视觉的方法来解决实践中面临的复杂问题；能够持续关注计算机视觉研究与实践现状，推动计算机视觉算法和深度学习在众多实际应用领域的性能优化和落地
专业知识	熟悉与计算机视觉紧密相关的机器学习、深度学习的常用算法；了解计算机视觉相关问题和解决方法，如检测、跟踪、分类、语义分割、强化学习、3D视觉和图像处理等；具备大数据环境下的数据处理能力
工具技能	具备扎实的编程开发基础，包括但不限于熟练掌握C/C++、Python、Java、Shell、MATLAB等编程语言；掌握Caffe、TensorFlow、Parameter Server、MXNet、PyTorch、Keras等深度学习框架和图形库；熟悉Linux、Hadoop、Spark、Hive等大数据计算工具
工程实践能力	具备算法项目经验及计算机视觉、深度学习系统研发经验；能够分析实际业务问题、梳理数据、设计特征方案和建模流程

4.4 AI人才职业道德要求

AI技术的发展确实带来了前所未有的伦理道德和安全挑战，这些问题已经引起了全球范围内的广泛关注。技术本身是中性的，如何应用技术及确保技术的公正性、安全性和隐私保护，考验着每一个参与者的智慧和责任感。表4.10详细列出了对AI人才在道德层面的具体要求，这不仅是对技术能力的补充，更是对技术应用方向的引导与规范。

表4.10 AI人才道德要求

道德要求分类	道德要求内容
守护安全	AI人才在进行基础研究和应用开发时要以有益人类文明发展为基本准则。针对AI相关产品，尤其是能够威胁到人类生命安全的智能化产品，需要做好前瞻性的道德伦理和安全评估，时刻警惕技术风险，保障AI相关产品的运行遵照人类法律和道德标准，保证人类始终占据AI相关系统的主导地位
尊重人权	AI人才需将尊重人权、公平正义作为基本职业道德操守，尊重人类尊严、权利及文化多样性，消除偏见和歧视，保证AI让更多人受益。在基础研究和应用开发时始终坚持公平原则，充分考虑人种、地域、信仰等多方面的利益因素及多数人的需求，避免因人为因素而导致不平等现象，让AI造福全人类
保护隐私	AI人才在数据的搜集、处理、应用、存储等环节中要时刻注意保护数据安全。数据搜集需征得相关用户的同意和授权，并加强全周期的数据管理，严格遵守相关法律法规，同时要加大人才之间互相监督的力度，共同保证用户隐私安全
研发透明	AI人才在进行基础研究和应用开发时需向所属公司等相关机构向社会公众公开研发目的、目标、功能等，接受外界监督，防止研究过程中的方向错误
研发审慎	AI人才需时刻保持审慎态度，不仅需要及时、有效地评估研发工作的风险，还需要在潜在风险难以评估的情况下谨慎开展工作，切忌贸然行事
勇于担当	AI人才需对AI技术应用后果保持强烈的责任意识，一方面需要及时发现和提出相关技术或应用的安全隐患，另一方面在危险发生后要勇于承担责任，查明原因，避免不良影响持续扩大，同时还需共享相关经验，防止类似的错误或损害再次发生

表4.10表明，对AI人才的道德要求涵盖了多个方面：从尊重隐私、保护数据安全，到确保技术的公平性、透明度，再到防止技术滥用、维护人类尊

严，每一项要求都体现了对AI技术应用的深刻反思与高度警觉。这些道德要求不仅仅是对人才个人品质的期许，更是对整个AI行业健康发展的制度性保障。

面对日益复杂的技术环境和多变的社会需求，AI人才需要不断提升自身的道德素养，将道德考量融入到技术研发和应用的每一个环节。这不仅要求AI人才具备扎实的专业知识和强大的技术能力，更要求他们具备高度的社会责任感和强烈的人文关怀意识，能够在技术发展的同时，关注其对社会、环境、人类的影响，确保技术的正面效应最大化、负面效应最小化。

第5章 高校AI人才培养现状分析

在AI技术蓬勃发展的背后,是其对高素质、专业化人才需求的日益增长。AI技术的研发、应用和推广,离不开具备深厚专业知识和创新能力的人才的支撑。因此,如何培养适应AI时代需求的高素质人才,成为全球教育界和产业界共同关注的焦点。

在国内AI人才短缺的情况下,高校、企业和培训机构充分利用各自优势,结合产业实际需求,采取多种措施,积极促进AI人才的培养。

第一,高校教育:高校开设AI相关专业,培养基础研究型和应用开发型人才。

第二,企业培训:企业通过内部培训、导师制度等方式,培养和提升员工的AI技能。

第三,社会培训:社会培训机构开展AI培训,提供应用开发技能培训。

高校作为知识传播、科技创新和人才培养的重要基地,在AI人才培养中扮演着举足轻重的角色。高校不仅拥有丰富的教育资源和科研平台,还具备跨学科融合、产学研合作等多方面的优势,为AI人才的培养提供了得天独厚的条件。通过构建科学合理的课程体系、加强师资队伍建设、深化产学研合作等措施,高校能够为社会输送大量具备扎实理论基础、创新思维和实践能力的高素质AI人才。

本章旨在深入分析高校AI人才培养模式,全面探讨其现状、挑战、未来趋势和建议。具体研究目的包括以下几个方面。

现状分析:通过文献综述、案例研究等方法,系统梳理当前高校AI人才培养的主要模式、课程设置、教学方法等方面的现状,揭示其存在的优势和不足。

挑战识别:结合AI技术发展趋势和社会经济需求,深入剖析高校AI人才培养面临的挑战，如理论与实践脱节、跨学科融合不足、师资力量匮乏等。

趋势预测：基于对当前现状和挑战的分析，结合国内外 AI 技术发展趋势和教育改革动态，预测未来高校 AI 人才培养的主要趋势和方向。

策略建议：针对当前存在的问题和挑战，提出有针对性的策略建议，如加强产学研合作、推动跨学科融合教育、加强师资队伍建设等，以期为高校 AI 人才培养提供有益的参考和借鉴。

本章的研究旨在通过深入剖析高校 AI 人才培养模式，为提升我国 AI 人才培养质量、促进 AI 技术创新与产业发展提供扎实的理论基础和实践参考，以期为相关教育机构、企业及政策制定者提供有益的借鉴与启示。

5.1 AI 相关专业设置与课程体系

5.1.1 AI 相关专业设置情况

根据产业需求，高校在培养 AI 人才时展现出多学科融合的特点。当前，智能科学与技术、计算机科学与技术、电子信息工程等专业是 AI 技术人才的主要培养方向。此外，在行业融合的背景下，高校还开设了"AI+"跨学科专业，涵盖金融、法律、医疗、农业、交通、机械制造等多个领域。这些专业的设立促进了 AI 与基础学科的融合，有助于培养具备多学科背景和跨学科能力的复合型 AI 人才。

以下是当前部分高校开设的强关联 AI 相关专业。

基础型 AI 专业：如 AI、智能科学与技术、计算机科学与技术、软件工程等，这些专业注重培养学生的 AI 基础理论知识和核心技术能力，为后续的深入学习和研究打下坚实的基础。

应用型 AI 专业：如数据科学与大数据技术、机器人工程、电子信息工程等，这些专业更加注重将 AI 技术应用于实际领域，培养学生的实践能力和创新精神。

交叉型 AI 专业：如"AI+金融""AI+医疗""AI+法律"等，这些专业旨在通过跨学科融合培养既懂 AI 技术又具备相关领域知识的复合型人才。

此外，还有物联网工程、数字媒体技术、自动化、轨道交通信号与控制、数学与应用数学、信息与计算科学等相关专业，它们都在不同程度上与 AI 领域产生交集，为学生提供了多元化的学习选择。

5.1.2 本科院校开设AI专业的情况

根据高校AI与大数据创新联盟公布的数据，截至2024年6月份，全国已有约535所普通高校开设了AI本科专业，约占全国本科高校数量的41%。这一数据显示了AI专业在全国范围内的快速发展和广泛普及。AI本科专业自2018年设立以来，经过短短几年的时间，开设规模便如此之大，体现了国家对AI教育的高度重视和大力支持。

开设AI本科专业的高校有985、211重点大学，如清华大学、中国科学技术大学、南京大学等，还有一些省属高校，如南京邮电大学、杭州电子科技大学等。这些高校在AI领域的教学和科研方面都具有较高的水平和较强的实力。

AI本科专业的开设在全国范围内呈现出较为均衡的分布态势，不仅在经济发达的地区高校开设了较多，还在中西部地区高校积极跟进了不少，推动了AI教育在全国范围内的均衡发展。

随着AI技术的不断发展和应用领域的不断拓展，AI本科专业也在不断完善和发展。许多高校在AI专业的教学计划中融入了最新的技术成果和应用案例，以培养学生的实践能力和创新能力。

AI本科专业的毕业生在就业市场上具有广阔的前景。他们可以在互联网、金融、科研、制造、教育等多个领域找到适合自己的岗位，如算法工程师、数据分析师、数据工程师、机器学习工程师等。随着AI技术的不断发展和应用领域的不断拓展，AI专业人才的就业前景将越来越广阔。

预计未来几年内，全国开设AI本科专业的高校数量还将持续增加。随着技术的不断发展和应用需求的不断增加，越来越多的高校将加入到AI教育的行列中来。

未来AI本科专业的发展将更加注重与其他学科的交叉融合。例如，AI与大数据、云计算、物联网等技术的结合将越来越紧密，为AI专业的毕业生提供更加多元化的就业选择和发展空间。

5.1.3 高职院校开设AI专业的情况

截至2024年5月，全国高职院校中开设AI技术应用专业的学校数量相当可观。根据全国职业院校专业设置管理与公共信息服务平台的数据，2024年全国共有623所高职院校备案了AI技术应用（服务）专业，占全国1547所高职院校的近40%。这一数据表明，高职院校在AI领域不断优化专业设置，不断增加教育投入。

具体来说，AI技术应用专业在全国范围内遍地开花，该专业不仅在传统科技教育强省巩固阵地，更是在新兴区域迅速崛起。其中，河南、湖北、安徽、湖南作为领头羊，新增该专业院校数量最高，占比38%；江苏、江西表现抢眼，占比14%；西部及东北地区也不甘落后，不少高职院校利用政策扶持与区域特色新增了AI应用专业，体现了高职院校对于培养AI人才的高度重视。

此外，一些高职院校在AI专业的教育教学和产教融合方面也取得了显著成效。例如，南京信息职业技术学院、福建信息职业技术学院等学校通过成立专门的学院或相关学院，整合优质资源，培养了一大批具有操作和应用能力的专业人才。这些学校还与行业龙头企业开展深度合作，为学生提供了丰富的实践机会和就业渠道。

截至2024年5月，AI技术应用专业已广泛覆盖了我国除西藏、青海外的绝大部分省份及地区的高职院校。从省份分布来看，不仅经济发达的地区拥有较多的AI专业院校，一些中西部省份也在积极跟进，努力增强本地高职院校在该领域的办学实力。这种全国化的布局趋势预示着AI技术的应用和发展将逐渐渗透到更多地区。

从数据上看，广东凭借强大的科技创新基础，院校开设数量位居榜首，高职院校AI院校数量高达67家；河南依托丰富的教育资源，紧随其后，院校数量为62家；北京市和上海市作为科技创新中心，虽然开设院校数量相对较少，但每所院校的专业实力不容小觑。值得一提的是，湖北、四川、重庆等地，依托大数据智能化发展战略，异军突起，AI技术应用专业布点院校数量都在显著增加。

5.1.4　目前本科AI专业的课程体系设置概况

目前，高校AI专业的课程体系构建通常以服务经济发展为核心，明确产业需求，定位人才培养目标和具体方向。这要求课程体系既要有坚实的理论基础，又要注重实践能力和创新能力的培养，以满足AI产业对多元化、高层次人才的需求。大部分本科高校的AI专业课程体系通常包括以下几个方面。

(1) 专业基础课程

数学与统计学基础：如线性代数、概率论与数理统计等，为学生理解和设计算法及进行数据分析奠定坚实基础。

计算机科学基础：涵盖编程基础、数据结构、操作系统、计算机网络等课程，帮助学生掌握计算机科学的基本技能和知识。

(2) 专业核心课程

AI 导论：介绍 AI 的基本概念、历史发展及应用领域，为学生提供全面的 AI 背景知识。

机器学习：包括监督学习、非监督学习、强化学习等机器学习方法及其在模式识别中的应用。

深度学习：深入研究神经网络、卷积神经网络、循环神经网络等深度学习模型。

自然语言处理：研究文本分析、情感分析、机器翻译等自然语言处理技术。

计算机视觉：学习图像处理、目标检测、图像识别等计算机视觉技术。

(3) 专业方向课程

认知与神经科学课程群：如认知心理学、神经科学基础等，为开发智能系统提供理论支持。

先进机器人学课程群：如先进机器人控制、认知机器人等，研究机器人设计、控制与应用。

人工智能伦理课程群：人工智能、社会与人文，人工智能哲学基础与伦理等，探讨 AI 技术对社会的影响及伦理问题。

(4) 实践与应用课程

项目管理、职业生涯规划：通过实际项目和案例分析，增强学生的实践能力和应用能力。

边缘计算、数据库原理：提供与 AI 应用紧密相关的技术课程。

(5) 选修课程

学生可以根据自己的兴趣选择一些选修课程，如电工实习、类脑计算与神经计算等，进一步拓宽知识面。

不同高校的AI专业课程体系各具特色，例如：天津外国语大学推出了"1+X+7"AI课程体系，包含1门通识必修课、X门通识选修课及7类AI赋能专业课，旨在培养具备创新能力和高水平智能素养的复合型人才。复旦大学推出了"AI大课"课程体系，包括AI通识基础课程、AI专业核心课程、AI学科进阶课程和AI垂域应用课程四个层次，面向全校学生开放，旨在加快科学智能创新生态构建，打开AI+融合创新人才培养新局面。

随着AI技术的不断发展和产业需求的日益多样化，高校AI专业的课程体系也在不断调整和优化。未来，课程体系将更加注重跨学科融合和实践能力培养，引入更多国际化的课程资源和实践项目，以适应AI产业的快速发展和变化。

5.1.5 目前高职AI技术应用专业的课程体系设置概况

高职院校的AI技术应用专业更注重培养学生的职业技能和实用性，因此其课程体系中可能包含更多与实际操作和职业技能相关的课程。例如，可能会增加技术应用、智能设备维护与调试、AI产品测试与评估等实践性较强的课程。

同时，高职院校在AI专业的课程设置上，通常更加注重产教融合和校企合作。这意味着课程体系中可能会融入企业的实际项目案例，或者与企业共同开发实践课程，甚至直接在企业中进行实习实训。这样的设置有助于学生更早地接触和了解行业前沿技术，提高就业竞争力。

与本科院校相比，高职院校的AI专业理论基础课程可能会进行适当简化，更加注重实践应用。例如，数学课程可能更侧重于与AI直接相关的数学工具和方法，如矩阵运算、概率统计等；计算机科学课程则可能更侧重于编程技能、算法实现和软件开发等方面。

跨学科课程在本科和高职院校中都很重要，而高职院校可能会更注重跨学科融合与拓展课程的设置。例如，可能会开设AI能与物联网、AI与智能制造、AI与智慧城市等跨学科课程，以适应不同行业对AI技术的需求。以某高职院校为例，其AI专业的课程体系可能包括以下几门课程。

专业基础课程：Python编程基础、数据结构与算法、计算机网络基础、人工智能导论（简化版）。

专业核心课程：机器学习应用、深度学习基础、自然语言处理入门、计算机视觉技术、智能设备操作与维护。

实践课程：人工智能项目实训（如基于企业案例）、机器学习实验（如注重应用）、智能设备调试与维护实训、人工智能产品测试与评估。

跨学科融合课程：物联网与人工智能应用、智能制造与人工智能、智慧城市与人工智能技术。

拓展课程：人工智能伦理与法律、人工智能市场营销、人工智能创新创业等。

这样的课程体系设置更加贴近高职院校的人才培养目标和行业需求，既保证了学生掌握必要的基础理论和核心技能，又注重了实践应用和跨学科融合，有助于增强学生的就业竞争力和创新能力。

5.1.6 相关专业与课程体系设置案例分析

案例一：清华大学。

专业设置：清华大学作为国内顶尖学府，其智能科学与技术、计算机科学与技术（含AI方向）等专业在业界享有盛誉。这些专业不仅注重理论知识的传授，更强调创新思维和实践能力的培养，旨在培养具有国际视野和领导力的AI高端人才。

课程体系：清华大学的AI专业课程体系非常全面，既包含人工智能导论、机器学习、深度学习等核心课程，也涵盖了人工智能与金融、人工智能与医疗等跨学科课程。此外，学校还与企业合作，开设了AI项目实践、AI企业实训等实践课程，让学生在真实项目中锻炼能力。

特色亮点：清华大学与多家国内外知名企业建立了深度合作关系，为学生提供了众多实习和就业机会。同时，学校还定期举办AI论坛、研讨会等活动，邀请行业专家举办讲座，与学生进行交流，拓宽了学生的视野。

案例二：上海交通大学。

专业设置：上海交通大学的电子信息与电气工程学院和计算机科学与工程系均设有智能科学与技术专业方向，旨在培养具有跨学科知识和实践能力的AI人才。

课程体系：上海交通大学的AI专业课程体系注重理论与实践的紧密结合。除了核心课程外，还开设了智能机器人技术、大数据分析与应用等特色课程。同时，学校鼓励学生参与科研项目和竞赛，增强实践能力。

特色亮点：上海交通大学与多家科研机构和企业建立了紧密的合作关系，

共同进行AI技术研究与应用开发。此外，学校还积极推动国际交流与合作，为学生提供到海外学习和交流的机会。

案例三：浙江大学。

专业设置：浙江大学的计算机科学与技术学院设有智能科学与技术研究所和AI研究所等机构，专注于培养具有创新能力和国际视野的AI人才。

课程体系：浙江大学的AI专业课程体系涵盖了从基础理论到前沿技术的多个方面。除了核心课程外，学校还开设了人工智能伦理与法律、跨媒体智能等跨学科课程。同时，学校还注重培养学生的实践能力和创新精神，提供了丰富的实践机会。

特色亮点：浙江大学积极推动跨学科融合和产学研合作，与多家知名企业共建实验室和研发中心。此外，学校还鼓励学生参与创新创业活动，并提供全方位的支持和指导。

案例四：某普通本科院校。

专业设置：某普通本科院校设立了数据科学与大数据技术专业，并在该专业下设置了AI应用方向，旨在培养具备数据分析能力和AI应用技能的应用型人才。

课程体系：该院校的AI应用方向课程体系注重实用性和针对性。除了Python编程基础、数据结构与算法等基础课程外，还开设了机器学习实战、深度学习、自然语言处理基础等应用导向的课程。同时，学校与企业合作开设了AI创新实践、企业数据分析项目等实践课程。

特色亮点：该院校充分利用地域和行业资源，与当地企业建立了紧密的合作关系。通过校企合作项目、实习实训基地等方式，为学生提供了丰富的实践机会和就业指导。此外，学校还鼓励学生参加各类技能竞赛和创新创业活动，提升其综合素质和就业竞争力。

通过以上案例分析可以看出，不同层次和类型的高校在AI人才培养方面各有侧重点和特色。顶尖高校在理论研究、国际视野和创新能力培养方面具有优势；普通本科院校则更注重实用技能的培养和与地方经济的紧密结合。这些差异和特色共同构成了我国AI人才培养的多元生态体系，满足了社会对AI人才的多样化需求。未来，随着AI技术的不断发展和应用领域的持续拓展，高校应继续优化专业设置和课程体系，加强产学研合作和国际交流，为培养更多高素质的AI人才贡献力量。

5.2 教育资源与师资力量现状

5.2.1 资源差异：顶尖高校与普通高校在科研平台、实验室建设方面的差异

在教育资源分配中，顶尖高校与普通高校之间往往存在着鸿沟，在科研平台与实验室建设方面表现得尤为突出。这种差异不仅关乎资源投入数量，更体现在设施的前沿性、科研环境的优化程度及最终科研产出的质量与数量上。具体情况见表5.1。

表5.1 顶尖高校与普通高校在科研平台、实验室建设方面的差异

	顶尖高校	普通高校
资源投入	顶尖高校通常拥有更为充足的科研经费，能够投入大量资金用于科研平台和实验室的建设与维护。这些资金不仅用于购买先进的仪器设备，还用于支付科研人员的薪酬、培训经费及支持科研项目的开展。 科研经费投入：根据教育部科技发展中心发布的数据，顶尖高校如清华大学、北京大学等，每年的科研经费投入均数十亿元人民币，其中相当一部分用于科研平台和实验室的建设与维护	普通高校在科研平台和实验室建设方面的资源投入相对有限。尽管它们也在努力改善科研条件，但往往受到资金、政策等多重因素的制约，难以与顶尖高校相媲美。 科研经费投入：相比之下，普通高校的科研经费投入相对较少。据统计，我国普通高校平均每年的科研经费投入仅为数千万至数亿元人民币，难以满足高端科研平台和实验室建设的需求
设施先进性	顶尖高校的科研平台和实验室往往配备了世界一流的仪器设备，这些设备不仅精度高、性能稳定，还具备前沿的技术特点。此外，顶尖高校还注重实验室的信息化和智能化建设，为科研人员提供了高效、便捷的研究环境。 高端设备拥有率：顶尖高校在科研平台和实验室中配备了大量高端科研设备，如高性能计算集群、核磁共振波谱仪、扫描隧道显微镜等。这些设备的价值往往高达数百万甚至上千万元人民币	普通高校在科研平台和实验室设施方面虽然也在不断进步，但整体上与顶尖高校仍存在一定差距。它们的仪器设备相对陈旧，技术更新速度较慢，难以满足部分前沿科研项目的需求。 高端设备拥有率：普通高校由于资金限制，往往难以购置高端的设备。它们可能更多依赖于一些基础实验设备和仿真软件进行教学和科研活动
科研产出情况	得益于优越的科研平台和实验室条件，顶尖高校在科研产出方面表现出色。它们不仅发表了大量高水平的学术论文，还获得了众多具有影响力的科研成果和专利。这些成果不仅推动了学科的发展，也为社会经济的进步作出了重要贡献	普通高校在科研产出方面虽然也在努力追赶，但与顶尖高校相比整体上仍有一定差距。它们的科研成果可能更多集中在应用层面，而在基础研究和前沿探索方面相对薄弱

5.2.2 师资结构：高校AI专业师资力量现状

本小节对全国高校现有的师资力量，从学科背景与专业能力、教学经验与实践能力两个维度对全国高校现有的师资力量进行分析，以便清晰了解高校AI专业师资力量的现状。

(1) 教师的学科背景与专业能力

高校AI专业的教师需具备扎实的数学、计算机科学基础，并在AI的细分领域有深入研究。理想状态下，他们应能传授理论知识并引导学生探索前沿技术。然而，由于AI领域快速发展，部分教师现有的知识结构难以满足最新技术的应用需求，尤其是新兴子领域。因此，高校需鼓励教师不断地学习，以确保教学内容的前沿性。

(2) 教师的教学经验与实践能力（表5.2）

表5.2 不同高校的师资结构差异

	顶尖高校	普通高校
教师背景	顶尖高校的AI专业教师往往获得国内外知名学府的博士学位，拥有扎实的理论基础和丰富的实践经验。他们中的许多人曾在国际顶级学术期刊和会议上发表论文，具有较高的学术声誉和影响力。 博士学位教师比例：顶尖高校的AI专业教师队伍中，拥有博士学位的教师比例普遍较高。以清华大学为例，其AI专业教师队伍中拥有博士学位教师的比例超过90%。 海外留学经历教师比例：在顶尖高校的AI专业教师中，具有海外留学经历的教师比例也相对较高。这些教师曾在国际知名学府深造，具有广阔的国际视野和前沿的学术理念	普通高校的AI专业教师背景相对多样，既有来自国内外知名学府的博士毕业生，也有来自企业的技术专家。他们虽然也具备一定的学术和实践经验，但整体水平与顶尖高校的教师相比仍有一定差距。 博士学位教师比例：相比之下，普通高校中拥有博士学位的AI专业教师比例较低。据统计，我国普通高校中AI专业博士学位教师的平均比例约为60%。 海外留学经历教师比例：普通高校中具有海外留学经历的AI专业教师比例相对较低。这在一定程度上限制了普通高校与国际学术界的交流和合作
教学经验	顶尖高校的AI专业教师通常具备丰富的教学经验，能够灵活运用多种教学方法和手段，激发学生的学习兴趣和创新能力。他们注重培养学生的实践能力和跨学科思维，为学生的全面发展提供了有力支持。他们往往能够结合最新科研成果和行业需求，为学生提供高质量的教学和指导	普通高校的AI专业教师的教学经验也日益丰富。他们努力探索适合本校学生的教学方法和手段，注重理论与实践的结合，努力提升教学质量。然而，由于资源、条件等的限制，他们在教学方法的创新方面可能相对滞后，难以满足学生日益增长的个性化学习需求

表5.2（续）

	顶尖高校	普通高校
师资结构	顶尖高校的AI专业师资结构相对合理，既有经验丰富的老教师，也有充满活力的青年教师。这种年龄和学术背景的多样性有助于促进学术交流，推动思想碰撞，为学科的发展注入新的活力	普通高校的AI专业师资结构可能存在一定问题，这种师资结构的不合理性可能会影响学科的发展和教学质量的提升。因此，普通高校需要注重优化师资结构，加强对青年教师的培养和支持，同时积极吸引经验丰富的教师

教学经验对有效传递知识来说至关重要。在AI教学中，理论与实践的结合尤为重要。经验丰富的教师能设计合理的教学方案，采用多样化的教学方法，激发学生的创造力。同时，教师的实践能力对增强学生实践能力至关重要。然而，技术的更新迭代速度非常快，要求教师不断学习，部分教师可能面临理论与实践脱节的挑战，需通过持续学习来弥补。

值得注意的是，当前高校AI专业师资力量的现状呈现出多元化的特点，既有具备丰富经验和深厚学术背景的教师，也有年轻有为、充满活力的青年教师。然而，不同高校在师资结构上仍存在一定差异。

综上所述，顶尖高校与普通高校在科研平台、实验室建设及师资结构方面均存在显著差异。这些差异不仅反映了高校之间的资源投入和学术实力差距，也为高校在AI人才培养方面提供了不同的优势或提出了挑战。

5.3 人工智能专业学生的培养情况

近年来，随着AI技术的蓬勃发展和广泛应用，高校人工智能专业的招生规模呈现出快速增长的态势。截至2024年，全国范围内已有数百所高校开设了人工智能或相关专业，为学生提供了丰富的学习机会和广阔的发展平台。以某知名高校的人工智能专业为例，该专业自2021年起开始招收本科生，至今已累计培养了四届学生，总人数超过了300人，且每一届的学生人数都在稳步增长，年均增长率保持在10%以上，显示出该专业强劲的发展势头。

（1）就业人数与去向

根据最新的就业数据，高校人工智能专业的毕业生在就业市场上表现出色。截至目前，已有超过90%的毕业生成功找到了心仪的工作。

人工智能专业毕业生的就业去向非常广泛（见图5.1），涵盖了互联网、金融科技、医疗健康、教育等多个热门领域。具体来说，约有30%的毕业生选择进入互联网行业，从事算法工程师、数据分析师等岗位的工作；20%的毕业生则投身于金融科技领域，利用AI技术为金融行业赋能；15%的毕业生选择了医疗健康行业，致力于推动医疗智能化的进程；10%的毕业生进入了教育领域，利用AI技术改进教学方法，提升教育质量。此外，随着AI技术在传统行业的广泛应用，约有25%的毕业生选择进入制造业、零售业等传统行业，推动这些行业的智能化转型。

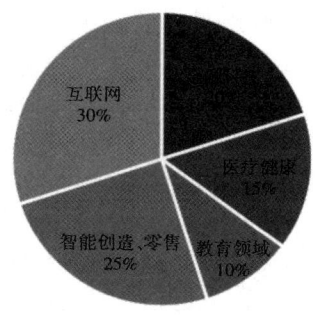

图5.1　人工智能专业毕业生的就业行业统计图

（2）就业薪资水平

在薪资方面，人工智能专业的毕业生也展现出了较高的竞争力。人工智能专业毕业生的薪资水平普遍较高，且呈现出逐年上升的趋势。根据不同学历层次和就业领域，薪资水平有所不同。一般来说，硕士及以上学历的毕业生薪资更高，在互联网、金融科技等高薪行业就业的毕业生薪资相对较高。以某一线城市为例，AI专业硕士毕业生的平均年薪可达30万元以上，部分优秀毕业生甚至能拿到更高的薪资。

① 平均月薪情况

AI专业毕业生的平均月薪普遍较高。根据多份招聘报告和就业数据，其平均月薪大致为10000～20000元，具体数值因地区、学校、学历层次及就业领域等因素而异。例如，有数据显示AI专业毕业生的平均月薪为12000元左右。这一薪资水平不仅体现了AI专业的高价值，也反映了市场对AI人才的强烈需求。

② 薪资分布范围

AI专业毕业生的月薪分布范围较广，从几千元到数万元不等。具体来说，月薪在10000～15000元的毕业生占比较大，相当一部分毕业生的月薪超过了20000元。

③ 学历层次与薪资

专科生：月薪范围大致为6000～15000元，具体薪资水平取决于就业领域和个人能力。

本科生：月薪范围普遍为10000～30000元，部分优秀毕业生甚至能达到更高的薪资水平。

研究生及以上学历：薪资水平更高，部分高端岗位年薪甚至超过100万元。

④ 地域差异

一线城市：如北京、上海、深圳等，由于经济发达、科技产业集中，对AI人才的需求量大且薪资水平高。在这些城市工作的毕业生，往往能享受到更高的薪资待遇。

二线城市及及以下：虽然薪资水平可能略低于一线城市，但随着AI技术的普及和应用范围的扩大，这些地区的薪资水平也在逐年提升。

综上所述，AI专业毕业生的薪资水平普遍较高，且呈现出多元化、差异化的特点。学历层次、就业领域、地域差异等因素都会对薪资水平产生影响。因此，对于有志于从事AI行业的学生来说，不断提升自己的专业技能和综合素质将是获取高薪就业机会的关键。

（3）就业满意度与职业发展

为了更全面地了解AI专业毕业生的就业情况，许多高校会定期对毕业生进行满意度调查。这些调查通常涵盖就业、薪资、职业发展等多个方面，以评估毕业生的就业质量和满意度。

就业满意度：根据近年来的调查数据，AI专业毕业生对就业情况的满意度普遍较高。他们认为自己的专业知识和技能在工作中得到了充分发挥，且工作环境和团队氛围良好。同时，许多毕业生对自己的职业发展路径和晋升机会表示乐观。

薪资满意度：在薪资方面，虽然AI专业毕业生的薪资水平普遍较高，但仍有部分毕业生对薪资表示不满意。这可能与个人期望值、就业领域和地区差异等因素有关。不过，总体来看，随着AI技术的不断发展和应用领域的不断扩大，AI专业毕业生的薪资水平有望进一步提高。

职业发展满意度：对于职业发展前景，AI专业毕业生普遍持乐观态度。他们认为AI技术具有广阔的发展空间和巨大潜力，且随着技术的不断进步和应用场景的不断拓展，自己的职业发展前景将更加广阔。同时，许多毕业生也表示将继续学习，提升自己的技能水平，以适应不断变化的市场需求。

综上所述，高校AI专业在人才培养方面取得了显著成效，毕业生的就业情况良好且满意度较高。然而，面对快速变化的市场需求和技术发展趋势，高校仍需不断优化课程设置和教学方法，促进实践教学和跨学科融合的发展，以培养更多适应市场需求的高素质AI人才。

5.4 高校AI人才培养的实践与实习环节

实践与实习环节在高校AI人才培养中扮演着至关重要的角色。它们不仅是学生将理论知识应用于实际问题的关键途径，也是增强学生实践能力、创新能力、团队协作能力的重要手段。通过实践与实习，学生能够更好地了解行业动态、掌握前沿技术、积累实际工作经验，从而增强就业竞争力。

5.4.1 现有实践与实习环节分析

(1) 校内实验室与实训平台

目前，许多高校已经意识到实践与实习环节的重要性，并投入大量资源建设校内实验室与实训平台。这些平台通常配备先进的硬件设备和软件工具，涵盖AI的多个细分领域，如机器学习、深度学习、自然语言处理等。学生通过参与实验室项目、课程实训等方式，在校内就可以获得一定的实践经验。

然而，校内实验室与实训平台也存在一定的局限性。例如，部分高校可能由于资源有限，无法提供足够先进的设备或软件；另外，实验室项目往往偏向于理论研究，与实际工作场景存在一定的差距。

(2) 校企合作与实习机会

为了弥补校内实践的不足，许多高校积极与企业合作，为学生提供实习机会。通过校企合作，学生可以融入企业真实的工作环境中，参与实际项目的开发、测试、运维等工作，从而更深入地了解行业需求和职业要求。这种实习经历不仅有助于学生积累实践经验，还有助于他们建立职业网络，为未来的就业打下坚实基础。

5.4.2 实践与实习环节的不足与改进方向

(1) 现有不足

实践机会不足：部分高校由于资源有限，无法为所有学生提供足够的实践机会。

实践内容与行业需求脱节：部分校内实验室项目和课程实训可能过于理论化，与实际工作场景存在一定的差距。

实习质量参差不齐：虽然校企合作提供了实习机会，但实习质量往往因企业而异，部分实习可能缺乏实质性的工作内容。

(2) 改进方向

加大资源投入：高校应加大对 AI 实验室和实训平台的资源投入，提升设备和软件的先进性，确保学生能够接触到最前沿的技术。

加强校企合作：高校应积极与企业建立长期稳定的合作关系，共同设计实践项目和课程实训内容，确保实践内容与行业需求紧密对接。

建立实习质量监控机制：高校应建立实习质量监控机制，对实习过程进行严格管理和评估，确保学生能够获得高质量的实习经历。

鼓励学生参与科研项目和竞赛：通过参与科研项目和竞赛，学生可以获得更多的实践机会和锻炼机会，也有助于增强他们的创新能力和团队协作能力。

综上所述，实践与实习环节在高校 AI 人才培养中具有重要地位。为了提升实践与实习质量，高校需要不断加大资源投入力度、促进校企合作、建立实习质量监控机制，并鼓励学生参与科研项目和技术竞赛。

5.5 高校AI人才培养的产学研合作

5.5.1 产学研合作的意义与价值

产学研合作，即企业、高校和科研机构之间的合作，对于高校AI人才培养具有深远的意义与价值。这种合作模式不仅有助于打破学术研究与产业应用之间的壁垒，促进科技成果的转化和应用，还能为高校提供丰富的实践资源和充足的创新动力，从而培养出更多符合市场需求的高素质人才。

具体来说，产学研合作的意义与价值主要体现在以下几个方面。

第一，促进理论与实践的结合。通过产学研合作，学生可以在真实的企业环境中将所学知识应用于实践，从而加深对理论知识的理解，并增强解决实际问题的能力。

第二，提升人才培养质量。产学研合作能够为学生提供更多的实践机会和锻炼平台，有助于他们积累工作经验、提升职业素养、增强创新能力，成为更具竞争力的复合型人才。

第三，推动科技成果转化。高校和科研机构的研究成果通过产学研合作得以更快地转化为实际应用，有助于推动科技进步和产业升级。

第四，促进资源共享与优势互补。产学研合作能够整合企业、高校和科研机构各自的资源优势，实现资源共享和优势互补，推动AI领域的创新发展。

5.5.2 合作中存在的问题与对策

（1）识别合作中的障碍与挑战

第一，理念差异。科研院所往往热衷于追求学术前沿和理论深度；而企业更看重有市场需求的项目开发，注重产品的实用性和市场盈利能力，这导致两者在需求和实践上难以有效匹配对接。

第二，信息不对称。各主体之间信息交流的平台还不够完善，导致合作机会流失，资源无法高效整合。

第三，企业在成果转化中的"二次创新"不够。很多企业在产学研合作中过于依赖科研院所的"交钥匙工程"，缺乏自主创新的意识和能力，难以在市场竞争中占据优势。

第四，科研成果转化难题。一些高校科研院所的科研成果虽然具有较高的学术价值，但往往停留在理论或实验室阶段，与真正转化为具有市场盈利能力的产品之间还有很远的距离。这主要是由于科研成果与市场需求之间的脱节，以及转化过程中缺乏必要的资金、技术、市场等支持。

（2）提出有针对性的解决策略与建议

第一，加强沟通交流。建立定期沟通机制，促进各方对彼此需求和目标的深入了解，通过举办研讨会、交流会等活动，增进相互理解和信任，减少理念差异带来的合作障碍。

第二，完善信息平台。搭建产学研合作信息平台，广泛收集产学研合作的供需信息，通过大数据、AI等技术手段进行精准匹配，提高合作效率和质量。

第三，鼓励企业自主创新。政府和企业应加大对自主创新的支持力度，通过设立专项基金、提供税收优惠等政策措施，鼓励企业在产学研合作中进行"二次创新"，提升自身核心竞争力。

第四，加强科研成果转化机制建设。建立科研成果转化评估体系，对科研成果的市场潜力、技术可行性等进行全面评估。同时，加强与企业、投资机构等的合作，为科研成果转化提供资金、技术、市场等全方位支持，推动科研成果向市场化、产业化方向迈进。

通过以上分析可以看出，产学研合作与校企合作在推动技术创新和产业升级方面具有重要作用。然而，合作过程中也存在诸多障碍和挑战，只有各方共同努力，加强沟通、完善机制、鼓励创新，才能营造共赢的局面。

5.6 国际化AI人才培养

在全球化日益深化的今天，国际化人才培养对于高校AI领域来说至关重要。这不仅因为AI技术本身具有跨国界、跨文化的特性，更因为国际化视野和跨文化交流能力对于人才提升综合素质和增强创新能力具有不可替代的作用。

在国际化AI人才培养业务中，加强国际交流与合作、构建国际化的课程体系及拓宽学生的国际视野，是三项至关重要的核心任务（见图5.2）。

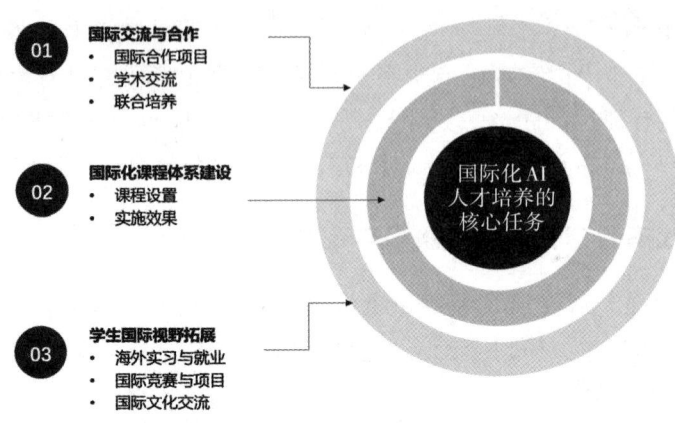

图 5.2　国际化 AI 人才培养的核心任务

5.6.1　国际交流与合作

在国际化人才培养的框架内,国际交流与合作是不可或缺的关键环节,它涵盖了国际合作项目、学术交流、联合培养等多个维度。

(1) 国际合作项目

高校积极与国际顶尖的研究机构、高校及企业携手,共同探索 AI 领域的前沿技术与应用。这些合作项目不仅促进了科研合作与技术转移,还共建了实验室、联合研发中心等实体合作平台,为学生提供了与国际一流学者并肩工作的宝贵机会。同时,国际学生交换项目也让学生有机会在海外高校深造,体验不同的教育体系与研究方法。

(2) 学术交流

作为国际化人才培养的重要组成部分,高校的学术交流活动层出不穷。高校定期邀请国际知名的人工智能专家来校讲学、举办研讨会,为学生提供与国际前沿接轨的学术资源。同时,高校鼓励学生参与国际人工智能学术会议,提交论文,展示研究成果,与同行深入交流,这些活动极大地提升了学生的学术水平,增强了学生的国际影响力。

(3) 联合培养

高校与国外知名高校建立联合培养机制,共同制定培养方案,实现学分互认。这种培养模式让学生能够在国内外高校间自由流动,接受多元文化背景下的教育,获得双学位或联合学位,从而拓宽学术视野,增强跨文化沟通能力与团队协作能力。

5.6.2 国际化课程体系建设

国际化课程体系的构建与实施是国际化人才培养的核心。

(1) 课程设置

国际化课程体系的设置是国际化人才培养的基础。高校在人工智能专业设置方面,注重引入国际先进的教材和教学理念,开设全英文授课的人工智能专业课程,如机器学习、深度学习、自然语言处理等。为了培养学生的跨文化交流能力和国际视野,还增设了国际法律与伦理、跨文化交流、全球人工智能产业发展趋势等通识课程。这些课程不仅提升了学生的专业素养,还增强了他们的综合素质和国际竞争力。

(2) 实施效果

国际化课程体系的实施效果显著。首先,全英文授课的环境提高了学生的英语水平和专业术语的运用能力。其次,与国际接轨的教学内容和评价体系使学生能够紧跟国际AI技术的发展步伐,保持学术前沿性。最后,通过通识课程的学习,促进了学生对不同文化的理解和尊重,为未来的国际合作和交流打下了坚实的基础。

5.6.3 学生国际视野拓展

拓展学生的国际视野是国际化人才培养的重要目标之一。这可以通过多种途径实现。

海外实习与就业:高校与海外企业建立合作关系,为学生提供海外实习与就业机会,使学生在国际工作环境中锻炼自己,了解国际市场对AI人才的需求。

国际竞赛与项目:鼓励学生参与国际AI竞赛与跨国项目合作,提升技术实力,增强创新能力,同时促进与国际团队的交流与合作。

国际文化交流:通过组织国际文化节、国际学生交流会等活动,搭建文化交流平台，让学生展示自己国家的文化，了解其他国家的文化与习俗，拓展人脉资源，增进国际友谊。

5.6.4　国际化AI人才培养现状、挑战与对策

当前，国际化AI人才培养已取得显著进展，但仍存在一些问题。一方面，AI技术快速发展与国际竞争加剧，对具备国际视野与跨文化交流能力的AI人才的需求日益迫切；另一方面，部分高校在国际化人才培养方面仍存在资源不足、机制不完善等问题，主要面临的挑战如下。

资源分配不均：部分高校由于资金、师资等资源的限制，难以提供充分的国际化教育资源与机会。

文化差异与语言障碍：不同文化背景与语言习惯可能导致学生在国际交流与合作中面临挑战。

国际竞争力不足：部分学生在国际舞台上缺乏足够的竞争力与自信心。

要应对国际化AI人才培养面临的挑战，建议采取以下几项措施。

加大投入力度，优化资源配置：高校应加大对国际化人才培养的投入力度，优化资源配置，为学生提供更多的国际化教育资源与机会。

加强文化教育与语言培训：通过开设跨文化交流课程、加强语言培训等方式，增强学生的跨文化沟通能力，提升学生的语言水平。

提升国际竞争力：鼓励学生参与国际竞赛、项目合作等活动，提升技术实力与国际影响力；同时，加强与国际知名高校和企业的合作，为学生提供更多的国际交流与合作机会。

综上所述，通过加强国际交流与合作、构建国际化课程体系、拓宽学生国际视野及应对国际化AI人才培养的现状与挑战，高校能够有效地提升AI专业学生的国际竞争力，为培养具有全球视野、跨文化交流能力与创新能力的AI人才作出重要贡献。

5.7　高校AI人才培养面临的挑战与未来趋势

在AI技术蓬勃发展的时代背景下，AI人才培养成为高等教育和职业培训领域的重要议题。随着AI技术的深入应用和行业的快速变革，如何培养出既掌握扎实理论基础又具备实践创新能力的AI人才，是当前教育体系面临的一

大挑战。同时，AI技术的未来发展趋势也为人才培养提出了新的要求和方向。

5.7.1 高校AI人才培养当前面临的挑战

高校在AI人才培养方面面临诸多挑战，这些挑战主要源于技术快速发展、市场需求变化及教育体系自身的局限性。

（1）技术快速发展与知识更新

AI技术日新月异，新的算法、框架和工具不断涌现。这要求高校必须不断更新教学内容，确保学生掌握最前沿的知识和技术。然而，由于教材编写、课程审批等流程较长，高校往往难以跟上技术发展的步伐。

（2）跨学科融合不足

AI技术涉及计算机科学、数学、统计学、心理学等多个学科领域。高校需要打破学科壁垒，促进跨学科融合，以培养具备综合知识和创新能力的AI人才。然而，这在实际操作中面临诸多困难，如学科设置、课程安排、师资配备等方面的挑战。

（3）师资力量匮乏

AI技术的高门槛要求教师必须具备深厚的专业知识和实践经验。然而，目前许多高校的AI专业的教师数量不足，且部分教师缺乏实践经验，难以满足高质量教学的需求。

（4）实践机会与资源有限

AI人才培养需要大量的实践机会和资源支持，包括高性能计算设备、大数据集、实验项目等。然而，由于资金、场地等限制，许多高校难以提供足够的实践机会和资源，影响了对学生实践能力和创新能力的培养。

（5）国际竞争压力

在全球化的背景下，AI人才培养的国际竞争日益激烈。高校需要积极参与国际交流与合作，引进优质教育资源，提升人才培养质量。然而，由于语言、文化、政策等方面的障碍，国际合作面临诸多挑战。

5.7.2 高校AI人才培养的未来趋势预测

随着AI技术的不断突破和应用场景的持续拓展，AI领域对人才的需求也呈现出新的特点和趋势。为了培养出能够适应未来社会发展需求的高素质人才，必须深入剖析AI领域的发展趋势，并据此调整和优化人才培养模式。

(1) 技术深度融合与创新

AI技术将与物联网、区块链、云计算等技术深度融合，推动新兴领域的快速发展。这要求AI人才不仅要具备扎实的专业知识，还要具备跨学科的创新能力和实践能力。

(2) 应用场景广泛拓展

AI技术将广泛应用于智能制造、智慧城市、医疗健康、金融科技等领域。这要求AI人才能够深入理解行业需求，将技术应用于实际问题的解决过程中，推动产业升级和转型。

(3) 伦理与法律问题凸显

随着AI技术的广泛应用，其带来的伦理和法律问题将日益凸显。这要求AI人才具备强烈的责任感和伦理意识，能够在技术发展过程中关注社会影响和人类福祉。

(4) 终身学习成为常态

AI技术的快速迭代要求从业人员不断更新知识和技能。这要求高校在AI人才培养过程中注重培养学生的终身学习能力，使他们能够适应不断变化的市场需求和技术环境。

5.7.3 高校AI人才培养策略建议

针对上述挑战与趋势，高校可以采取以下策略来促进AI人才培养。

加强跨学科融合与课程体系建设：打破学科壁垒，促进计算机科学、数学、统计学、心理学等多个学科的融合。构建涵盖基础理论、核心技术和实践应用的课程体系，确保学生掌握全面的知识和技能。

提升实践教学质量与加大资源投入力度：加大实践教学环节的投入力度，建设高性能计算平台、大数据中心等基础设施。与企业合作开展实习实训项目，为学生提供丰富的实践机会和资源支持。

加强师资队伍建设与人才引进：加大对 AI 教师的培养和引进力度，提升教师的专业水平，丰富教师的实践经验。鼓励教师参与科研项目和企业合作，提高教学水平，增强科研能力。

推进国际化交流与合作：积极参与国际 AI 教育和科研项目合作，引进国外优质教育资源。鼓励学生参加国际竞赛和交流活动，拓宽他们的国际视野，增强他们的跨文化交流能力。

注重伦理与法律教育：在 AI 人才培养中融入伦理和法律课程教育，培养学生的责任感和伦理意识。关注 AI 技术发展带来的社会影响和人类福祉问题，引导学生形成正确的价值观和强烈的社会责任感。

培养终身学习能力：在 AI 人才培养中注重培养学生的自主学习能力、批判性思维和创新能力等终身学习能力。鼓励他们关注行业动态和技术发展趋势，不断学习最新的知识和技能以适应市场需求的变化。

第6章　新质AI+人才培养策略探析

新质生产力，是指在科技进步和产业升级的推动下，以大数据、人工智能、云计算等前沿技术为核心，形成的具有全新属性和特征的生产能力。这种生产力不仅超过了传统生产力的范畴，更在生产效率、创新模式、资源配置等方面展现出前所未有的优势。新质生产力的出现，标志着人类社会正从工业经济时代向数字经济时代迈进，它深刻改变了生产方式、生活方式及社会治理模式，成为推动社会经济发展的新引擎。

新质生产力的发展，对人才的需求也提出了新的要求和挑战。一方面，新质生产力需要具备创新思维、跨学科知识、技术实践能力及良好人文素养的复合型人才。这些人才不仅要精通本专业知识，还要具备跨学科的学习能力，能够灵活运用新技术解决实际问题，同时具备良好的沟通能力和团队协作精神。另一方面，新质生产力对人才的技能要求也在不断变化和升级。随着技术的快速发展，人才需要不断学习新知识、新技能，以满足产业升级和技术变革的需求。

此外，新质生产力对人才的培养方式也提出了新的挑战。传统的人才培养模式往往注重知识的传授和技能的训练，而新质生产力需要更加注重创新能力的培养和实践经验的积累。这就要求教育机构和企业必须加强合作，构建产学研用紧密结合的人才培养体系，为人才培养提供更加丰富的实践机会和更加广阔的创新空间。

6.1　新质生产力发展战略对新质人才的需求

随着科技的快速发展，大数据、AI技术已然融入人们的日常生活，成为不可或缺的一部分。在这种情况下，学生如果仍然用线性思维和传统思维，必然会面临许多不适应的情况。处于新质生产力日新月异发展的当下，人们可以迅捷地集成信息（如大模型），也可以借助机器进行更加深入的思考（如AIGC、RAG），所以对思维和学习能力的要求都会发生相应的变化。

发展新质生产力需要加强人才、数据两大基础生产新要素培育。创造新质生产力的战略人才、熟练掌握新质生产资料的应用型人才、适应新质生产力市场实现价值的创新型人才，是新质生产力发展的关键支撑。其中，高等教育创新人才培养是基础，也是中心。

在创新人才方面，我国有"强基计划"、"新文科""新理科""新工科""新医科"、优秀科技创新人才培养专项方案等措施。但随着ChatGPT、Sora等大模型AIGC技术的横空出世，如何促进适配新质生产要素、生产关系的新质人才培养，成为值得思考的问题。

相对于新质生产力人才的教育发展、科技创新、人才培养，跨界、贯通、一体推进要求，原来的高校教育、传统教育已不适应这个科技快速发展的时代。所有大学生应具备新科技理念，掌握新技术应用，运用新技术工具，解决新质生产力时代的经济、社会、文化等问题。为此，以北京、上海等科技创新实力强、高校集聚的城市为试点，建议高质量推进高等教育对新质生产力人才全员培养的数智化进程。

2023年9月，习近平总书记指出，"整合科技创新资源，引领发展战略性新兴产业和未来产业，加快形成新质生产力"，并强调"积极培育新能源、新材料、先进制造、电子信息等战略性新兴产业，积极培育未来产业，加快形成新质生产力，增强发展新动能"。新质生产力的提出对推动和拓展中国式现代化及促进教育的高质量发展具有深刻的指导意义，为我国创新发展指出了更为清晰的行动方向，成为当前教育强国、科技强国、人才强国战略的重要理论基础。

人才是加速新质生产力形成的重要智力来源，是引领新质生产力发展的基本推动力量。新质生产力的发展需要培养与之相符、能够充分运用新质生产工具、产生创新生产价值的新质人才。新质人才也是新质生产力形成的决定因素，能适应新一轮技术变革，掌握科技知识与技能，驱动高技术化的劳动资料与对象，进而创造新的劳动资料，推动产业升级与技术突破。教育肩负为未来人才培养提前布局的重要使命，培养新质人才是数智时代的应有之义。因此，理解新质生产力的内涵和外延，把握新质生产力对新质人才培养的核心要求，探讨新质人才的特质及 AI 赋能的培养新思路，是加速新质生产力发展的路径选择，也是新质人才培养理论和实践必须回应的问题。

新质人才是推动新质生产力形成的主体性力量（见图 6.1）。科学技术发展依靠高素质的人才，只有科技从知识形态转化为生产工具，劳动资料才能成为现实的物质生产力，这一转化过程要通过提高劳动者素质来实现。人是新质生产力生成中最活跃、最具决定意义的能动主体，没有人力资本跃升就没有新质生产力，新质人才是新质生产力发挥作用的决定因素。新质人才需要能够理解社会发展现状并具有创变思维，能够整合社会的复杂系统并具有复合思维，能够主动适应新科技的发展并具有技术思维。新质生产力发展的关键是培育新质人才，强化现代化建设人才支撑。

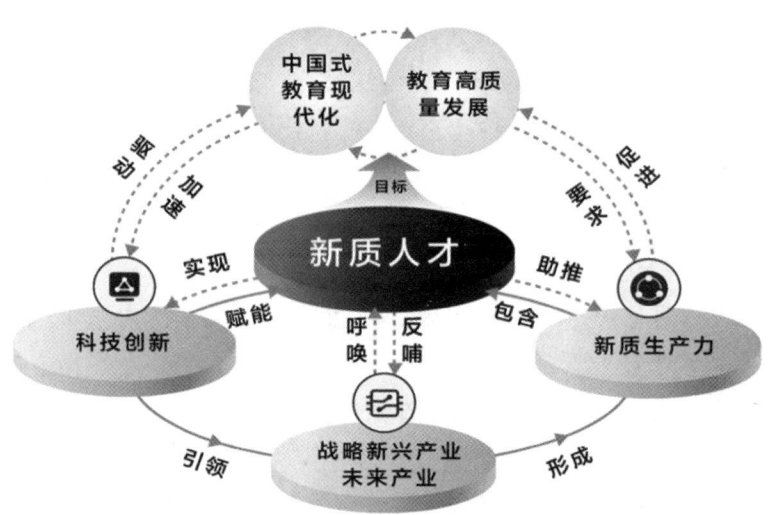

图 6.1　新质生产力与新质人才培养要求

新质人才是新模式的创造者、新产业的引领者、新业态的塑造者、新领域的开拓者、新赛道的竞跑者、新动能的提供者，也是新优势的建设者。新质人才除了拥有创造性思维、社会责任感和专业体系外，更注重广度和多领域的融合，是为新质产业（如战略性新兴产业和未来产业）发展服务的人才，要具备新的知能结构与前瞻思维能力。

新质人才的关键能力要素如下。

创造性思维与问题解决能力：新质人才需要具备创造性思维，能够跳出传统框架，以新颖、独特的视角看待问题，提出切实可行的解决方案。同时，他们还需要具备强大的问题解决能力，能够在复杂多变的环境中迅速找到问题的根源，并采取有效措施加以解决。

新技术应用与融合能力：新质人才需要熟练掌握新技术，并能够将其应用于实际工作中，提高生产效率和质量。此外，他们还需要具备跨界融合能力，能够将不同领域的知识和技术有机结合，创造新价值。

跨界合作与沟通协调能力：新质人才需要具备跨界合作与沟通协调能力，能够与不同背景的人有效合作和交流，共同解决问题。这种能力对于推动新质生产力的发展至关重要。

社会责任感与伦理道德：新质人才需要具备强烈的社会责任感和伦理道德意识，能够在追求个人发展的同时，关注社会整体利益，积极履行社会责任。

6.2 新质AI+人才的培养策略

倡导用AI的方式学习AI、应用AI、创新AI+，培养具备新质生产力格局和视野的新质AI+人才，他们将成为驱动行业发展升级和推动改革创新的中坚力量（见图6.2）。这些人才不仅精通AI技术，更懂得如何将其与各行业深度融合，创造出前所未有的价值，引领行业走向更加智能化、高效化的未来。

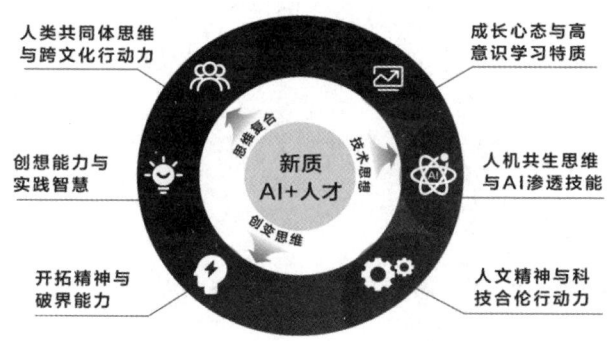

图6.2 新质AI+人才的特点

AI对知识工作者、智能创造者具有极强的赋能作用，亦对各行各业具有广泛的渗透力，包括对教育领域的融合性。新质人才的培养需要AI技术渗透融入育人全链条，统筹基础教育、高等教育、职业教育等领域。

6.2.1 基础教育阶段的新质AI人才培养核心策略

在基础教育阶段，应细化融通培养机制，以素养导向的AI教育培育新质后备人才。这包括提升个体AI意识和思维，增强能力，具体包括AI意识、AI创新思维能力和社会责任的培养。AI意识强调个体对AI发展的敏感度、理解力和判断力，而AI创新思维能力体现在批判思维、联想思维和设计思维的培养方面。此外，还应注重学生的AI运用能力，包括解决创新性问题的技能和对应用效果进行深入评估的能力。

① 素养导向的AI教育融入

细化融通培养机制：以素养导向为核心，将AI教育融入基础教育的全过程。这包括在课程体系中增加AI相关的课程，如AI基础、编程入门等，让学生从小就接触并了解AI技术。

整合数字化资源：整合各类数字化资源，如在线课程、虚拟实验室等，为学生提供丰富的学习材料和实践机会。

跨学科融合：推动AI教育与其他学科的跨学科融合，如将AI技术应用于数学、物理、生物等学科的教学中，完善学生的跨学科知识体系增强学生的融通创新能力。

② 培养个体AI意识，发展创新思维，增强AI能力

培养AI意识：课堂教学、实践活动等方式能培养学生的AI意识，使他们能够敏锐地感知AI技术的发展趋势和应用场景。

发展创新思维：培养学生的批判性思维、联想思维和设计思维，增强他们的创新能力和问题解决能力。

增强AI能力：通过编程教育、机器人制作等活动，提升学生的AI应用能力，如数据处理、算法设计、模型训练等。

③ AI社会责任教育

伦理道德教育：将AI伦理道德纳入基础教育体系，引导学生了解并遵守AI领域的法律法规和伦理规范。

社会责任培养：通过案例分析、讨论交流等方式能让学生认识到AI技术的社会影响和责任，培养他们的社会责任感和道德感。

6.2.2 职业教育阶段的新质AI人才培养核心策略

在职业教育阶段，AI人才培养的核心策略应更加注重实践能力的培养、师资团队的建设及其水平的提升、校企合作与专项实践活动的开展。这些策略的实施可以有效提升AI人才培养的质量，为经济社会发展提供有力的人才支撑。

① 实践导向的实习见习机制

建立实习见习基地：与AI相关企业合作，建立实习见习基地，为学生提供与所学专业紧密相关的实践机会。

实施项目制教学：项目制教学的方式会帮助学生在解决实际问题的过程中增强实践能力和创新能力。

强化职业技能培训：针对AI行业的职业需求，强化学生的职业技能培训，如数据分析、机器学习、自然语言处理等。

② 师资团队的建设及水平提升

引进高端人才：积极引进具有丰富实践经验和深厚学术背景的AI领域高端人才，充实职业教育师资团队。

加强教师培训：定期组织教师参加AI技术培训和学术交流活动，提升他们的专业技能和教学水平。

建立激励机制：建立合理的激励机制，鼓励教师积极参与AI人才培养工作，如设立教学成果奖、科研成果奖等。

③ 校企合作与专项实践活动

深化校企合作：与AI相关企业开展深度合作，共同制定人才培养方案、开发课程资源、建设实训基地等。

开展专项实践活动：组织与AI相关的技能竞赛、创新创业大赛等专项实践活动，为学生提供展示才华和交流、学习的平台。

推动产教融合：通过产教融合的方式，实现教育与产业的深度融合，为AI人才培养提供有力支撑。

6.2.3 本科教育阶段的新质AI人才培养核心策略

在本科教育阶段，新质AI人才的培养目标是培养适应社会主义现代化建设需要，具备宽口径、厚基础、强能力、重实践特征的AI创新性应用型工程技术人才。这些人才应具备较好的科学素养，掌握 AI 基本理论、基本方法和应用工程技术，能够发现、分析和解决复杂的工程问题，同时在 AI 相关领域从事科学研究、开发设计、决策管理和工程应用等工作。

本科新质 AI 人才的培养策略主要包括学科交叉融合、实践机会提供、国际合作与交流、产教融合、能力重塑与再造等方面。

学科交叉融合：将 AI 渗透到通信、机械、控制、微电子材料、网络安全、生命科学等专业中，打造新工科，促进学生具备多学科知识交叉融合的能力，以便综合运用 AI 领域的有关技术标准、规范，解决复杂的工程问题。

实践机会提供：建立创新创业基地，鼓励学生参加创业大赛、机器人大赛等活动，为学生提供创新创业的实践机会，激发学生参与 AI 建设的实践热情，增强学生的实践能力。

国际合作与交流：建立国际联合实验室，引进国际合作研究工作，通过与国际接轨的教育资源和研究项目，拓宽学生的国际视野，增强学生的跨文化交流能力。

产教融合：与企业联合培养工程博士，利用企业在 AI 方面的储备和实力，加强科教融合、产教融合，培养高端人才。

能力重塑与再造：在 AI 时代，学生的能力需要重塑和再造，包括创新能力、批判性思维能力、跨界能力、合作能力等，通过采取人机交互的新型教学环境、线上线下资源、虚实相结合的实验条件等措施，重组和重塑教育教学体系。

具体培养要求：学生应具备解决专业复杂工程问题所需的专业知识及能力，包括工程知识、问题分析能力、设计与开发能力等，以适应 AI 及相关领域的理论研究、技术研发和应用开发等工作。

通过上述策略，本科新质 AI 人才的培养将更加注重实践应用、创新能力及国际视野的培养，以适应 AI 领域的发展需求。

6.2.4 本科教育和职业教育阶段的新质 AI+人才培养核心策略

在 AIGC 大模型时代的浪潮中，为了培养既具备深厚专业知识，又能灵活运用 AI 技术解决复杂问题的新质 AI+人才，职业教育和本科教育阶段必须紧跟时代步伐，不断更新教育理念和教学模式，并深化课程体系建设与教育模式改革。在此基础上,还应特别注重AI+行业的跨学科课程设置,以拓宽学生的知识视野,增强他们的综合能力。

(1) 更新教育理念和教学模式

职业教育机构与本科院校需要不断更新教育理念,采用项目驱动、案例教学、翻转课堂等创新教学模式,培养学生的创新思维和解决实际问题的能力。通过这些教学模式,激发学生的学习兴趣,鼓励他们主动探索和实践,增强他们的自主学习能力和团队协作能力,为他们未来在AI领域的职业发展打下坚实的基础。

(2) 增设AI+行业的跨学科课程设置

在推进AI教育普及的同时,还应特别注重AI+行业的跨学科课程设置。这意味着,除了基础的AI课程外,还应结合不同行业的实际需求,开设AI+金融、AI+医疗、AI+教育、AI+法律等跨学科课程。这些课程旨在让学生了解并掌握AI技术在各行业中的应用,培养他们的跨学科思维能力和综合应用能力。通过跨学科课程的学习,学生可以更好地将AI技术与专业知识相结合,为解决实际问题提供更为全面和创新的解决方案。

(3) 课程体系建设和教育模式改革

为了实现AI教育的全面普及和深入渗透,各高校应加快课程体系建设的步伐。建议到2025年3月,各高校各学科均应至少开设一门AI+课程,实现一级学科全覆盖。未来的大学课程将实现AI教育的"三个渗透率100%":AI课程覆盖全体大学生;AI+教育覆盖全部一级学科;AI素养能力要求覆盖全部专业。

这一改革被称为"AI大课",旨在全面推进AI教育与人才培养的融合,培养出既懂专业又懂AI的复合型人才。

6.3 建设"AI+X"微专业,塑造新质AI+人才

基于AI的高普适性、渗透性和支撑性等特点,可以通过渗透至多学科构建"AI+X"学科微专业,培养驱动交叉学科范式变革的新质中坚力量。目前,

"AI+X"微专业的开设思路主要有两种。

一是面向来自其他专业的本硕学生,开设AI类基础课程。

譬如,渥太华大学开设4~6个月的跨学科AI微专业,为来自其他专业的学生提供机器学习、数据科学及AI伦理监管等课程体系;圣托马斯大学面向美国地区的本科生提供了为期一年的AI研究生微项目,涉及数字化产品管理、分布式账本技术、信息安全与风险、智能制造等。

二是建立"智能+"专业的新型课程体系,培养交叉复合型新质人才。

我国华东地区六所高校(即上海交通大学、复旦大学、同济大学、浙江大学、南京大学、中国科学技术大学)已经进行了探索性尝试,面向300名非AI专业的学生,开设了"AI+X"微专业,提供"前置类""AI基础类""模块类""算法实践类""交叉选修类""线下实训类"六大课程体系,助力学生了解特定领域的AI前景,初步具备基于AI+X的传统行业智能化发展职业能力。

这些微专业不仅提供了全面的AI知识体系和实践机会,还助力学生了解特定领域的AI应用前景,初步具备基于AI+X的传统行业智能化发展职业能力。

总之,"AI+X"微专业的建设不仅有助于推动交叉学科范式变革,更为培养具备创新意识、实践能力和跨学科视野的新质AI+人才奠定了坚实基础。

6.4 案例分析与最佳实践

在探索新质AI+人才培养策略的过程中,西安交通大学以其前瞻性的视野和务实的行动,为我们提供了宝贵的案例分析与最佳实践。该校通过实施AI赋能本科教育教学的"七大工程",在培养适应未来社会发展所需的拔尖创新人才方面取得了显著成效。

(1) AI+专业:打造"AI+X"专业体系,推动学科交叉融合

西安交通大学紧密贴合新时代对专业人才的需求变化,布局"AI+专业"人才培养改革(见图6.3)。该校不仅在国内最早成立了AI与机器人研究所,在此基础上成立了AI学院,系统培养具备专业知识和技能的人才,还形成了超前试点、全面升级的1+3+4+N的"AI+X"专业体系(见图6.4)。通过开设智能制造工程、能源互联网工程等AI相关专业,以及增设智能化工、数据科

学等 AI+专业新方向，西安交通大学不仅推动了传统优势专业的改造升级，还深化了交叉融合培养模式改革，为更多不同专业背景的学生提供了学习和掌握 AI 知识和能力的机会。

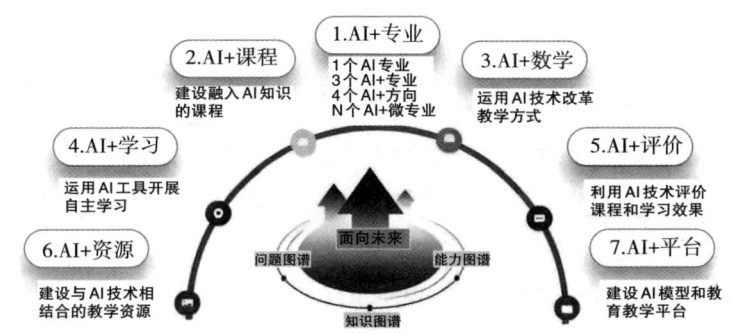

图 6.3　围绕三位一体图谱，实施 7 大改革工程

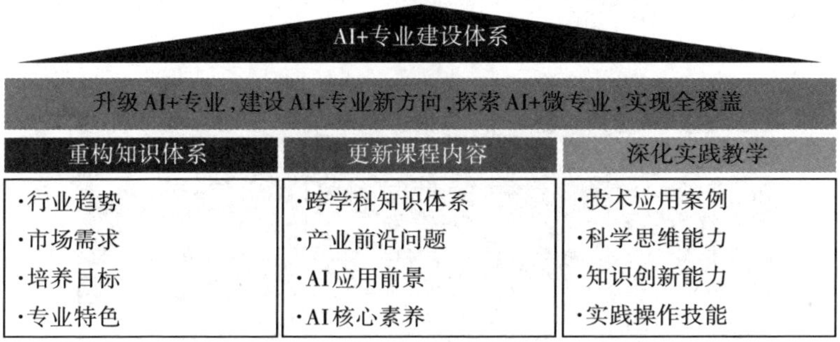

图 6.4　AI+专业建设体系

（2）AI+课程：构建"1+1+X"AI 课程体系，提升学生 AI 素养

在课程建设方面，西安交通大学积极推动各个学院优化升级专业课程群，鼓励课程融入 AI 相关学科交叉和领域前沿知识（见图 6.5）。

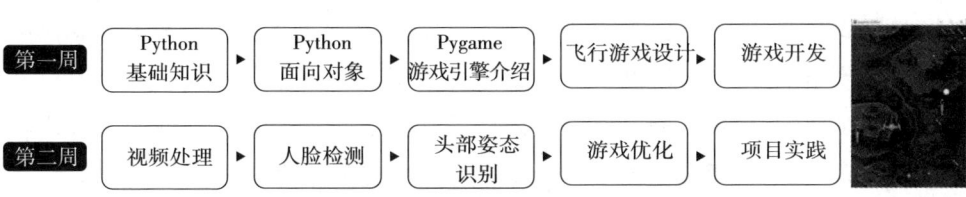

图 6.5　"大学计算机—人工智能"课程训练营

197

该校面向全校学生开设了由院士牵头的AI基础方法与应用本科生通识课，以及新增的"大学计算机—人工智能"基础课，供全校所有专业学生自由选择。同时，学校还开设了AI融入的基础课、专业核心课、专业选修课及"AI+专业"应用课程，与通识课和基础课共同构成了"1+1+X"的AI本科课程体系，为学生未来的职业发展奠定了坚实基础。

（3）AI+教学：打造"师—生—机"交互课堂，实现个性化教学

在教学模式创新方面，西安交通大学利用AI技术打造"师—生—机"交互课堂，实现了教育教学活动从"师—生"二维向"师—生—机"三维的转变。该校立项智课教改项目，鼓励教师利用AI工具开展教学设计、备课、题库建设等实践，提高课程建设效率和质量。同时，学校还成立了智课虚拟教研室，持续开展跨学院、跨校企的教学研讨、教学培训等活动，从AI时代的教育理念、教学能力、应用技术等方面提升教师教学创新水平（见图6.6）。

图6.6　数字孪生教学模式场景

（4）AI+学习：构建智能化成长环境，助力学生自主学习

为了应对多学科交叉、知识碎片化、知识迷航等挑战，西安交通大学面向全体本科生推出了AI咨询助手，为学生提供课程、学籍、实践、交流等各方面问题的24小时实时咨询。同时，该校还开展了"基于知识图谱的采集式学习智能平台"（见图6.7）建设，整合全校万余种学习资源，实现了导航式学习、学习资源检索、在线测验等多种功能，帮助学生对学习内容形成直观、系

统的认识。

图6.7 "基于知识图谱的采集式学习智能平台"学习和教学场景

（5）AI+评价：数据驱动精准评估，提升教学质量

在考核评价方面，西安交通大学利用AI技术实现了教与学的考核评价、质量监测与持续改进的颠覆性改变。该校构建了基于深度神经网络的知识追踪与成绩预测模型，并研发了计算机课程学习平台，实现了远程编程练习与错误提示、学习提醒与成绩预警等功能。同时，学校还全面实施集理论提升、技术研发、实践改革等一体化的教育教学评价改革工程，通过教学质量实时监测大数据平台构建了课堂教学数据的精准采集、精准评价等"四精"育人新体系。

（6）AI+资源：技术牵引升级资源，提升智能化水平

在资源建设方面，西安交通大学自2013年起便在全国高校中率先启动在线开放课程资源建设，迄今已在国内外各大慕课平台累计推出多门精品课程。同时，该校已全面建成智慧教室，并持续推动教学资源数智化转型，深度融合AI技术。通过建设知识图谱课程和数字教材等举措，学校全方位提升了"教""学""管""评"各环节的智能化水平。

（7）AI+平台：优化升级教学平台，创新教学场景

在平台支撑方面，西安交通大学不断优化升级各类教学平台工具，积极营造便捷友好的数智化教学环境。该校已建成了服务教学管理及师生教学过程等的多个平台，并率先开展教育垂直大模型训练工作，以满足个性化教学需求。通过课前、课中、课后等环节的全方位支持，学校实现了 AI 深度赋能教育教学改革的目标。

综上所述，西安交通大学通过实施 AI 赋能本科教育教学的"七大工程"，在培养新质 AI+人才方面取得了显著成效。这些案例分析与最佳实践不仅为我们提供了宝贵的经验借鉴和有益启示，也为其他高校在探索新质 AI+人才培养策略方面提供了可资参考的范例。

第7章 新质生产力时代AI专业建设探索与实践

新质生产力时代，是一个在以互联网、大数据、云计算和人工智能为标志的科技革命推动下，全球经济由传统工业向知识经济和数字经济转型的崭新阶段，这一时期的特点是社会对生活质量和工作效率的要求不断提高，环境保护意识增强，同时各国政策导向支持科技创新，共同推动生产力系统发生深刻变革，以创新为核心驱动力，争夺新时代的发展高地。

在新质生产力时代，AI作为核心技术，其重要性体现在它能显著提升生产效率、推动产业模式创新、提供精准决策支持，并在医疗、教育等多个领域应用中深刻影响社会运行机制和人们的生活方式。

因此，加快AI专业人才培养是实现AI产业战略规划的重要支撑。未来在以工业、农业和建筑业为主的传统行业中，AI机器人将取代26%的工作岗位，但在以服务业为主的行业中，AI将创造38%的额外就业机会，实现12%的净增岗位。因此，我国高校需要在AI教育、AI专业人才培养方面下功夫。

当前，全球对AI人才的需求日益增长，不仅要求人才具备扎实的理论基础和专业技能，更强调其创新能力、跨学科融合能力和国际视野。然而，传统的人才培养模式往往难以满足这些多元化、高层次的需求。因此，探索与实践符合新质生产力时代要求的AI专业建设方案，成为当前高等教育领域亟待解决的问题。

本章旨在结合国内外先进经验和实践案例，提出一套科学、合理且具有前瞻性的专业建设方案。该方案将涵盖课程体系构建、师资队伍建设、实践教学与创新能力培养、跨学科融合、国际合作与交流等多个方面，为相关高校提供有益的借鉴与参考，共同推动AI教育的创新与发展，为新时代培养更多具有国际竞争力的AI人才贡献力量。

7.1 新质生产力时代AI专业建设理念

在新质生产力时代，AI专业建设理念应与时俱进。以下四个方面是构建适应新时代需求的AI专业体系的核心要素（见图7.1）。

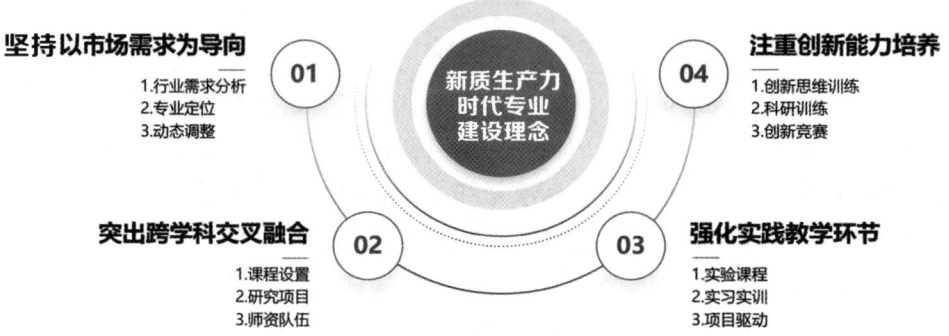

图7.1 新质生产力时代AI专业建设理念

（1）坚持以市场需求为导向

专业建设的最终目的是满足社会和经济发展的需求，因此，AI专业建设必须紧密跟踪市场需求的变化。

行业需求分析：定期对人工智能相关行业进行深入调研，了解企业对人才技能和素质的要求，以及行业发展趋势。

专业定位：根据市场需求，明确专业培养目标，如算法工程师、数据分析师、产品经理等不同岗位的人才培养。

动态调整：建立灵活的专业调整机制，及时更新教学内容和课程体系，确保教育与市场需求同步。

（2）突出跨学科交叉融合

人工智能是一门涉及计算机科学、数学、心理学、神经科学等多个学科的交叉领域，专业建设应强调跨学科交叉融合。

课程设置：开设跨学科课程，如认知科学、生物信息学、控制理论等，以拓宽学生的知识面。

研究项目：鼓励学生参与跨学科研究项目，促进不同学科之间的知识交流和融合。

师资队伍：构建跨学科的教师团队，通过教师之间的合作，推动学科交叉融合的教学与研究。

（3）强化实践教学环节

实践教学是培养学生实际操作能力和创新精神的重要途径，AI专业建设应重视实践教学环节。

实验课程：增加实验课程比例，让学生在实践中掌握理论知识。

实习实训：与企业和研究机构合作，为学生提供实习实训机会，使学生在真实工作环境中锻炼能力。

项目驱动：采用项目驱动的教学方法，让学生在完成项目的过程中学习知识、解决问题。

（4）注重创新能力培养

创新能力是AI专业人才的核心竞争力，专业建设应着重培养学生的创新能力。

创新思维训练：通过开设创新思维、设计思维等课程，培养学生的批判性思维和创造性思维。

科研训练：鼓励学生参与科研项目，从实践中学习科研方法，增强创新能力。

创新竞赛：组织学生参加国内外人工智能相关竞赛，以赛促学，激发学生的创新潜能。

通过以上三个方面的理念指导，新质生产力时代的AI专业建设将更加符合时代需求，培养出具有实战能力和创新精神的高素质人才。

7.2 新质AI人才培养目标

在新质生产力时代背景下，新质AI人才的培养目标主要集中在以下几个方面。

第一，培养扎实的理论基础。高校致力于培养学生具备坚实的AI基础理论知识，包括机器学习、深度学习、自然语言处理等核心技术领域，确保学生能够理解并掌握人工智能的基本原理和技术框架。

第二，强化实践能力。通过实际项目和实验课程，培养学生的动手能力和工程实践能力。高校与企业合作，提供实习和项目机会，使学生能够在真实环境中应用所学知识，解决实际问题。

第三，提升创新思维水平。鼓励学生进行自主创新和研究，培养他们的创新思维和能力。通过科研项目、创新竞赛和跨学科合作，激发学生的创造力，推动他们在AI领域提出新思路和新方法。

第四，注重伦理和社会责任。人工智能教育不仅要关注技术层面，还要强调伦理和社会责任，培养学生在AI技术应用中的道德意识和社会责任感，确保学生能够考虑技术对社会的影响，做出有益于社会的技术决策。

第五，培养国际视野。通过国际交流项目和合作研究，拓宽学生的国际视野。使学生了解全球AI技术的发展动态，增强他们在国际舞台上的竞争力和合作能力。

第六，培养复合型人才。高校采用"AI+X"的培养模式，结合学科交叉发展特点，培养具备多学科知识的复合型人才。这样，学生不仅能掌握AI技术，还能够在其他领域应用AI，实现跨学科的创新和发展。

这些培养目标旨在为国家和社会培养具备理论基础、实践能力、创新思维、伦理意识和国际视野的高素质AI人才，推动我国在AI领域的全面发展（见图7.2）。

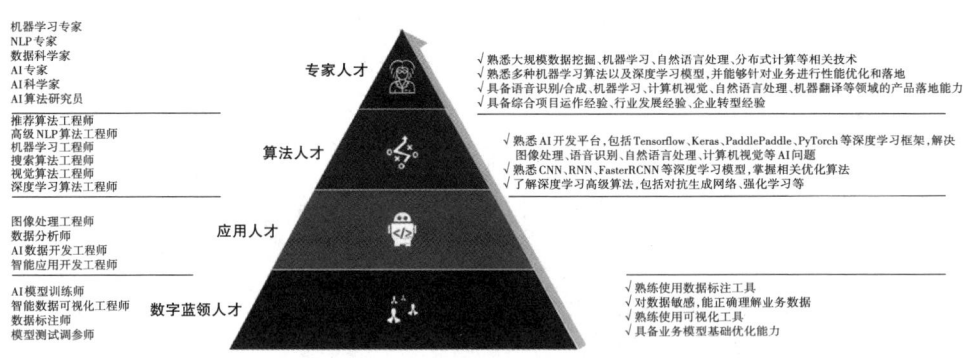

图7.2 AI行业的关键岗位图谱

在新质生产力发展的时代背景下，中国高校培养新质AI人才的核心目标在于帮助学生铺设一条通往卓越职业生涯的坚实道路，确保每名学生都能拥抱高质量的就业机遇。我们憧憬并实践着一种革命性的教育模式，鼓励在校大学生以 AI 为舟，以学习为帆，不仅要深入学习 AI 的精髓，更要在实践中驾驭 AI，勇于创新，探索"AI+"的无限可能。

高校需要精心打造的是一群拥有前瞻性思维与广阔视野的新时代"AI+"精英，他们不仅精通 AI 的尖端技术，更具备重塑生产力格局的洞察力与创造力。这些未来的引领者，将 AI 技术视为解锁各行业转型升级的金钥匙，他们深知如何将 AI 深度融入教育、医疗、制造、金融等各个领域，激发前所未有的价值创造，推动社会生产力向智能化、高效化飞跃。

高校培养的新质 AI 人才或 AI+人才，不仅是 AI 技术的驾驭者，更是跨界融合的推动者，他们将站在时代的前沿，用创新的火花点燃行业变革的燎原之势，成为驱动产业升级、引领改革创新的中流砥柱。在他们的努力下，一个更加智能、高效、可持续发展的未来图景正徐徐展开。

7.3　新质 AI 人才培养模式

在 AIGC 大模型时代，新质 AI 人才培养模式不仅强调创新合作模式，更致力于构建一个全面、深入且高效的产业智能化人才发展体系。该体系通过产学研协同育人、国际化人才培养及校企合作育人这三大核心支柱，实现了人才培养、能力认证及企业对接的全方位、多层次、深度覆盖。

创新人才培养模式是高等教育适应社会发展需求、提升人才培养质量的重要途径。

产学研协同育人模式旨在通过产业、学术和研究三方的深度合作，培养具有实践能力和创新精神的高素质人才。

合作机制：建立产学研合作委员会，定期召开会议，讨论人才培养方案、实习实训项目、科研合作等事宜。

实习实训：与企业签订合作协议，为学生提供定期的实习机会，让学生在实际工作环境中学习和成长。

科研项目：鼓励学生参与企业或研究机构的项目研究，通过实际科研项目锻炼学生的科研能力和解决实际问题的能力。

资源共享：企业与高校共享资源，如企业专家到校授课、高校教师参与企业技术研发，实现知识和技术的双向流动。

国际化人才培养模式着重于培养学生的国际视野和跨文化交流能力，以适应全球化背景下的就业市场。

国际课程：引进国外优质课程资源，开设国际化课程，或与国外高校合作开展双学位项目。

教师交流：定期选派教师到国外高校进修或参与国际会议，同时邀请国际知名学者来校讲学。

学生交流：设立国际交流基金，支持学生赴国外进行短期学习、实习或参与国际竞赛。

国际合作：与国外高校和研究机构建立合作关系，共同开展科研项目和学术交流。

校企合作育人模式通过与企业的紧密合作，确保人才培养与市场需求同步，提高毕业生的就业竞争力。

课程开发：与企业共同开发课程，将行业最新技术和需求融入课程内容，确保教学内容的时效性和实用性。

实验室共建：与企业共建实验室，为学生提供先进的实验设备和实践平台，促进科研成果的转化。

实践基地：在企业建立实践基地，为学生提供实习、实训场所，同时为企业输送优秀人才。

订单培养：根据企业需求，实施订单式人才培养，学生毕业后可直接进入合作企业工作。

通过这些模式的实施，高校能够培养出既具备扎实理论基础，又具有实践能力和国际视野的高素质新质AI人才，满足社会和产业发展的需求（见图7.3）。

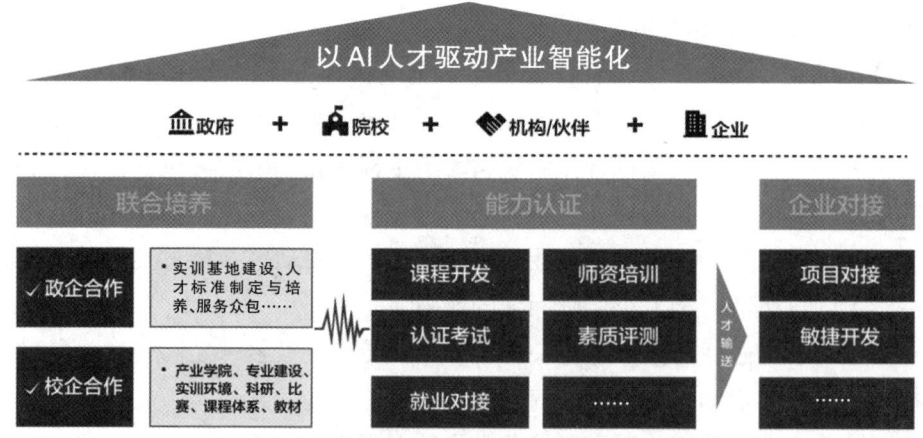

图7.3　政产学研用深度融合的新质AI人才培养与发展生态体系

综上所述，AIGC大模型时代的新质AI人才培养模式，通过产学研协同育人、国际化人才培养及校企合作育人等多维度、全方位的协同努力，不仅实现了人才培养与产业需求的精准对接，更为培养适应产业智能化需求的高素质AI人才奠定了坚实而稳固的基础，推动了AI技术的快速发展与广泛应用。

7.4 AI专业课程体系建设

7.4.1 基于OBE理念的AI专业课程体系建设思路

成果导向教育（outcome-based education，OBE）理念的核心在于强调学生的学习成果，即以学生的学习产出为中心来组织、实施和评价教育过程。在AI专业课程设计中，首先需要明确课程的学习成果，这些成果应具体、可衡量，并直接关联到学生毕业后在AI领域所需具备的知识、技能和素养。例如，学生应能够熟练掌握某种编程语言、理解并应用机器学习算法、具备解决实际AI问题的能力等。在OBE理念的指导下，AI专业课程体系的构建应围绕学习成果进行反向设计。这意味着课程体系应明确支撑每一项学习成果，确保课程内容的选择、组织和呈现方式都可以帮助学生达成这些成果。

基于OBE理念的AI专业课程体系建设思路，首先始于对AI人才需求的深入分析（见图7.4）。这包括对行业现状、发展趋势的洞察，以及通过企业调研明确具体的人才需求、技能要求与岗位设置。随后，根据这些需求制定详细的人才培养方案，构建涵盖基础理论、专业技能及综合素质的课程体系，并开发配套的教学资源，特别是与产业实际和技术前沿相结合的特色教材。

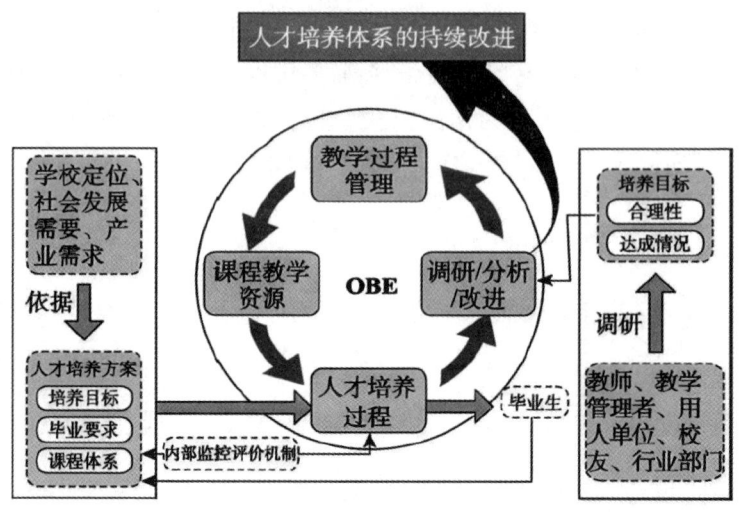

图7.4 基于OBE理念的AI专业课程和人才培养体系的持续改进思路

在实训体系设计上，搭建多层次的实践教学平台，配备先进的实训装备，设立创新实验室，并与企业合作建立实习实训基地，以增强学生的实践能力和创新能力。同时，通过引入或设立行业认证体系，开展多层次技能认证考试，并组织参与技能竞赛，来增强学生的职业技能，提升竞争力。

质量保障体系方面，基于OBE理念建立全程质量监控，定期对教学效果进行评估诊断，并根据反馈持续优化课程体系、教学内容和方法，确保人才培养目标的实现，从而培养出具备实战能力和创新精神的高素质AI人才。

在OBE理念的引领下，AI专业课程的教学方法应注重学生的主体性和实践性，可以采用以下教学策略。

问题导向教学：通过提出实际问题或项目任务，引导学生主动探索、分析和解决问题，从而加深对知识点的理解，促进对知识点的掌握。

案例教学：引入真实世界的AI应用案例，让学生在实际情境中学习和应用知识，提升学习兴趣，优化学习效果。

合作学习：鼓励学生组成团队，共同完成任务或项目，培养团队协作和沟通能力。

OBE理念强调以学生的学习成果为评价标准。在AI专业课程设计中，应建立多元化的评价体系，包括平时成绩、项目作业、期末考试、实践报告等多种形式，以全面反映学生的学习成果。同时，应注重过程性评价，及时给予学生反馈和指导，帮助他们持续改进和提升。此外，还应定期对课程体系、教学内容和方法进行评估和反思,根据学生的学习成果和社会需求的变化进行适时调整和优化。

在AI专业课程设计中,还可以积极探索和引入AI技术来支持教学。例如,利用AI技术进行个性化教学推荐、智能辅导、自动评估等,以提高教学效率,优化教学效果。同时,可以将AI技术作为教学内容的一部分,让学生在学习AI原理和技术的同时,亲身体验和感受AI技术的魅力和应用潜力。

综上所述,基于OBE理念的AI专业课程设计研发思路强调以学生为中心、以学习成果为导向、注重实践与创新,建立多元化评价体系并持续改进课程体系与教学方法。这将有助于培养出更多具备扎实理论基础、实践能力和创新精神的AI人才。

7.4.2 AI专业课程体系的主要建设内容

在当今这个科技日新月异的时代,AI作为引领未来发展的重要力量,正深刻改变着社会的每一个角落。为了培养能够适应并引领这一变革的AI人才,我们精心构建了一个"多维延拓"的知识体系(见图7.5)。该体系不仅注重夯实学生的基础知识,更强调培养跨学科的综合素质、增强创新能力及解决实际问题的能力。通过这一体系,学生将能够全面掌握AI的核心技能,深化对专业领域的理解,并具备跨学科的知识和技能,为未来的职业发展奠定坚实的基础。同时,我们也鼓励学生积极参与实践,不断探索和创新,以期在AI领域取得更加辉煌的成就,共同推动社会的发展与进步。

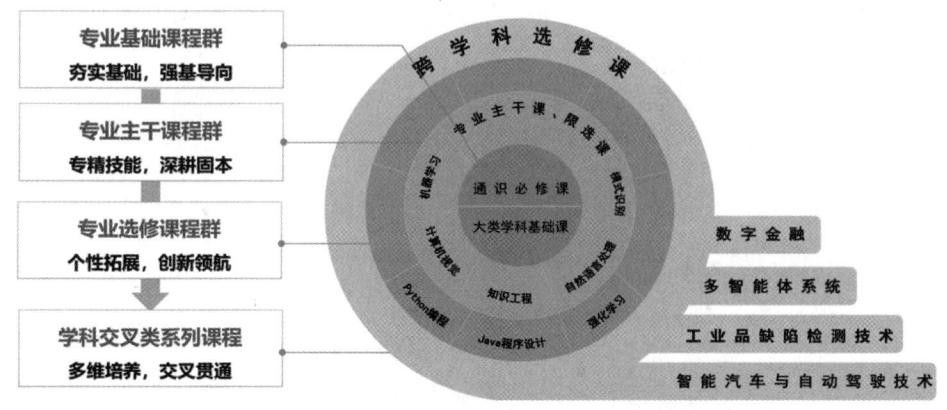

图7.5 "多维拓展"的AI人才培养课程知识体系

在构建"多维拓展"的 AI 专业课程体系时，需要综合考虑学生的理论基础、实践能力、创新思维及跨学科融合能力的培养。以下是对各课程模块的详细描述。

(1) 专业基础课程群

AI 基础理论：该课程旨在为学生提供 AI 的基本概念、发展历史、技术体系和应用领域等基础知识，帮助学生建立对 AI 领域的全面认识。

编程基础：包括 Python、Java 等主流编程语言的学习，以及数据结构、算法设计等基础内容。通过编程实践，学生将掌握编程技能，为后续的专业课程学习打下基础。

数学与统计学：数学是 AI 技术的基石，包括线性代数、概率论与数理统计、优化理论等课程。这些课程将为学生提供解决复杂问题的数学工具和思维方法。

(2) 专业主干（核心）课程群

机器学习：作为 AI 的核心技术之一，该课程深入探讨机器学习算法、模型评估与优化、特征工程等内容，使学生掌握机器学习的基本原理和实践技能。

深度学习：随着深度学习的兴起，该课程介绍神经网络、卷积神经网络、循环神经网络等深度学习模型，以及 TensorFlow、PyTorch 等深度学习框架的应用。

自然语言处理：该课程涵盖自然语言处理的基本原理、技术方法和应用场景，如文本分类、情感分析、机器翻译等。

计算机视觉：介绍计算机视觉的基本原理、算法和应用，如图像识别、目标检测、视频分析等，以及 OpenCV 等计算机视觉库的使用。

数据挖掘：讲授如何从大量数据中提取有价值的信息。

(3) 学科交叉系列课程

跨学科课程主要是指采取"AI+X"的课程模式，结合其他学科的内容，培养复合型人才。例如，部分高校开设了智能科学与技术、智能医学工程、智能制造工程等跨学科专业课程。这种模式有助于学生将 AI 技术应用到其他领域，实现跨学科的创新和发展。以下是部分"AI+X"的课程案例。

AI 与金融：结合金融学原理与 AI 技术，探讨 AI 在金融领域的应用，如风险评估、智能投顾、反欺诈等。

AI 与医疗：该课程将介绍 AI 在医疗领域的应用，如医学影像分析、辅助诊断、个性化治疗等，以及医疗大数据的处理与分析。

AI 与法律：探讨 AI 技术对传统法律行业的影响，以及 AI 在法律领域的应用，如智能合同、法律检索、案件预测等。

(4) 实践与项目实训系列课程

为了增强学生的实践能力，需要在 AI 专业的课程体系中增加 AI 工程实践和项目课程。通过实际项目、实验课程和企业实习，学生能够在真实环境中应用所学知识，解决实际问题。例如，南京大学的 AI 课程体系中包含多个实践课程，鼓励学生进行项目研究和创新。以下是对常见的实践与项目实训课程的说明。

项目实训：通过模拟或真实的项目案例，让学生在团队合作中完成从需求分析、系统设计、算法实现到测试部署的全过程，增强学生的项目管理和团队协作能力。

企业实习：与知名企业合作，为学生提供在企业中的实习机会。通过参与企业的实际项目，学生可以深入了解行业需求和业务流程，积累实践经验。

创新创业项目：鼓励学生结合所学知识，参与创新创业项目。学校可提供创业指导、资金支持等资源，帮助学生将创意转化为实际产品或服务。

竞赛与项目挑战：组织学生参加国内外知名的 AI 竞赛和项目挑战，如 Kaggle 竞赛、ImageNet 挑战赛等。通过竞赛，学生可以锻炼自己的创新思维和问题解决能力，同时积累宝贵的实践经验。

7.5 师资队伍建设与能力增强

在新质生产力时代，AI 专业的师资队伍建设与能力增强是确保教学质量和科研水平的关键。为了打造一支高水平、国际化的师资队伍，高校应采取以下策略。

引进高端人才：通过优惠政策吸引国内外顶尖 AI 学者加盟。

教师培训与发展：定期组织教师参加国内外学术交流、企业实践等活动，提升教学水平，增强实践能力。

跨学科师资整合：鼓励不同学科教师之间的合作与交流，共同承担跨学科教学责任。

建立激励机制：设立教学成果奖、科研成果奖等，激励教师积极参与教学和科研工作。

（1）引进高端人才

全球招聘与战略合作：通过制定具有吸引力的招聘政策和提供优厚的待遇条件，积极吸引国内外顶尖AI学者和专家加盟。与知名高校、研究机构及行业领军企业建立战略合作关系，共同开展人才引进计划，拓宽人才来源渠道。

设立特聘教授岗位：针对特定研究领域或项目需求，设立特聘教授岗位，邀请国际知名学者担任短期或长期访问教授，参与教学、科研和学科建设。

柔性引进机制：对于因各种原因无法全职加盟的高端人才，可采用柔性引进机制，如设立客座教授、兼职研究员等岗位，利用其学术影响力和资源优势，为学校和学科建设贡献力量。

（2）教师培训与发展

持续专业发展计划：为教师制定个性化的持续专业发展计划，包括参加国内外学术会议、工作坊、短期课程等，不断更新知识结构，提高技能水平。

企业实践与项目合作：鼓励教师与企业开展深度合作，参与企业项目研发、技术咨询等活动，了解行业最新动态和技术需求，增强实践能力和科研成果转化能力。

国际交流与合作：与国际知名高校和研究机构建立长期合作关系，选派教师赴海外访学、合作研究，拓宽国际视野，提升学术水平，增强国际影响力。

数字化教学技能培训：随着在线教育的发展，加强教师数字化教学技能的培训，如在线课程设计、混合式教学法等，增强教学效果，优化学生学习体验。

（3）跨学科师资整合

跨学科团队建设：鼓励不同学科背景的教师组建跨学科教学科研团队，共同承担跨学科课程和项目的教学与研究工作。通过跨学科合作，促进知识、技术和方法的交叉融合，培养学生的综合能力和创新思维。

课程与项目整合：设计跨学科课程和项目，如"AI与金融""AI与医疗"等，整合不同学科的知识和方法，增强学生的跨学科应用能力和解决复杂问题的能力。

共享资源与平台：建立跨学科资源共享平台，如实验室、数据中心、图书资料等，为教师提供便利的跨学科研究条件。同时，组织跨学科研讨会、工作坊等活动，促进教师之间的交流与合作。

（4）建立激励机制

教学成果奖与科研成果奖：设立教学成果奖和科研成果奖，对在教学和科研方面取得突出成果的教师给予表彰和奖励。通过评选优秀教学案例、精品课程、高水平论文等，激发教师的教学积极性和科研创新动力。

职称晋升与职业发展：完善职称晋升体系，为在教学和科研方面表现优秀的教师提供更快的职业发展通道。同时，鼓励教师参与学校管理、学术委员会等工作，提高其在学校事务中的参与度和影响力。

教学科研支持基金：设立教学科研支持基金，为教师提供项目启动资金、设备购置费、差旅费等支持，减轻其教学和科研负担，鼓励其积极参与教学改革和科研创新活动。

综上所述，通过引进高端人才、加强教师培训与发展、促进跨学科师资整合及建立有效的激励机制，可以全面提升AI专业的师资队伍建设水平，为培养高素质AI人才提供有力保障。

7.6　改革教育教学方法

改革教育教学方法是推动AI专业教育创新与发展的核心举措，对于培养适应新时代需求的高素质AI人才至关重要。以下是对案例教学、项目驱动教学和翻转课堂三种教学方法的详细阐述。这些方法旨在通过多元化的教学策略，增强学生的理论应用能力、实践操作能力和自主学习能力，从而显著提高AI专业的教育质量。

7.6.1 案例教学

案例教学是一种以实际案例为基础的教学方法，它通过以下步骤实现教学目标。

案例选择：选取具有代表性、贴近实际的 AI 应用案例，确保案例能够涵盖教学大纲中的关键知识点。

案例分析：在课堂上，教师引导学生分析案例背景、问题所在、解决方案及其效果评估。学生需要运用所学理论知识对案例进行深入剖析。

理论与实践相结合：通过案例讨论，学生将抽象的理论知识与具体的实践情境相结合，加深其对知识点的理解和记忆。

能力增强：在分析案例的过程中，学生需要运用批判性思维、逻辑推理和创造性思维，从而增强分析问题和做出决策的能力。

反思与总结：案例教学结束后，教师引导学生进行反思，总结案例中的经验教训，提炼出可迁移的知识和技能。

【案例教学示例】 智能语音助手的设计与优化

1. 案例描述

某科技公司开发的智能语音助手在市场上推出后，用户反馈存在语音识别准确率不高、响应速度慢、用户交互体验不佳等问题。公司决定对产品进行优化升级，以提高市场竞争力。

2. 本案例的教学目标

理解智能语音助手的工作原理和关键技术。

学习如何分析用户反馈和数据，识别产品存在的问题。

掌握优化产品设计和提升用户体验的方法。

3. 本案例的教学步骤

① 介绍案例。教师向学生介绍案例背景，提供产品的基本信息、用户反馈报告和市场调研数据。

② 识别问题。学生分组讨论，根据案例信息识别出智能语音助手存在的问题，如语音识别错误、响应延迟、交互设计不友好等。

③ 讲解理论知识。教师讲解智能语音助手的相关理论知识，包括语音识别、自然语言处理、用户界面设计等。

④ 分析案例。学生通过小组合作，分析问题产生的原因，可能包括算法

效率、数据处理能力、用户研究不足等方面。

⑤ 提出解决方案。每个小组提出针对识别出的问题的解决方案，例如改进语音识别算法、优化数据处理流程、重新设计用户交互界面等。

⑥ 讨论与评价方案。各小组展示解决方案，全班进行讨论，评价方案的可行性和创新性。

⑦ 总结案例。教师引导学生总结案例教学中学到的知识和技能，强调理论与实践的结合。

4. 本案例的教学示例

① 讨论案例。

小组A提出，通过使用深度学习技术提高语音识别的准确率。

小组B建议，优化后台数据处理流程，减少响应时间。

小组C提出，进行用户调研，根据用户习惯重新设计交互界面。

② 教师点评。

教师点评各小组的解决方案，指出方案的亮点和需要改进的地方，并提供行业内的最佳实践案例作为参考。

通过这样的案例教学，学生不仅能够学习到AI领域的理论知识，还能在解决实际问题的过程，培养批判性思维、团队协作和创新能力。

7.6.2 项目驱动教学

项目驱动教学强调以学生为中心，通过以下环节实施。

项目设计：教师根据课程目标和教学内容设计具有挑战性的项目，项目应具有一定的复杂性和实际应用背景。

团队协作：学生分组进行项目研究，每个团队成员承担不同的角色和任务，共同推进项目。

知识应用：在项目实施过程中，学生需要主动学习相关理论知识，并将其应用于解决实际问题。

技能锻炼：通过项目的不断推进，学生能够锻炼自己的技术操作能力、问题解决能力和项目管理能力。

成果展示：项目完成后，学生需要向教师和同学展示项目成果，接受评价和反馈，从而增强表达和沟通能力。

【项目驱动教学示例】智能垃圾分类系统的设计与开发

1. 项目背景

随着城市化进程的加快,垃圾处理成为了一个日益严峻的问题。智能垃圾分类系统能够帮助居民正确分类垃圾,提高垃圾处理的效率和资源回收率。本项目旨在通过实际项目的开发,使学生掌握AI技术在现实生活中的应用。

2. 项目教学目标

理解并应用机器学习的基本概念和算法。

学习图像识别和处理技术。

培养团队合作能力和解决实际问题的能力。

3. 项目步骤

① 项目启动。

教师介绍项目背景和目标。

学生分组,每组4~5人,并分配角色(如项目经理、数据分析师、软件开发工程师等)。

② 需求分析。

学生调研市场上现有的垃圾分类系统。

确定项目需求,包括功能、性能、用户界面等。

③ 数据收集与预处理。

学生收集垃圾图片数据,包括不同种类的垃圾(如可回收物、有害垃圾、厨余垃圾等)。

使用图像处理技术对数据进行标注和预处理。

④ 模型设计与训练。

学生选择合适的机器学习模型,如卷积神经网络。

设计网络结构并进行训练。

⑤ 系统开发。

开发用户界面,实现用户与系统的交互。

集成训练成熟的模型,实现垃圾分类的实时识别。

⑥ 测试与优化。

对系统进行测试,收集测试数据,分析系统性能。

根据测试结果对系统进行优化。

⑦ 项目展示与评价。

每组学生展示自己的项目成果。

教师和其他学生从项目完成度、创新性、实用性等层面进行评价。

4. 教学案例亮点

实用性：项目紧贴社会热点问题，具有实际应用价值。

实践性：学生通过实际操作，从数据收集到模型部署，全过程参与项目。

综合性：项目涉及多个知识点，包括机器学习、图像处理、软件开发等，有助于学生综合运用所学知识。

通过这个项目，学生不仅能够掌握AI相关技术，还能体验到项目从无到有的完整过程，其解决实际问题的能力得到了培养。

7.6.3 翻转课堂

翻转课堂颠覆了传统的教学模式，其具体实施步骤如下。

第一，在线学习资源。教师提前准备在线学习资源，如视频讲座、阅读材料、互动测验等，供学生在课前自主学习。

第二，课堂活动设计。课堂时间主要用于讨论、实践和深入探究，教师引导学生将自学内容与实际问题相结合。

第三，学生参与度提升。学生在课堂上不再是被动接受知识，而是主动参与讨论、提问和解决问题，提高了学习的积极性和参与度。

第四，教师角色转变。教师的角色从知识传授者转变为学习引导者和促进者，更多地关注学生的个性化需求和存在问题。

第五，反馈与评估。通过课堂互动和课后作业，教师可以更准确地了解学生的学习状况，并及时给予反馈和评估。

【翻转课堂教学案例】机器学习基础课程教学

1. 翻转课堂背景

在AI专业中，机器学习是一门核心课程。翻转课堂模式有助于学生在课前通过视频和其他资源自主学习理论知识，课堂时间则用于实践、讨论和深入探索。

2. 课程教学目标

学生能够理解并掌握机器学习的基本概念和算法。

培养学生的实际编程能力和算法应用能力。

增强学生的问题解决能力和锻炼批判性思维。

3. 课程教学步骤

① 课前准备（自主学习阶段）。

教师准备了一系列关于机器学习基础理论的视频教程，包括监督学习、非监督学习、模型评估和选择等主题。

学生在家中观看视频教程，并完成在线习题，以检验其对理论知识的理解。

学生被要求预习一个特定的机器学习算法，如支持向量机（SVM），并尝试理解其背后的数学原理。

② 课堂活动（应用深化阶段）。

快速复习：上课时，教师通过几个问题快速复习视频内容，确保学生已经掌握了必要的理论知识。

小组讨论：学生分组讨论预习的机器学习算法，并尝试解释其工作原理及应用场景。

案例研究：教师提供一个实际的数据集，要求学生使用SVM算法解决一个分类问题。学生需要在课堂上编写代码，实现算法，并对结果进行分析。

互动讲座：教师针对学生在实践中遇到的问题进行讲解，提供更深入的见解和解决方案。

成果展示：每组学生展示他们的代码实现、实验结果和结论，接受其他同学和教师的提问和评价。

③ 课后活动（巩固提高阶段）。

学生根据课堂上的讨论和实验，完成一份详细的实验报告，分析算法的性能和改进空间。

教师通过学生的报告和课堂表现评估学生的学习成果，并提供反馈。

4. 教学案例亮点

理论与实践相结合：学生通过课前自学理论基础和课堂上的实践，更好地理解机器学习算法的应用。

自主学习与合作学习：翻转课堂模式鼓励学生自主学习，同时通过小组合作解决实际问题，提高了学习效率。

实时反馈：课堂上教师的指导和学生间的互动提供了即时的反馈，有助于学生及时纠正错误和理解难点。

通过这种翻转课堂的教学模式，AI专业的学生能够更有效地掌握机器学习知识，并将所学应用于解决实际问题的过程中。

案例教学、项目驱动教学和翻转课堂这三种教学方法相互补充，共同促进了学生的主动学习能力、批判性思维能力和实践能力的发展，为培养适应新质生产力时代的AI人才奠定了坚实的基础。

7.7 AI实践教学与创新能力培养路径

在这个快速发展的AI时代，实践教学与创新能力培养已成为高等教育不可或缺的重要组成部分。为了培养出既具备扎实理论基础，又拥有卓越实践能力和创新精神的AI人才，亟需构建一套系统化、多层次的培养路径。本节将从实验平台建设、校企合作、创新创业支持及竞赛与项目驱动四个关键维度出发，详细阐述如何有效增强学生的实践能力与创新能力。首先，通过加强实验室建设，配备先进的实验设备，能够为学生提供良好的实验条件，满足他们多样化的实验需求。其次，与企业深度合作，建立实习实训基地，可以让学生置身于真实的工作环境之中，积累宝贵的实践经验。再次，设立创新创业基金，积极支持学生开展创新创业项目，不仅能够激发他们的创业热情，还能够培养他们的创新精神和实践能力。最后，通过鼓励学生参加国内外AI竞赛和科研项目，可以进一步提升他们的实践水平，增强他们的创新能力，为未来的AI领域输送更多高素质、复合型人才。

7.7.1 建设先进的AI实验与实训平台

7.7.1.1 AI实验平台建设的关键要素

在新时代的背景下，为了培育能够适应新质生产力时代挑战的AI人才，AI实验平台的建设显得尤为重要。以下是AI实验平台建设的主要内容和策略。

（1）高端实验设备与技术平台的配置

第一，设备投入：为满足学生对于实验资源的高标准需求，高校需加大对AI实验室的资金和技术投入，引进尖端的实验设备和技术平台。

计算资源：部署高性能计算集群和深度学习服务器，为复杂的AI模型训练和数据处理提供强大的计算能力。

实验环境：构建大数据分析平台、AI创新实验室、机器人实验室等专业实验环境，支持学生在AI领域的深度探索和创新能力培养。

第二，设备更新：定期评估和更新实验设备，确保实验室的技术水平与行业发展同步。

（2）课程与实验内容的深度融合

第一，课程设计：将实验操作与理论课程紧密融合，确保学生能够通过实践加深对AI理论的理解，促进学生对AI理论的应用。

实验项目：设计一系列由浅入深、层次清晰的实验项目，包括基础验证性实验、综合设计性实验和创新研究性实验，以培养学生的实验技能和科研能力。

第二，实验教材：开发配套的实验教材和指导书，为学生提供详细的实验步骤和理论背景，增强实验教学的系统性。

（3）虚拟仿真实验技术的应用

第一，仿真平台：针对那些成本高昂、操作风险大或难以在现实环境中实施的实验，开发虚拟仿真实验平台。

技术应用：利用虚拟现实、增强现实等技术，创建高度仿真的实验环境，让学生在无风险的情况下进行实验操作。

第二，教学拓展：通过虚拟仿真技术，拓展实验教学的边界，增加实验的多样性和互动性，改善学生的学习体验。

7.7.1.2　AI产教融合创新实验室建设探索与实践

在新质生产力时代背景下，AI产教融合创新实验室的建设成为推动教育改革和产业升级的关键举措。本节将详细介绍基于端云协同架构的AI产教融合创新实验室解决方案，并探讨其在实践中的应用与成效。

（1）AI产教融合创新实验室建设目标与理念

目标定位：实验室旨在构建一个集AI教学、研究、实训和创新于一体的高端平台，培养适应新质生产力时代需求的复合型AI人才。

设计理念：坚持以人为本，注重实践与理论相结合，采用全链路、场景化、进阶式的教学方法，确保人才培养与产业需求同步。

（2）端云协同架构：技术革新与资源整合

技术整合：实验室整合了云计算的弹性伸缩、边缘计算的实时处理和终端设备的多样性，为 AI 教学和研究提供了强大的技术支持。

资源核心：以丰富的 AI 课程资源和云、边、端协同教学开发平台为核心，实现了 AI 知识的智能化创作和个性化学习路径的选择。

（3）AI 产教融合创新实验室的创新特点与实施路径

①创新特点

AI 认知：通过可视化工具和模拟实验，帮助学生建立对 AI 技术的直观认知。

AI 教学：采用项目驱动和案例教学，增强学生的理论应用能力。

AI 实训：提供真实的业务场景和数据，让学生在实战中提升技能。

AI 创新：鼓励学生参与科研项目，促进技术创新和知识转化。

②实施路径

产教融合：与企业深度合作，共同开发课程和项目，确保教学内容的前瞻性和实用性。

人才培养：通过校企合作，实现学生能力与企业需求的精准对接，培养新质复合型 AI+人才。

（4）实验室建设成效与展望

自 AI 产教融合创新实验室在华南农业大学、武汉工程大学、深圳大学等高校落地以来，高校已成功培养了一批具有实战经验的 AI 人才，学生就业率和企业满意度均有显著提升，有力推动了地区乃至全国的 AI 产业发展。

实验室将持续深化端云协同技术的研究与应用，拓展更多跨界融合的多行业应用创新场景，加强与国内外顶尖高校、研究机构的交流合作，为培养更多具有国际视野与竞争力的 AI 人才、推动产业升级与社会进步贡献力量。

图 7.6 展示了基于端云协同架构的 AI 产教融合创新实验室解决方案的架构图，清晰地描绘了实验室的技术框架和功能模块，有助于读者更直观地理解这个方案。

图 7.6　基于端云协同架构的 AI 产教融合创新实验室解决方案

7.7.2　深化校企合作，共筑人才培养新模式

（1）构建实习实训基地的高效合作模式

第一，实训基地建设：高校与企业携手共建实习实训基地，这些基地既可位于企业内部，也可设立于校园之中，旨在为学生提供沉浸式的工作体验和实践学习平台。

真实场景：基地模拟真实职场环境，让学生在参与企业项目的过程中，深入理解行业标准和业务流程，实现理论知识与实践技能的有机结合。

第二，实践机会：通过与企业共同设计的实习项目，学生能够直接参与到企业的创新活动中，从而获得一手工作经验，为未来职业生涯打下坚实基础。

（2）开发校企联合课程与项目的创新模式

第一，课程合作：与企业共同研发联合课程，确保教学内容与企业需求同步。通过案例研究、专题研讨、项目协作等方式，让学生掌握行业前沿技术，了解市场发展趋势。

动态更新：定期审视和更新联合课程内容，确保教学材料的前瞻性和实用性，培养学生解决复杂行业问题的能力。

第二，知识转化：通过项目驱动的学习方法，促进学生将学术知识转化为解决实际问题的能力，增强学习的针对性和有效性。

(3) 实施企业导师制度的个性化指导策略

第一，导师聘任：引入企业界的资深专家作为学生的实习导师或项目顾问，提供专业且个性化的指导。

一对一辅导：企业导师通过一对一辅导，帮助学生将理论知识与实践相结合，同时提供行业洞察和职业规划建议。

第二，职业发展：企业导师的介入不仅限于技术指导，还包括帮助学生建立职业网络，提供就业机会，助力学生顺利过渡到职场生活。

综上所述，实习实训基地建设、联合课程与项目开发及企业导师制度的建立，构建了一个全方位、立体化的人才培养体系，有效地将学术研究与产业实践相结合，为学生提供了丰富的实践机会和职业发展指导。

展望未来，期待校企合作能够进一步深化，形成更加紧密、高效的合作机制。高校应继续探索与企业的多样化合作模式，如共同研发、技术转移、人才培养等，以实现教育链与产业链的深度融合。同时，企业也应积极参与到人才培养的过程中，提供更多实际案例和项目，帮助高校培养出更多符合市场需求的高素质AI人才。通过这样的共同努力，相信校企合作将不断推动AI教育的创新发展，为社会培养出更多具备国际竞争力的人才。

7.7.3 强化创新创业支持，激发学生创业潜能

创新创业基金：高校应设立专门的创新创业基金，支持学生开展创新创业项目。这些基金可以用于项目启动资金、设备购置、专利申请、市场推广等方面，降低学生的创业风险和成本。

创业孵化平台：建立创业孵化平台，为学生提供一站式创业服务。该服务包括创业培训、法律咨询、财务管理、市场推广等支持，帮助学生将创业想法转化为实际项目，并推动其落地实施。

创新创业竞赛：组织学生参加国内外知名的创新创业竞赛，如"互联网+"大学生创新创业大赛、挑战杯等。通过竞赛，学生可以锻炼团队协作能

力、项目管理能力和创新思维能力，同时积累宝贵的创业经验。

通过创新创业基金的高效运作、创业孵化平台的全方位服务及创新创业竞赛的深度参与，构建一个全方位、多层次的支持体系，旨在为学生提供一个充满活力和机遇的创业环境。这一体系的建立与完善，不仅能够有效激发学生的创业潜能，还能够培养出一批具有实战经验、创新意识和创业精神的未来企业家，为社会的持续创新和经济发展注入新的活力。

7.7.4 以竞赛和项目为驱动的实践教学模式创新

参加国内外AI竞赛：鼓励学生参加国内外知名的AI竞赛，如Kaggle竞赛、ImageNet挑战赛等。这些竞赛不仅考验学生的技术实力和创新能力，还能让他们与全球顶尖人才同台竞技，拓宽国际视野，提高竞争力。

科研项目驱动：通过设立科研项目或与企业合作开展研发项目，驱动学生进行深入学习和研究。这些项目可以围绕AI技术的某个前沿领域或行业应用展开，让学生在解决实际问题的过程中增强实践能力和创新能力。

跨学科项目合作：鼓励学生参与跨学科项目合作，将AI技术与其他学科相结合，探索新的应用领域和解决方案。通过跨学科合作，学生可以拓宽知识视野，培养创新思维和跨学科整合能力。

通过积极参与国内外AI竞赛、投身科研项目及跨学科项目合作，学生不仅能够在实践中提升技术水平、增强创新能力，能拓宽国际视野、增强团队协作能力，还能培养出解决复杂问题的能力。这样的教育模式有效地将理论学习与实际应用相结合，为培养具有实战经验和创新精神的AI领域人才提供了强有力的支撑。

7.7.5 AI实验平台建设案例分析

7.7.5.1 西安交通大学实训基地校企合作

西安交通大学为了增强学生的实践能力，提高学生的就业竞争力，与吉利汽车等头部企业合作，建立了校企实习实训基地。双方共同设计了面向实际工程场景、融入数字孪生和AI技术的挑战性实践任务，将AI技术在智能制造实践类教学领域中进行了应用。学生可以在吉利汽车的生产线上实习，参与智能

第7章 新质生产力时代AI专业建设探索与实践

制造系统的研发和优化工作。

建设成效：对标制造业真实场景，构建了多学科交叉融合的智能制造"数字孪生"教学平台（见图7.7），平台将智能制造系统物理空间和数字空间双向映射，打破时间、空间壁垒，开设多项虚实融合的智能制造类综合性实验，实现了实验教学的数字化、智能化升级，有效满足多地协同教学及本硕贯通培养需求，形成了AI赋能的智能制造实践类教学模式，取得了较好成效。通过该企业实习实训基地的建设，学生不仅积累了宝贵的工作经验，还增强了解决实际问题的能力，为未来的职业发展奠定了坚实的基础。

图7.7　西安交通大学数字孪生平台

7.7.5.2　北京邮电大学的"码上"智能编程教学应用平台

北京邮电大学为了增强学生的编程能力和创新思维能力，开发了"码上"智能编程教学应用平台（见图7.8）。该平台鼓励学生参加国内外知名的编程竞赛和科研项目，如ACM国际大学生程序设计竞赛、Kaggle竞赛等。通过平台上的模拟竞赛和在线协作功能，学生可以在实践中锻炼自己的编程技能和团队协作能力。

建设成效：在"码上"平台的支持下，北京邮电大学的学生在多项国内外编程竞赛中取得了优异成绩，不仅提升了个人的技术水平，增强了个人的创新能力，还为学校赢得了荣誉。

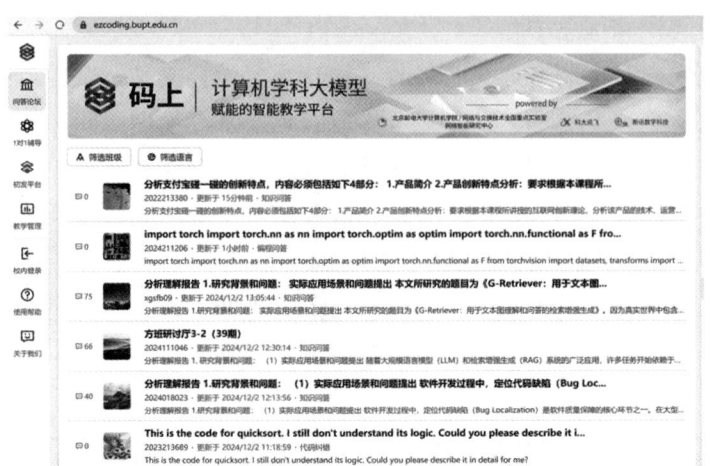

图7.8 北京邮电大学"码上"智能编程教学应用平台

7.7.5.3 华南农业大学AI创新实验室

在AI技术蓬勃发展的背景下,华南农业大学为了增强学生的AI实验能力、促进科研创新,与多家知名企业建立了深度合作关系,共同推进AI创新实验室的建设与升级。

(1) 合作内容

① 配备先进实验设备

华南农业大学配备了先进的高性能计算集群和专门的深度学习服务器。这些设备专为处理大规模数据集和进行深度学习模型训练而设计,极大地增强了学校在AI领域处理复杂计算任务的能力,充分满足了学生进行相关研究和实践的迫切需求。

华南农业大学还引进了一套先进的AIReady人工智能教学实验云平台,该平台深度整合了广泛而深入的AI实验资源与高效工具集,提供AI课程、实验、数据集、镜像等教学资源管理功能,以及教师自定义课程、教学过程管理、代码测评、考试测验、数据分析、GPU资源池化管理等综合功能,全面覆盖教、学、评、测、练、管、培各环节,方便教师高效开展AI教学活动,也为广大学生提供了AI专业技术一站式学、练、训便捷平台(见图7.9)。

第 7 章　新质生产力时代 AI 专业建设探索与实践

图 7.9　AIReady 人工智能教学实验平台操作画面

② 课程体系与实验融合

实验室依托联合伟世提供的 AIReady 人工智能教学实验平台，设计了一系列由易到难、层次分明的实验项目，覆盖了从基础验证性实验到综合设计性实验，再到创新研究性实验，确保学生在理论学习的基础上，通过实践深化对知识的理解。

③ 创新创业支持与项目驱动

在联合伟世公司的企业创新创业基金支持下，华南农业大学的学生团队依托 AI 创新实验室，研发了一款基于二自由度深度摄像云台的智能农业巡检车（图 7.10）。该项目不仅展示了学生的技术创新能力，还为精准农业提供了数据支持，赢得了业界的广泛关注与投资意向。

图 7.10　华南农业大学学生团队研发的智能农业巡检车

(2) 合作成果

学生能力增强：通过参与 AI 创新实验室的实验项目和研发活动，华南农业大学的学生在 AI 领域的实践能力、科研素养和创新能力得到了显著增强。

科研水平提高：AI 创新实验室的建立吸引了众多科研团队入驻，共同开展前沿技术的探索和研究，显著提升了华南农业大学的科研水平，增强了创新能力。

社会影响力增强：华南农业大学的校企合作成果得到了社会的广泛认可，增强了学校在 AI 领域的社会影响力，为培养更多高素质 AI 人才奠定了坚实基础。

这些案例展示了不同高校在实践教学与创新能力培养路径上的成功实践，为其他高校提供了有益的参考和借鉴。

7.8 国际合作与交流机制建设

在新质生产力时代背景下，全球科技竞争日益激烈，AI 作为引领未来科技发展的关键力量，其国际合作与交流显得尤为重要，对于促进技术创新、加速人才培养、拓展学术前沿探索及提升国家整体科技实力具有至关重要的战略意义。

国际合作与交流可以汇聚全球智慧，共同攻克 AI 领域的关键技术难题；可以推动人才流动与互鉴，培养具有国际视野和创新能力的高素质人才；可以促进学术前沿探索，推动 AI 理论的不断创新和发展；还可以促进产业合作与协同发展，推动 AI 技术的广泛应用和产业化进程。因此，构建完善、高效、开放的国际合作与交流机制，对于推动 AI 领域的人才培养和持续健康发展具有不可替代的作用。

7.8.1 国际项目合作

(1) 合作对象选择

高校应该积极寻求与国际知名高校、研究机构及行业领先企业的合作机会，特别是那些在 AI 领域具有显著研究成果和影响力的机构，并通过官方渠道、学术会议、国际交流活动等途径，建立并维护与潜在合作伙伴的联系。

(2) 合作内容

在合作内容方面,高校应携手国际顶尖学府、研究机构及行业先锋,共探前沿科技、算法革新及应用实践等核心议题。通过共建高端实验室或研究中心,实现资源、数据与研究成果的共享,深化学术与技术的互动交流。同时,积极联合申报国际科研项目资助,拓宽资金来源,为合作项目注入更多活力与支持。

(3) 合作成果

对于合作成果,高校可定期举办合作成果展示会,向国内外学术界和产业界展示合作项目的最新进展和成果,共同发表学术论文、申请专利,提升合作双方在国际学术界的知名度和影响力。

7.8.2 学生交换与联合培养

(1) 学生交换计划

高校应积极建立与国际高校的学生交换机制,鼓励学生到海外高校进行短期或长期的学习交流,为交换学生提供必要的语言培训、文化适应指导及学术支持,确保其能够顺利融入新的学习环境。

(2) 联合培养项目

高校可开展与国际高校的联合培养项目,如双学位或联合学位项目,为学生提供更广阔的学习和发展空间。同时,积极制定详细的联合培养方案,明确课程设置、学分要求、导师安排等关键环节,确保培养质量。加强与合作高校的沟通与合作,共同监督联合培养项目的实施情况,及时解决学生遇到的问题。

(3) 学生支持与服务

开展国际合作的高校可为参与国际交换和联合培养的学生提供奖学金、助学金等经济支持,减轻其经济负担,建立完善的留学生管理和服务体系,提供签证办理、住宿安排、生活指导等全方位服务。

7.8.3　国际学术会议与研讨

（1）参加会议与研讨

鼓励学生和教师积极参加国际 AI 领域的学术会议和研讨会，了解最新研究成果和学术动态。为参会人员提供必要的经费支持和参会指导，确保其能够充分展示研究成果并积极参与学术交流。

（2）发表学术成果

鼓励教师和学生在国际学术会议上发表论文、做报告，提升学校在国际学术界的知名度和影响力。为发表高质量学术论文的教师和学生提供奖励，予以表彰，激发其科研积极性和创新精神。

（3）构建国际合作网络

通过参加国际会议和研讨会，积极与国内外同行建立联系，拓展合作网络。寻求与国际学术组织和研究机构的合作机会，共同举办学术会议、研讨会等活动，推动学术交流与合作向更深层次发展。

综上所述，国际合作与交流机制建设是推动 AI 专业建设和发展的重要途径。通过加强国际项目合作、学生交换与联合培养及国际学术会议与研讨等方面的交流与合作，不断提升学校在 AI 领域的国际竞争力和影响力，为培养具有国际视野和创新能力的高素质人才提供有力支持。

7.9　AI 专业教材建设

AI 专业教材建设在高校教育中扮演着至关重要的角色。高质量的教材能够系统地呈现 AI 领域的基本概念、核心理论和关键技术，帮助学生建立全面、系统的知识框架。教材的规范化有助于不同高校在教学内容和质量上保持一致，从而提高整体教育水平。专业教材结合最新的科研成果和技术发展，确保学生学习到前沿的知识和技能。这对于培养具备国际竞争力的高素质 AI 人才尤为重要。通过教材更新和新技术引进，教师可以提供更高质量的教育，满足快速发展的科技需求。高质量的教材不仅包含理论知识，还应包括丰富的实践案例和项目示例，帮助学生将所学知识应用于实际问题中。这种理论与实践相结合的教学方式，有助于培养学生的创新能力和解决问题的能力。

中国高校在AI专业的教材建设方面采取如下措施：

第一，教材编写与出版。近年来，越来越多的高校教师和企业技术专家加入AI专业教材的编写队伍，人民邮电出版社、清华大学出版社、高等教育出版社等陆续推出了一系列的结合不同层次、不同区域高校教学的AI教材。例如，焦李成编版《人工智能通识基础》、莫宏伟版《人工智能导论（第2版）》、赵卫东版《机器学习（第2版）》、邓建华版《深度学习——原理、模型与实践》、周庆国版《自然语言处理技术与应用》等一系列的精品教材逐步成为高校课堂教学支撑。

第二，企业合作与资源共享。一些高校与企业合作，利用企业的技术优势和资源，共同开发教材。例如，与大型科技公司合作，共同编写和发布的《计算智能》《脑科学导论等》教材，结合了最新的行业技术和实践经验，学生学习时能够接触到前沿的AI技术。

第三，数字化与在线资源。随着信息技术的发展，越来越多的高校开始利用数字化资源和在线平台进行教材建设。例如，通过建立在线课程平台和资源库，学生可以查阅丰富的学习资料和实践案例。这种数字化教材的形式不仅方便了教学，也提高了学生的学习效果。

第四，标准化与统一性。人工智能教材尽管取得了一些成就，其标准化和统一性仍需加强。目前，不同高校使用的教材在内容和质量方面存在较大差异，部分教材内容还未能完全适应快速发展的AI技术和应用需求。

第五，师资培训与教材更新。为了保证教材的质量和实用性，高校还需不断加强师资培训，促进教材更新。通过定期的教师进修和培训，确保教师能够掌握最新的AI技术和教学方法。同时，教材内容需要根据技术发展和行业需求及时更新，以保持其前沿性和实用性。

通过以上措施，中国高校在AI专业的教材建设方面取得了一定的进展，但仍需不断努力，以培养符合社会需求的高素质AI人才。

7.10　AI专业建设成效评估与持续改进

7.10.1　专业建设评估体系和改进机制的主要内容

为了确保AI专业建设的高质量发展，并不断提升人才培养的针对性和实效性，必须建立一套全面、科学、有效的评估与持续改进机制。

(1) 建立评估体系

首先，需制定一套科学合理的评估指标体系。这一体系应涵盖专业建设的各个方面，包括但不限于课程设置、教学质量、师资队伍、科研能力、实践教学、学生满意度、就业质量等。评估指标应具有可操作性、可量化性，并且能够真实反映专业建设的实际成效。同时，应定期对专业建设成效进行全面、客观的评估，通过数据收集、分析、对比，形成详细的评估报告，为后续的改进工作提供有力的依据。

(2) 反馈与改进机制

评估的目的在于发现问题、解决问题。因此，在获得评估结果后，必须及时对专业建设方案进行调整和优化。针对评估中发现的薄弱环节和突出问题，应制定具体的改进措施，并明确责任人和实施时间表。例如，评估结果如果显示课程体系不够完善，那么就需要对课程设置进行重新审视和调整，增加或更新与AI发展紧密相关的课程内容；如果师资队伍存在短板，那么就需要加大对教师的引进和培养力度，提升教师的专业素养，增强教师的教学能力；如果实践教学环节薄弱，那么就需要加强校企合作，为学生提供更多的实践机会和平台。

(3) 持续跟踪与动态调整

AI技术日新月异，社会需求也在不断变化。因此，专业建设不能一劳永逸，必须保持敏锐的洞察力和灵活的应变能力。应密切关注AI技术的最新发展动态和社会需求的最新变化，及时将这些变化反映到专业建设方案中。通过定期召开专业建设研讨会、邀请行业专家指导、开展市场调研等方式，不断收集和分析相关信息，为专业建设的持续改进提供有力支撑。同时，应根据实际情况对专业建设方案进行动态调整和优化，确保人才培养始终与市场需求保持紧密对接。

综上所述，通过建立评估体系、实施反馈与改进机制及持续跟踪与动态调整，可以确保AI专业建设始终保持正确的方向和高质量的发展态势，为培养更多具备创新精神和实践能力的高素质AI人才奠定坚实基础。

7.10.2 专业建设评估体系和改进机制参考案例

在AI专业建设成效评估方面,可以参考以下评估体系案例。

(1) 构建多元化的教学质量评价体系

构建多元化评价体系是确保AI专业教育质量的重要环节,它通过不同的评价方式和角度,全面、客观地评估学生的学习成果和教师的教学效果(见图7.11)。

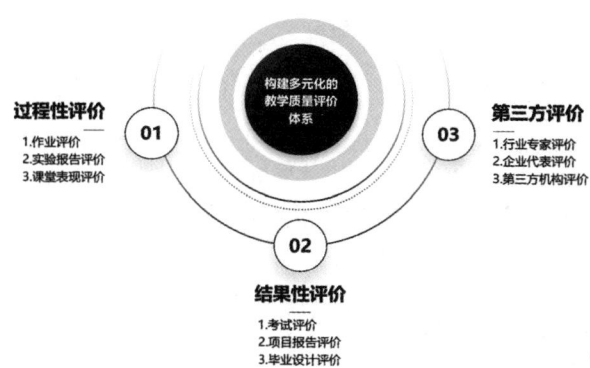

图7.11 构建多元化的教学质量评价体系

第一,过程性评价。过程性评价侧重于监测和反馈学生在学习过程中的表现和进步,其详细内容如下。

作业评价:通过定期的作业任务,教师可以评估学生对课程内容的理解和应用能力,同时提供及时的反馈,帮助学生改进学习方法和策略。

实验报告评价:实验报告是学生对实验过程和结果的书面总结,评价时注重实验设计的合理性、数据的准确性及学生对实验结果的解释和分析能力。

课堂表现评价:包括学生的出勤、参与讨论的积极性、小组合作的表现等,这些都能反映出学生的学习态度和参与度。

第二,结果性评价。结果性评价通常在某个学习阶段结束后进行,它关注学习成果的最终表现,具体内容如下。

考试评价:通过期末考试、期中考试等形式,评估学生对课程知识点的掌握程度及其解决问题的能力。

项目报告评价：学生完成的项目报告是评价其研究能力、创新能力和实践能力的重要依据，评价时注重项目的完整性、创新性和实用性。

毕业设计评价：毕业设计是学生在教师指导下独立完成的一项综合性工作，评价标准包括设计的创新性、实施的可行性及论文的撰写质量。

第三，第三方评价。第三方评价引入外部视角，为教育质量提供更为客观的反馈，具体内容如下。

行业专家评价：邀请行业内的专家对课程设置、教学内容和学生的实际操作能力进行评价，确保教育内容与行业需求保持一致。

企业代表评价：企业界的评价可以帮助教师了解毕业生在实际工作中的表现，以及教育成果与企业需求的匹配度。

第三方机构评价：通过教育评估机构或专业认证机构对教学质量进行独立评价，为教育改革提供依据。

通过这种多元化的评价体系，可以全面、公正地反映学生的学习成效，同时为教师的教学改进和课程体系的优化提供参考，从而促进教育质量的持续提升。

（2）基于AI多模态评价体系

这一体系融合了大数据分析、图像识别、语义理解和语音识别等人工智能技术，能够对多个维度进行量化和评价。例如，对教学内容进行审核和评估，对教学过程中的互动模式、学生的参与度及教师的教学风格等多个维度进行分析。学校管理层、一线教师和学生可以借助分析报告，完善评价流程，优化教学方法，提升课程质量，也能改善学习体验。

具体来说，该体系可能包括以下几个方面的评估。

学生行为分析：建立学生积极行为（如阅读书写、注视黑板、起立等）分析模型和消极行为（如趴桌子、使用手机、转身、吃东西、传递东西等）分析模型，同时分析学生在课堂中的专注度，为课堂质量评价提供数据基础。

教师行为分析：对课堂板书、课堂讲授、课堂巡视、多媒体演示等授课行为进行分析，也能分析讲授型、练习型、互动型、混合型等授课类型。

督导巡课评价：支持在线的巡课评价，也能支持AI自动巡课评价。根据学校实际情况建立评分体系和评价模型，实现在线课程评价。

此外，该体系还可能包括教学驾驶舱生成等功能，基于元数据和数据模型建立校级智慧教学驾驶舱，围绕教学过程线上智慧教学平台数据、线下智慧教室数据、巡课督导数据、教学评价数据等进行分析与提取，形成教学驾驶数据，为校级决策提供数据基础。

（3）AI项目评估体系

对于更具体的AI项目或课程，可以参考《人工智能项目评估报告》，该报告通常包括项目背景、项目实际情况、评估指标体系、评估结果、疑问与建议等多个部分。其中，评估指标体系是核心，它依据项目特点设定评估指标，如技术性能、经济效益、社会影响等。这些指标同样可以应用于AI专业建设的评估中，以全面反映专业建设的成效。

（4）持续改进建议

基于评估结果，可以采取以下措施进行持续改进。

优化课程设置：根据评估反馈调整课程内容和结构，确保课程设置与行业需求紧密对接。

提升教学质量：针对教学中存在的问题，加强教师培训，改进教学方法和手段，提高教学效果。

加强师资队伍建设：引进和培养高水平教师，构建合理的师资梯队，提升整体师资水平。

强化实践教学：增加实践教学环节，增强学生的动手能力和解决实际问题的能力。

关注学生满意度和就业质量：定期收集学生反馈，了解学生对专业建设的意见和建议；同时关注毕业生就业情况，及时调整人才培养策略。

综上所述，建立全面、科学、有效的评估与持续改进机制对于AI专业建设至关重要。通过参考相关评估体系案例并结合实际情况制定适合自身发展的评估指标体系，可以不断提升AI专业建设的质量和水平。

第8章 探索与构建："AI+X"微专业人才培养体系

随着生成式、跨模态、垂直化技术的迅猛发展，新一代人工智能正以前所未有的深度与广度渗透至各行各业，"AI+行业"模式已成为推动社会创新与经济增长的新引擎。在此背景下，我国高等教育体系面临前所未有的挑战与机遇：如何及时调整专业设置，优化人才培养路径，以培养出既懂AI技术又精通特定行业知识的复合型人才，成为亟待解决的关键问题。

纵观全球，科技强国纷纷布局"AI+X"教学实践，探索将AI技术与各学科深度融合的新路径。自2021年起，我国亦积极响应，加大力度推进"AI+X"人才培养专项计划，旨在构建适应未来社会需求的微专业人才培养体系。

本章将深入探索"AI+X"微专业人才培养体系的构建策略与实践路径，分析国内外成功案例，提出针对性建议，旨在为高校教育改革提供参考，助力培养具备跨界融合能力的新时代"AI+行业"人才。

8.1 "AI+X"微专业概述

8.1.1 "AI+X"微专业的定义与特点

"AI+X"微专业是一种创新的高等教育培养模式，旨在培养掌握AI核心理论与实践应用能力的复合型人才。这里的"X"代表不同的学科领域，通过与AI的深度融合，形成一系列如AI+医疗、AI+教育、AI+艺术等交叉学科专业。该专业体系强调模块化、灵活性和职业相关性，学生在完成相关课程后，可获得数字徽章或微证书。其特点主要包括以下几个方面。

跨学科融合：打破专业边界，构建"同根异果"课程体系，促进学科交叉融合。

灵活的课程组织：通过灵活的课程组织和先进的授课形式，使学生较为全面地了解 AI 基本知识体系。

实践应用导向：注重算法实践类课程，培养学生在工业场景中的实践与应用能力。

国际化视野：拓宽学生的全球化视野，以适应新技术、新业态、新模式、新产业的发展趋势。

8.1.2　"AI+X"微专业的培养目标

"AI+X"微专业的开设旨在应对 AI 时代对复合型人才培养的挑战，全面提升学生的 AI 素养，其辅修证书见图 8.1。其培养目标包括以下几个方面。

培养复合型人才：传统的专业教育往往侧重于某一特定领域的知识传授，而"AI+X"微专业强调跨学科的知识结构和技能培养，使得学生能够在掌握 AI 技术的同时，具备其他领域的专业知识和解决问题的能力。

适应行业需求：随着 AI 技术在各行各业的广泛应用，市场对既懂 AI 技术又了解行业特点的复合型人才的需求日益增加。"AI+X"微专业正是为了满足这一需求而设计的，它有助于学生更好地适应未来职场。

推动教育创新："AI+X"微专业的设立推动了教育内容和教学方法的创新。它要求教育者打破学科界限，设计跨学科的课程体系，采用多元化的教学手段，从而提升教育的整体质量和效率。

促进科学研究：跨学科的研究是科技创新的重要源泉。"AI+X"微专业鼓励学生进行跨学科研究，这有助于在 AI 与其他领域之间形成新的研究热点，推动科学技术的进步。

增强国际竞争力：在全球化的背景下，具备国际视野和跨文化沟通能力的人才越来越受到重视。"AI+X"微专业的与国际接轨的课程内容和实践项目有助于提升学生的国际竞争力。

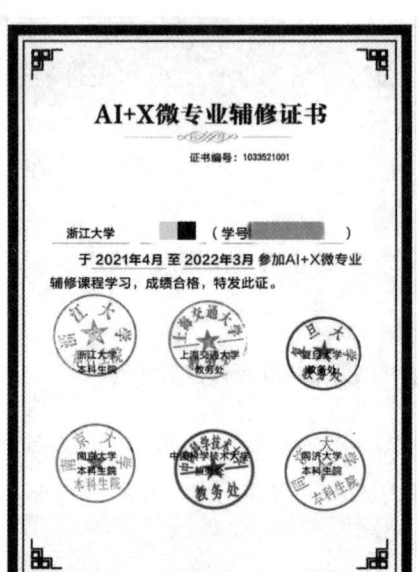

图 8.1　"AI+X"微专业辅修证书样例

8.2　"AI+X"微专业的开设意义与思路

8.2.1　"AI+X"微专业的开设背景和意义

近年来,"AI+X"跨学科专业的兴起成为高校 AI 人才培养的一大亮点。这些专业通过将 AI 技术与其他学科深度融合,不仅拓宽了 AI 的应用领域,也为学生提供了更加广阔的学习视野和职业发展空间。

(1) 兴起背景

随着 AI 技术的不断成熟和普及,其应用场景日益丰富多样。从智能制造、智慧城市到医疗健康、金融服务等领域,AI 技术都展现了巨大的应用潜力和价值。为了更好地适应这一发展趋势,高校开始积极探索"AI+X"跨学科专业的建设,旨在培养既掌握 AI 技术又具备相关领域知识的复合型人才。

(2) 具体实践

目前,高校已经开设了一系列"AI+X"跨学科专业,如"AI+金融""AI+医疗""AI+法律"等。这些专业在课程设置上注重跨学科知识的整合与融合,通过开设交叉学科课程、组织跨学科研究项目等方式，促进学生在不同学科之间的学习与交流。

例如，在"AI+金融"专业中，学生将学习金融知识、数据分析、机器学习等课程，具备利用AI技术进行金融数据分析、风险评估、投资策略制定等能力。在"AI+医疗"专业中，学生将学习医学知识、生物信息学、医学影像处理等课程，具备利用AI技术进行疾病诊断、辅助治疗、健康管理等方面的应用技能。

(3) 重要意义

"AI+X"跨学科专业的兴起对于高校AI人才培养具有重要意义。一方面，它有助于打破学科壁垒，促进不同学科之间的交流与融合，推动学科交叉与融合成为新时代人才培养的新趋势。另一方面，它有助于拓宽学生的知识视野，拓展学生的职业发展方向，使学生能够更好地适应未来社会的多元化需求。同时，"AI+X"跨学科专业的建设也有助于提升高校的科研水平，增强高校的创新能力，为AI技术的进一步发展提供有力支持。

8.2.2　"AI+X"微专业的开设思路

"AI+X"微专业旨在通过AI技术与各学科的深度融合，培养既掌握核心技术，又具备特定领域专业知识的复合型人才。这种微专业的设置，不仅有助于推动交叉学科的发展，还能够为传统行业注入新的活力，推动其向智能化转型。

目前"AI+X"微专业的开设思路主要有两种。

一是面向来自其他专业的本硕学生，开设AI类基础课程。

譬如，渥太华大学开设4~6个月的跨学科AI微专业，为来自其他专业的学生提供机器学习、数据科学及AI伦理监管等课程体系。圣托马斯大学面向美国地区的本科生提供了为期一年的AI研究生微项目，涉及数字化产品管理、分布式账本技术、信息安全与风险、智能制造等。

二是建立"智能+"专业的新型课程体系，培养交叉复合型新质人才。

如麻省理工学院计算机科学与AI实验室推出计算机科学与工程项目，与多个院系开设硕博课程，关注各学科领域的新计算方法。佛罗里达大学推出"AI Across the Curriculum"计划，将AI融入各学科课程，培养学生AI核心竞争力。

2021年1月，由浙江大学牵头，联合上海交通大学、南京大学、复旦大学、中国科学技术大学和同济大学六校推出"AI+X"微专业项目。该项目采用了共建共选、学分互认、证书共签及小规模限制性在线课程（SPOC），旨在打破学科壁垒，整合政校企资源，提供跨领域的教育与管理。项目形成了"教材建设、课程共享和平台增效"的三位一体培养理念，并建设一站式资源库，支持跨学科研究和实践练习。该项目面向300名非AI专业的学生，开设了"AI+X"微专业，提供"前置类""AI基础类""模块类""算法实践类""交叉选修类""线下实训类"六大课程体系，助力学生了解特定领域的AI前景，初步具备基于"AI+X"的传统行业智能化发展职业能力。

8.3 开设面向其他专业学生的AI基础类课程

在"AI+X"微专业的构建中，面向其他专业学生开设AI基础类课程是至关重要的一环。这一策略旨在打破学科壁垒，使非AI专业的学生也能掌握AI的核心知识与技能，从而为未来的跨学科融合与创新奠定坚实基础。

8.3.1 AI基础类课程内容概览

AI基础类课程通常涵盖以下几个核心领域。

机器学习：介绍机器学习的基本原理、算法及应用，如监督学习、无监督学习、强化学习等，使学生理解数据驱动决策的重要性。

数据科学：涵盖数据收集、清洗、处理、分析及可视化等全过程，强调数据在AI应用中的核心作用。

AI伦理监管：探讨AI技术发展中的伦理问题，如隐私保护、算法偏见、责任归属等，培养学生的伦理意识和社会责任感。

8.3.2 AI基础类课程实例分析

(1) 渥太华大学跨学科AI微专业

渥太华大学推出的跨学科AI微专业，为期4~6个月，旨在快速提升学生的AI素养。该课程结构紧凑、内容丰富，通过实例教学、项目实践等方式，确保学生能够掌握AI的基础概念和技能。据统计，该课程完成后，约80%的学生表示对AI技术有了更深入的理解，并能够识别其在自己专业领域中的应用潜力。学生满意度与能力提升比例如表8.1所示。

表8.1　渥太华大学AI微专业学生满意度反馈

指标	百分比
对AI理解加深	80%
能识别应用领域	75%
对未来学习有信心	90%

（2）圣托马斯大学AI研究生微项目

圣托马斯大学提供了为期一年的AI研究生微项目，该项目更加注重深度与广度。除了基础的AI课程外，还涵盖了数字化产品管理、分布式账本技术（如区块链）、信息安全与风险、智能制造等前沿领域。通过跨学科的教学团队和丰富的实践项目，学生不仅能够掌握AI技术，还能学会将其应用于解决复杂问题的方法。据统计，该项目毕业生中，超过60%的学生在毕业后半年内找到了与AI相关的工作或继续深造。毕业生就业情况如表8.2所示。

表8.2　圣托马斯大学AI微项目毕业生就业情况

就业/深造方向	百分比
AI相关工作	45%
跨学科研究	15%
继续深造（AI方向）	40%

通过开设面向其他专业学生的AI基础类课程，不仅可以拓宽学生的知识视野，增强其跨学科能力，还能为其未来的职业发展奠定坚实基础。这些课程的成功实践，如渥太华大学和圣托马斯大学的案例所示，证明了"AI+X"微专业在培养新质AI+人才方面的有效性和潜力。随着AI技术的不断进步和应用领域的拓展，这种跨学科的教育模式将越来越受到重视和推崇。

8.4 "AI+X"微专业课程体系设计

8.4.1 "AI+X"微专业课程体系概述

"AI+X"微专业课程体系设计是一个前瞻性的教育理念，旨在深度融合AI技术与各领域专业知识，培养出既掌握AI核心技术，又具备特定领域丰富知识的复合型人才。这一课程体系不仅注重理论知识的传授，更强调实践能力的培养和创新思维的激发，以适应快速变化的社会与经济需求。基于这个目标，高校对"AI+X"微专业课程体系进行了精心规划，分为六大核心部分（见图8.2）。

前置类课程：包括数学、物理、计算机基础，为学生打下坚实的理论基础，为后续专业课程的学习提供必要的知识支撑。

AI基础类课程：聚焦于机器学习、深度学习、数据科学等关键领域，帮助学生深入理解AI的基本原理和技术，为后续的专业学习奠定坚实基础。

模块类课程：根据智能医疗、智能交通、智能金融、智能教育等不同应用领域，设置相应的专业课程模块，旨在培养学生在特定领域的专业技能。

算法实践类课程：通过项目驱动、案例分析、编程实践等教学方式，强化学生的算法设计和编程实践能力，确保学生能够将理论知识应用于实际项目中。

交叉选修类课程：提供心理学、经济学、社会学、法学等跨学科选修课程，旨在拓宽学生的知识面和视野，培养学生的跨学科思维能力和综合素质。

线下实训类课程：包括企业实训基地和学校内实训基地，通过实际操作和训练，进一步增强学生的实践能力和职业素养。

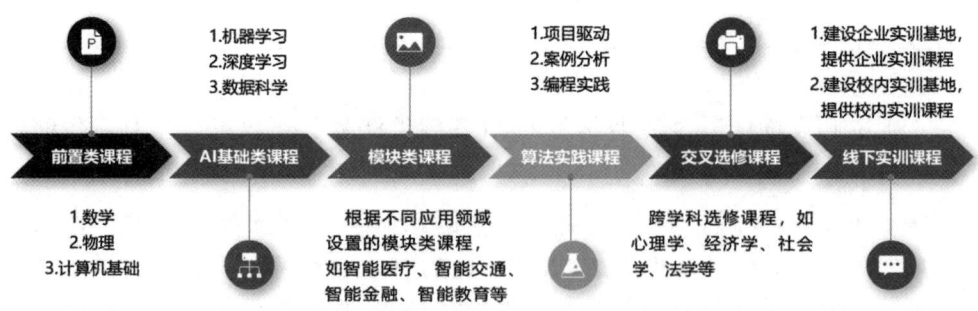

图8.2 "AI+X"微专业课程体系设计

(1) 前置类课程设置

数学：数学是 AI 的基石，前置课程应包括微积分、线性代数、概率论与数理统计等，这些课程为后续的机器学习、深度学习等算法提供必要的数学基础。

物理：物理学中的力学、电磁学、光学等知识在 AI 领域有广泛应用，尤其是在计算机视觉、机器人学等领域。通过物理学习，学生会理解物理世界的本质，为 AI 应用提供物理模型支持。

计算机基础：包括计算机组成原理、操作系统、数据结构、算法设计等，这些课程为学生学习 AI 算法和编程打下坚实基础。

(2) AI 基础类课程

机器学习：介绍机器学习的基础理论、算法和模型，如监督学习、非监督学习、强化学习等，以及这些算法在实际问题中的应用。

深度学习：深入讲解深度学习的基本原理、网络结构（如卷积神经网络、循环神经网络、生成对抗网络等）、优化算法（如梯度下降、反向传播等）及深度学习框架的使用。

数据科学：涵盖数据处理、数据分析、数据挖掘等方面的知识，包括数据清洗、特征工程、数据可视化、统计建模等内容。

(3) 模块类课程

根据不同应用领域设置的特色课程：如智能医疗、智能交通、智能金融、智能教育等。这些课程将 AI 技术与具体行业应用相结合，通过案例分析、项目实践等方式，学生可以理解 AI 在不同领域的应用场景和挑战。

(4) 算法实践类课程

项目驱动：通过实际项目驱动学习，学生能够在实际问题中运用所学知识和技能，增强解决问题的能力。

案例分析：选取经典的 AI 案例进行深入剖析，让学生了解 AI 技术的实际应用和效果评估方法。

编程实践：提供编程练习和编程作业，让学生亲自动手编写代码，加深对算法和编程的理解。

(5) 交叉选修类课程

跨学科选修课程：如心理学、经济学、社会学、法学等，这些课程可以帮助学生拓宽视野，理解 AI 在不同社会领域的应用和影响，培养跨学科思维和综合素养。

(6) 线下实训类课程

企业合作：与知名企业合作建立实训基地，让学生在实际工作环境中进行实习和实训，了解企业的运作模式和业务需求，增强实践能力和职业素养。

实训基地建设：学校自身建设实训基地，配备先进的实验设备和软件平台，模拟真实工作环境，为学生提供实践机会和平台。

综上所述，"AI+X"微专业课程体系设计注重跨学科融合、实践应用和创新能力的培养。通过系统的课程学习和实践训练，学生将掌握 AI 的核心知识和技能，具备跨学科思维和实践能力，为未来的职业发展打下坚实的基础。

8.4.2 "AI+X"微专业建设典型案例分析

以我国华东地区六所高校（即上海交通大学、复旦大学、同济大学、浙江大学、南京大学、中国科学技术大学）的"AI+X"微专业为例，这些高校面向非 AI 专业的学生开设了上述六大课程体系的微专业。以下是对该微专业课程体系的具体分析。

前置类课程：如高等数学 A、线性代数 A 等，为 AI 学习奠定数学基础。

AI 基础类课程：如机器学习导论、深度学习原理等，让学生全面掌握 AI 核心技术。

模块类课程：如智能医疗技术、智能交通系统等，根据领域需求设置特色课程。

算法实践类课程：如机器学习实践、计算机视觉项目实践等，通过项目驱动学习。

交叉选修类课程：如 AI 与心理学、AI 与经济学等，拓宽学生知识领域。

线下实训类课程：与企业合作开展 AI 项目实训、企业实习等，增强学生实践能力。

综上所述，建立"AI+"专业的新型课程体系是培养交叉复合型人才、推动传统行业智能化发展的重要途径。通过科学合理的课程设计和实践教学，培养出既懂AI技术又懂领域应用的复合型人才，为社会经济发展提供有力的人才支撑。

8.5 "AI+X"微专业教学模式与方法创新

"AI+X"微专业在传统线上线下融合教学的基础上，进行了深度革新，致力于构建一种灵活高效、实践导向且智能驱动的学习新生态（图8.3）。此教学模式旨在培育能够引领AI时代潮流的复合型人才，不仅融合了线上、线下教学的双重优势，更在多个维度实现了突破性创新。

图8.3 "AI+X"微专业教学模式与方法的创新点

（1）智能化线上线下融合教学

线上智能学习平台：利用AI技术构建个性化学习路径，根据学生的学习进度和能力自动推荐课程资源和练习题，实现"一人一案"的精准教学。同时，引入虚拟助教和智能答疑系统，24小时不间断地为学生提供学习支持。

线下智能实训环境：结合物联网和大数据技术，打造智能化实验室和实训营地，实时监测学生的学习行为和数据，为教师提供精准的教学反馈，以便及时调整教学策略。

（2）名师与企业专家共筑"双师制"

名师引领学术前沿：邀请国内外顶尖高校的AI领域专家，通过线上直播、虚拟现实课堂等形式，为学生带来最前沿的学术动态和研究成果。

企业专家实战指导：与华为、百度、商汤等AI领军企业深度合作，引入企业导师制，让学生在真实项目中接受企业专家的直接指导，实现学习与就业的无缝对接。

（3）项目制与案例教学的深度融合

项目制学习2.0：利用AI技术辅助项目设计和管理，如通过机器学习算法预测项目难度和完成时间，为学生提供更合理的项目规划。同时，引入区块链技术记录项目成果，增强学生的学习成就感和归属感。

智能化案例分析：利用大数据和AI技术挖掘和分析真实世界中的AI应用案例，构建案例库。通过虚拟现实和增强现实技术，学生可以身临其境地体验AI技术的应用场景和效果。

（4）跨学科融合与竞赛驱动的创新生态

跨学科协作平台：构建跨学科交流社区，鼓励学生跨领域合作，通过AI技术辅助的团队协作工具，提高合作效率。同时，举办跨学科研讨会和讲座，拓宽学生的学术视野。

竞赛与创新创业融合：与国内外知名AI竞赛平台合作，举办或参与各类AI竞赛。同时，设立创新创业基金和孵化器，支持学生将竞赛成果转化为实际产品或服务，实现产学研用的深度融合。

8.6 构建"AI+X"微专业的高水平师资队伍

为了打造"AI+X"微专业的高水平师资队伍，需从跨学科师资的引进与培育、教师企业实践与学术交流及建立有效的激励机制与评价体系三方面着手。下面将针对具体措施展开说明和分析。

8.6.1 跨学科师资引进与培养

(1) 跨学科师资引进

目标定位：针对"AI+X"微专业的特点，高校应积极引进具有跨学科背景的优秀教师，特别是在AI与其他专业领域（如数学、物理、生物、经济、管理等）有交叉研究经验的学者。

招聘策略：通过国内外知名招聘平台、学术会议、高校合作等渠道发布招聘信息，吸引优秀人才。同时，可以设立专项基金，用于支持跨学科师资的引进和培养。

评估与筛选：建立严格的评估机制，对应聘者的学术背景、研究成果、教学能力、跨学科合作经验等进行综合评估，确保引进的师资能够胜任"AI+X"微专业的教学和科研工作。

(2) 跨学科师资培养

培训与发展：为跨学科师资提供定制化的培训和发展计划，包括AI能基础知识、跨学科研究方法、教学技能等方面的培训。同时，鼓励教师参加国内外学术会议、工作坊等，拓宽其学术视野，增强其跨学科研究能力。

团队建设：构建跨学科教学团队和科研团队，鼓励教师之间的跨学科合作与交流。通过团队项目、联合科研等方式，促进教师在实践中不断增强跨学科教学和科研能力。

持续支持：为跨学科师资提供持续的支持和资源保障，包括科研经费、实验设备、教学设施等，确保教师能够在良好的环境中开展教学和科研工作。

8.6.2 教师在企业挂职锻炼与学术交流

(1) 教师在企业挂职锻炼

目标定位：通过教师在企业挂职锻炼，提升教师对行业需求的了解，增强教师的实践能力和创新能力。

合作机制：与知名企业和科研机构建立合作关系，为教师提供挂职锻炼的机会。明确挂职锻炼的目标、任务、期限等，确保教师能够在实践中获得实质性的提升。

管理与考核：对教师挂职锻炼过程进行管理和考核，确保教师能够积极参与企业项目、了解行业动态、掌握前沿技术。同时，鼓励教师将挂职锻炼的成果带回学校，用于教学和科研工作中。

(2) 学术交流

国内外合作：积极与国内外知名高校、科研机构、企业等建立合作关系，开展学术交流与合作研究活动。通过邀请国内外专家来校讲学、组织学术会议、参与国际合作项目等方式，拓宽教师的学术视野，提升教师的国际影响力。

平台建设：搭建学术交流平台，如学术论坛、工作坊、在线研讨会等，为教师提供展示研究成果、交流学术思想的机会。同时，鼓励教师积极参与国内外学术竞赛和评奖活动，提升教师的学术声誉和竞争力。

8.6.3 激励机制与评价体系构建

(1) 激励机制

薪酬与福利：建立具有竞争力的薪酬体系，确保教师的薪酬水平与其学术贡献和教学成果相匹配。同时，提供完善的福利待遇，如住房补贴、医疗保险、子女教育等，解决教师的后顾之忧。

职业发展：为教师提供广阔的职业发展空间和晋升机会，如设立教授、副教授等职称评审绿色通道，鼓励教师积极参与学校管理和决策工作等。

荣誉与奖励：设立教学成果奖、科研成果奖、优秀教师奖等奖项，对在教学和科研工作中取得突出成果的教师给予表彰和奖励。同时，推荐优秀教师参与国内外重要学术组织和活动，提升其学术地位和影响力。

(2) 评价体系构建

多维度评价：建立多维度的教学和科研评价体系，包括学生评价、同行评价、自我评价等多个方面。确保评价结果客观、公正、全面，能够真实反映教师的教学水平和科研能力。

过程性评价：注重过程性评价，关注教师的教学过程和科研过程，而不仅仅是最终成果。通过定期的教学检查、科研进展汇报等方式，及时了解教师的教学和科研情况，提供有针对性的指导和支持。

持续改进：根据评价结果和教师的反馈意见，不断改进教学和科研评价体系，确保其能够更好地服务于教师的个人发展和学校的整体发展。

综上所述，"AI+X"微专业师资队伍建设需要从跨学科师资引进与培养、教师企业挂职锻炼与学术交流、激励机制与评价体系构建等多个方面入手，全面增强教师的跨学科教学能力，提升其科研水平，为培养适应AI时代需求的复合型人才提供有力支撑。

8.7 "AI+X"微专业实践平台建设

实践平台作为"AI+X"微专业教育的核心支撑，对于新质AI+人才的培养发挥着举足轻重的作用。它不仅是对课堂理论教学的有力延伸，更是全面提升学生综合素养、实现教育培养目标的关键途径。为了打造一套高效且富有成效的实践平台体系，将从校企合作与产教融合、实践教学基地与联合实验室建设、创新创业平台与孵化器建设等三个方面进行深入布局（见图8.4）。

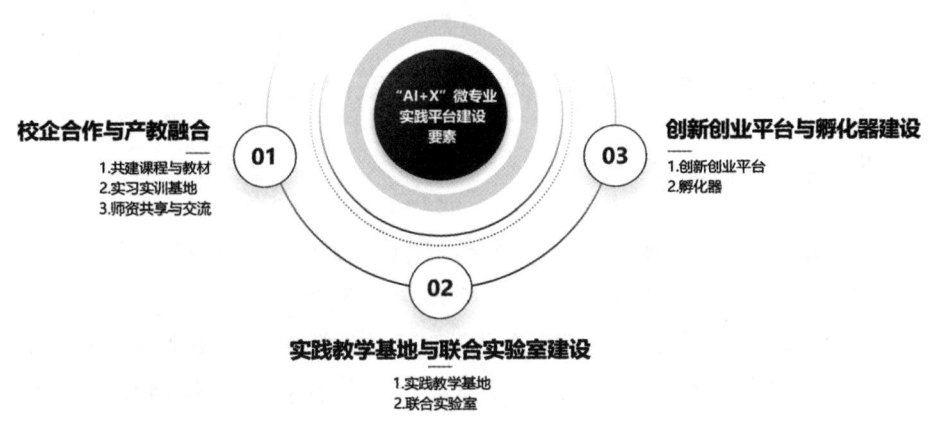

图8.4 "AI+X"微专业实践平台建设要素

通过深化校企合作、建设实践教学基地与联合实验室、打造创新创业平台与孵化器，将构建起一套完善且高效的"AI+X"微专业实践平台体系，为培养具备创新精神与实践能力的新质AI+人才奠定坚实基础。

8.7.1 校企合作与产教融合

（1）合作形式与内容

共建课程与教材：高校与企业合作，共同开发"AI+X"微专业课程和教材。课程内容紧密结合企业实际需求和行业发展趋势，确保学生能够学到最前沿、最实用的知识。

实习实训基地：高校与企业合作建立实习实训基地，为学生提供真实的工作环境和项目实践机会。学生在基地中可以参与企业的实际项目，了解企业的运作流程和技术应用，增强实践能力和职业素养。

师资共享与交流：高校与企业互派教师和技术人员，进行师资共享和交流。企业技术人员可以为学生带来行业前沿技术和实践经验，高校教师可以为企业员工提供理论知识和科研方法指导，促进双方共同成长。

（2）案例

浙江大学与AI科技企业合作：浙江大学与华为、百度、商汤等国内外AI头部科技企业合作，共同开设"AI+X"微专业课程，并为学生提供实习实训基地。企业专家参与课程教学和实践指导，帮助学生更好地掌握AI技术及其应用。

8.7.2 实践教学基地与联合实验室建设

（1）实践教学基地

建设目标：为学生提供一个集教学、实践、科研于一体的实践教学基地，让学生在真实的工作环境和项目实践中锻炼和提升自己。

设施与资源：实践教学基地配备先进的教学设施和实践资源，如高性能计算平台、大数据分析平台、AI开发工具等，确保学生能够接触到最前沿的技术和设备。

管理与运营：高校与企业共同负责实践教学基地的管理和运营工作，制定完善的管理制度和运营机制，确保基地的正常运转和持续发展。

（2）联合实验室

建设目标：促进高校与企业之间的科研合作和技术创新，共同推动"AI+

X"领域的发展。

研究方向：联合实验室聚焦"AI+X"领域的前沿技术和关键问题，开展跨学科、跨领域的研究工作。研究方向包括但不限于 AI 算法、大数据分析、智能感知与认知、智能系统与应用等。

合作成果：联合实验室通过共同申请科研项目、发表科研论文、申请专利等方式，取得了一系列重要的合作成果。这些成果不仅推动了"AI+X"领域的发展，也为高校和企业的合作树立了典范。

(3) 案例

华东师范大学"AI+X"微专业实践教学基地：华东师范大学面向全体本科生推出"AI+X"系列微专业，并建立了相应的实践教学基地。基地配备了先进的教学设施和实践资源，为学生提供了良好的学习和实践环境。

浙江大学与华为联合实验室：浙江大学与华为合作建立了联合实验室，聚焦 AI 领域的前沿技术和关键问题开展研究工作。实验室取得了多项重要的研究成果，为"AI+X"微专业的教学和科研提供了有力支持。

8.7.3 创新创业平台与孵化器建设

(1) 创新创业平台

建设目标：为学生提供一个集创新、创业、交流于一体的平台，激发学生的创新思维和创业热情。

服务功能：创新创业平台提供政策咨询、项目孵化、资金对接、创业培训等一站式服务，帮助学生将创新想法转化为实际项目，并推动项目的商业化运作。

活动与交流：平台定期举办创新创业大赛、讲座、研讨会等活动，为学生提供展示自己、交流思想的机会，同时吸引更多的投资者和合作伙伴关注和支持学生的创新创业项目。

(2) 孵化器

建设目标：为"AI+X"微专业的学生提供创业孵化服务，帮助他们将创新项目转化为实际产业。

孵化流程：孵化器提供项目评估、商业计划书撰写、市场调研、团队建设、融资对接等全方位的孵化服务。通过专业的指导和支持，帮助学生解决创业过程中遇到的各种问题，增强项目的成功率和可持续发展能力。

(3) 案例

浙江大学创新创业平台与孵化器：浙江大学建立了完善的创新创业平台和孵化器体系，为"AI+X"微专业的学生提供了全方位的创新创业支持。通过平台的孵化和培育，多个学生团队成功将创新项目转化为实际产业，取得了显著的经济效益和社会效益。

综上所述，"AI+X"微专业实践平台建设是推动 AI 与多学科交叉融合、培养复合型创新人才的重要举措。通过校企合作与产教融合、实践教学基地与联合实验室建设、创新创业平台与孵化器建设等多方面的努力，学生可以拥有良好的学习和实践环境，激发他们的创新思维和创业热情，为"AI+X"领域的发展注入新的活力和动力。

8.8 "AI+X"微专业学生能力培养与评估

在探讨"AI+X"微专业学生能力培养与评估体系时，需深入理解其背后的教育理念、实施策略及评估方法的多元化。这一微专业旨在将 AI 技术与其他学科深度融合，培养出既掌握 AI 核心技术，又能在特定领域应用这些技术的复合型人才。

(1) 创新能力、实践能力、跨学科能力培养

创新能力：在"AI+X"微专业中，创新能力被视为核心素质之一。通过设计基于实际问题的项目任务、鼓励学生参与科研活动及举办创意工作坊等方式，激发学生的创新思维。学生被鼓励探索 AI 技术在传统领域的新应用，或开发全新的 AI 解决方案，从而培养出发现问题、分析问题并创造性解决问题的能力。

实践能力：为了增强学生的实践能力，课程设置中应包含大量的实验课、实习实训环节及与企业合作的真实项目。这些实践活动不仅让学生亲手操作 AI 工具和 AI 平台，还促使他们在实际工作环境中学习如何部署、调试和优化

AI系统，从而促进其对理论知识的理解和应用能力的增强。

跨学科能力：跨学科能力是"AI+X"微专业的特色所在。通过跨学科课程整合、联合教学团队（由AI专家和其他领域专家组成）及跨学科项目合作，学生能够在掌握AI技术的同时，深入理解另一门学科的知识体系和应用场景。这种交叉融合的教育模式有助于培养学生的综合思维，使他们能够跨越领域界限，解决复杂问题。

（2）过程性评价与结果性评价相结合

在评估体系方面，"AI+X"微专业采用过程性评价与结果性评价相结合的方式，以确保评价的全面性和准确性。

过程性评价：关注学生在学习过程中的表现，如学习态度、团队合作能力、问题解决能力、创新思维能力等。通过日常作业、小组讨论、项目进展报告等形式，持续跟踪并记录学生的成长轨迹，及时发现并纠正在学生学习过程中的问题。

结果性评价：侧重于学生最终的学习成果，如项目作品、实习报告、竞赛获奖等。这些成果不仅反映了学生对知识的掌握程度和应用能力，也是对他们创新能力、实践能力及跨学科能力最直接的评价。

（3）实习实训、项目成果、竞赛获奖等多元化评估方式

为了更全面地评估学生的能力，采用多元化的评估方式至关重要。

实习实训：通过与企业合作，为学生提供真实的职场环境，评估其在实践中的表现，包括专业技能、职业素养、团队协作能力等。

项目成果：鼓励学生参与各类项目，如课程项目、科研项目或校企合作项目等。通过项目成果的质量和创新性来评估学生的综合能力。

竞赛获奖：鼓励学生参加国内外相关领域的竞赛，如AI创新大赛、数据挖掘竞赛等。竞赛获奖不仅是对学生能力的认可，也是评估其创新能力、实践能力和跨学科能力的重要指标。

综上所述，"AI+X"微专业在能力培养方面注重创新、实践和跨学科融合，在评估体系方面则采用过程性与结果性相结合、多元化的方式，以确保学生能够全面发展，成为具备高度竞争力的复合型人才。

8.9 "AI+X"微专业人才培养案例分析

8.9.1 华东师范大学"AI+X"微专业

面对 AI 时代的挑战，华东师范大学于 2024 年面向全体本科生推出了"AI+X"系列微专业。这一举措旨在全面提升学生的 AI 素养，使各专业学生都能掌握 AI 工具，并在其专业领域中运用 AI 技术提出创新性问题及其解决方案。

"AI+X"微专业的目标是通过深度融合 AI 与专业课程，培养具有创新思维、跨学科能力和高度社会责任感的新质人才。该专业致力于适应新技术、新产业、新业态、新模式的发展需求，推动本科专业在 AI 方面的转型升级。

(1) 该项目的学科交叉点

AI 基础课：包括人工智能导论、深度学习与大模型、大语言模型应用与实践、智能系统设计与应用、人工智能伦理与治理等，为学生提供全面的 AI 知识基础。

"AI+X"融合课：首批推出的专业领域包括"AI+数学""AI+地理""AI+美术""AI+传播"，每个领域都结合了 AI 技术与特定学科的知识，如数学在 AI 中的应用、GIS 空间分析、AI 艺术基础等。

(2) 该项目的实施情况

"AI+X"微专业采用"基础+融合"两大学习模块，学生需选修 10～14 学分，修读周期为一年。该专业通过构建进阶式数智教育课程群，鼓励课程向 AI 化转型，推进数智教材建设和 AI 助教应用示范，全面促进 AI 与本科教育教学的深度融合。

(3) 成果与影响

华东师范大学的"AI+X"微专业不仅促进了学术创新，还为各领域的研究和实践注入了新的活力（见图 8.5）。该项目致力于培养具备创新思维、跨学科能力和高度社会责任感的新质人才，为智能时代的发展提供了坚实的人才支撑。

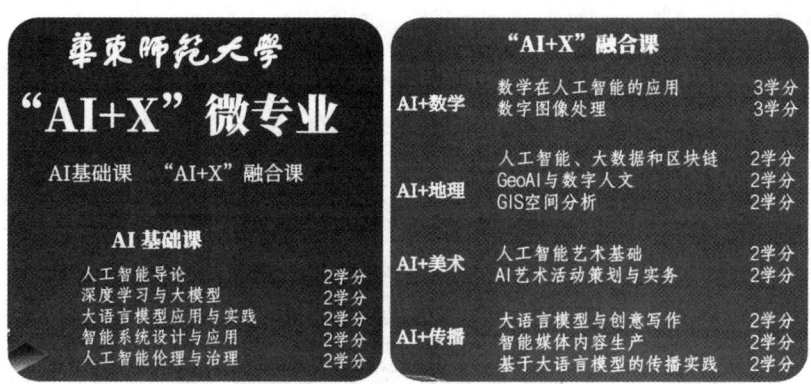

图8.5 华东师范大学"AI+X"微专业课程

8.9.2 清华大学人工智能与健康计算交叉硕士项目

清华大学作为中国顶尖的高等学府,一直致力于跨学科研究和教育。在AI领域,清华大学特别注重将AI技术与医学健康相结合,于2020年推出了人工智能与健康计算交叉硕士项目。

该项目旨在培养具有AI专业知识和健康计算应用能力的复合型创新人才,以满足医疗健康行业对高端技术人才的需求。

(1) 该项目实施情况

课程设置:该项目涵盖了AI基础课程、数据科学、生物信息学、医学影像分析、健康信息学等多个领域的课程,旨在让学生掌握AI技术在医疗健康领域的应用。

实践环节:学生有机会参与到清华大学及其附属医院合作的科研项目中,如利用深度学习进行疾病早期筛查、医疗影像自动识别等。

产学研合作:该项目与多家医疗科技企业建立了合作关系,为学生提供了实习和就业机会,同时促进了科研成果的转化。

(2) 该项目的学科交叉点

人工智能:学习机器学习、深度学习、自然语言处理等核心技术。

生物医学工程:了解医学成像原理、生物信息学等医学相关基础知识。

公共卫生：研究健康数据分析和公共卫生政策，以支持健康决策。

通过这个项目，清华大学不仅在AI领域取得了显著的研究成果，也为医疗健康行业输送了大量的高端人才，推动了医疗信息化和智能化的进程（见图8.6）。

图8.6　清华大学人工智能与健康计算交叉硕士项目

8.9.3　浙江大学"AI+X"微专业建设

浙江大学上海高等研究院联合企业共同发起了面向全国高校在校生的创新性人工智能人才培育项目——AI微专业。该项目旨在应对信息技术飞速发展的时代，满足社会对人工智能领域人才的需求，特别是在人工智能多学科交叉综合、高度复杂的背景下，提供系统化的学习和实践资源。

该项目的目标是培养有志于深入人工智能领域的学生的核心理论与实践应用能力。通过跨学科的学习和实践，学生能够掌握人工智能基础理论及前沿应用，锻炼知行合一能力。

（1）该项目的实施情况

浙江大学人工智能微专业面向中西部高校定向开放，包括新疆理工学院、贵州民族大学、云南师范大学、甘肃政法大学、内蒙古大学、江汉大学等高校。2023年9月开始首届教学，共有174名学生报名学习，其中102名学生已按教学计划规定修完全部课程，成绩合格，顺利毕业，获得浙江大学上海高等研究院颁发的人工智能微专业修读证书。

(2) 成果与影响

该项目不仅为参与学生提供了系统化的人工智能知识体系，还促进了高等教育与基础教育之间的有机衔接。通过这样的微专业建设，浙江大学在 AI 人才培养方面取得了显著成效，为社会的持续创新和发展提供了有力支持。

浙江大学人工智能微专业通过与企业的合作，为全国高校在校生提供了 AI 领域的系统化学习资源（见图 8.7）。这种合作模式不仅加强了高校之间的联系，而且为学生提供了更多样化的学习机会。此外，该项目的实施表明，通过跨学科的合作和教学模式创新，可以有效地培养学生在 AI 领域的专业能力和实践技能。这种模式对于其他高校在 AI 教育方面的探索具有重要的参考价值。

<<< 课程安排 >>>

课程名称	课程团队	学分	学时	在线视频（分钟）	开设学期
人工智能导论	吴飞、况琨	2	32	480	1
人工智能编程语言	翁恺、陈静远、汪志华	2	32	480	1
人工智能伦理	潘恩荣	1	16	240	1
机器学习：模型与算法	赵洲、吴飞、汤斯亮、况琨	2	32	480	2
自然语言理解	汤斯亮、杨洋	1	16	240	2
计算机视觉与机器人	杨易、韩亚洪	1	16	240	2

图 8.7 浙江大学人工智能+课程

8.10 "AI+X"微专业建设的启示与展望

随着 AI 技术的迅猛发展，我国高等教育正面临着前所未有的变革机遇。针对当前大学生数字素养差异大、统一教学难度高的现状，"AI+X"微专业以其独特的灵活性，为高等教育数字化转型提供了新思路。展望未来，"AI+X"微专业的建设应聚焦以下几个核心维度，以推动其持续、健康发展。

(1) 构建动态前沿与个性化并重的课程体系

"AI+X"微专业的课程体系需紧跟人工智能领域的前沿动态，不断吸纳多学科交叉融合的最新成果，确保课程内容的时代性和前瞻性。同时，课程体系应充分考虑学生的多元化需求，提供个性化的学习路径选择，以激发学生的内在学习动力，增强其自主学习能力。通过融合理论与实践，创新教学模式，如引入经典案例、追踪前沿技术、促进产学结合、构建学习共同体等，将前沿技术与行业实践紧密结合，不断拓展微专业的应用边界，强化AI技术在教育领域的应用实效。

（2）打造沉浸式虚拟学习社区，促进深度交互

面对"AI+X"微专业日益丰富的学科交叉性，建设大规模、多学科的虚拟学习社区成为必然趋势。学习平台应基于先进的技术架构，确保系统的高可靠性、可扩展性和低延时性，为教学创新提供有力支撑。通过引入虚拟现实、人机对话等技术，创设逼真的学习情境，模拟多元化的学习活动，如师生互动、生生协作等，以激发学生的学习兴趣，提升其学习参与度和获得感。同时，利用智能算法优化学习路径，实现精准教学和资源推送，为学生提供个性化的学习体验。

（3）构建权威性与适用性并存的微认证体系

微认证作为适应时代需求的创新人才培养路径，应建立规范化、标准化的运行机制，并紧密对接行业需求。通过制定微认证的通用标准和质量规范，建立第三方专业评估机构，提升微认证的公信力和认可度。同时，积极探索政、产、学、研、用协同机制，广泛吸纳行业专家参与微认证的设计、实施与评估，确保微认证与行业需求的精准对接。依托区块链等新兴技术，创建透明、可信的微认证管理系统，支持学习证据的可信存证、共享和转移，推动微认证的国际互认，为学生提供灵活、开放的终身学习路径。

（4）加速高校教师数字素养提升，打造复合型师资队伍

面对教师数字素养不平衡的现状，加快实施高校教师数字素养提升工程是微专业可持续发展的关键。教师应树立终身学习理念，加强跨学科知识的学习，增强数字化教学能力，将前沿技术与教育教学创新性地结合。同时，微专业项目应将教师发展作为核心任务，为教师提供专业成长和创新实践的制度保障和政策激励。通过搭建产学研用协同平台，引入行业专家和国际师资，推动跨界教学团队建设，提升微专业的行业适配性和国际竞争力。

综上所述，"AI+X"微专业的建设应立足新时代人才培养需求，深化教育

教学改革，推动多学科交叉融合，加快AI与教育深度融合。通过构建动态前沿与个性化并重的课程体系、打造沉浸式虚拟学习社区、构建权威性与适用性并存的微认证体系及加速高校教师数字素养提升等举措，不断拓展育人时空边界，为服务国家创新发展战略提供坚实的人才支撑。未来，"AI+X"微专业必将成为支撑国家科教兴国、人才强国战略的重要引擎，焕发出更加蓬勃的生命力。

结　语

在全球化和数字化时代背景下，AI 的崛起正不断重塑我们的工作和生活方式。本书通过对当前 AI 人才发展的深入分析，勾画出一个多面且动态的领域景观。从行业现状到人才供需及能力需求，从培养模式到专业建设分析，专业正以前所未有的速度发展，同时也带来了对高技能人才培养的大量需求。随着 AI 技术在不同行业的广泛应用，对于具备深厚专业知识和创新能力的人才的需求日益增长。企业和机构正在寻找那些理解算法和数据处理的技术专家，他们需要这些专家将 AI 与行业知识相结合，推动产品和服务的创新。

高校在这波人才需求的推动下，已经开始调整课程设置，强化实践教学，以培养更多适应未来市场需求的 AI 专业人才。同时，政府的政策支持和资金投入也在加速这一进程，为 AI 领域的持续发展提供了有力的支撑。然而，AI 人才的培养和发展仍面临诸多挑战，包括但不限于教育与行业脱节、理论与实践不平衡以及国际竞争加剧等。为了应对这些挑战，必须加强合作，促进知识和经验的交流共享，同时鼓励跨学科学习，以培养更加全面、更具创新精神的 AI 人才。

展望未来，AI 人才的发展将更加强调综合素质的培养，以及对新兴技术的快速适应能力。只有不断适应变化，持续创新，才能确保 AI 人才在未来的竞争和发展中立于不败之地。本书呼吁所有相关利益方，包括政府、教育机构、企业及 AI 专业人士，共同投身于这一波澜壮阔的人才发展浪潮中，携手共筑一个智能、创新、包容的未来。

参考文献

[1] BENAICHN, CHALMERSA. STATEOFAIREPORT2024[EB/OL].（2024-11-06）.https://www.stateof.ai/.

[2] 开放原子开发者工作坊.2024人工智能报告.zip｜一文迅速了解今年的AI界都发生了什么？[EB/OL].（2024-10-25）. https://blog.csdn.net/m0_56647251/article/details/143105727.

[3] 神州问学.吴恩达:《State of AI report》展现2024的主要趋势和突破(二)[EB/OL].（2024-12-03）.https://zhuanlan.zhihu.com/p/9756519276.

[4] DeepTech深科技.Sora正式发布,20秒1080p高清视频,付费用户直接可用[EB/OL].（2024-12-10）.https://baijiahao.baidu.com/s?id=1818063432137678381&wfr=spider&for=pc.

[5] 姚期智.人工智能[M].北京:清华大学出版社,2022.

[6] 斯蒂芬·卢奇,萨尔汗·M·穆萨,丹尼·科佩克.人工智能[M].3版.王斌,王鹏鸣,王书鑫,译.北京:人民邮电出版社,2023.

[7] 斯蒂芬·沃尔弗拉姆.这就是ChatGPT[M].WOLFRAM传媒汉化小组,译.北京:人民邮电出版社,2023.

[8] 李飞飞.我看见的世界[M].北京:中信出版集团,2024.

[9] StanfordHAI研究所.2024年人工智能指数报告[EB/OL].（2024-07-08）.https://aiindex.stanford.edu/report/.

[10] 沙利文咨询.2024年全球AI生态全景概览[EB/OL].（2024-11-20）.https://www.doc88.com/p-66419769966145.html?s=rel&id=1.

[11] 乔红.2024AI十大前沿技术趋势展望[EB/OL].（2024-11-20）.http://www.ccin.com.cn/detail/2226df6e62b6634f8731c7b5bf620a0e.

[12] 国际机器人联合会.2024年世界机器人报告[EB/OL].（2024-11-05）.https:

//ifr.org/.

[13] 刘刚,刘捷.中国新一代人工智能科技产业发展报告(2024)[EB/OL].（2024-07-16）.https://kdocs.cn/l/cgH9BhUWvlKk.

[14] 沙利文咨询.2024年中国行业大模型市场报告[EB/OL].（2024-11-21）.hhttps://blog.csdn.net/qq_46094651/article/details/144291339.

[15] 中国电信天翼智库大模型研究团队.一本书读懂大模型:技术创新、商业应用与产业变革[M].北京:机械工业出版社,2024.

[16] 量子位智库.2024年中国AIGC应用全景报告[EB/OL].（2024-07-18）.https://baijiahao.baidu.com/s?id=1798086587628871423&wfr=spider&for=pc.

[17] 沙利文咨询.2024年中国生成式AI行业最佳应用实践[EB/OL].（2024-08-30）.http://lib.hbfu.edu.cn/res/upload/file/20250103/1735865890601052500.pdf.

[18] 王祺,李东露.2023年中国人工智能产业研究报告(VI)-简版[EB/OL].（2024-07-18）.https://www.iresearch.com.cn/Detail/report?id=4336&isfree=0.

[19] 中国信通院.大模型落地路线图研究报告(2024年)[EB/OL].(2024-10-11).https://news.sohu.com/a/807561814_478183.中国信息通信研究院人工智能研究所人工智能关键技术和应用评测工业和信息化部重点实验室，２０２４年９月。

[20] 英国数据公司Zeki.2024年人工智能人才现状[EB/OL].(2024-11-25).https://baijiahao.baidu.com/s?id=1815432101000718894&wfr=spider&for=pc.

[21] 极客帮科技双数研究院.数智时代的AI人才粮仓模型解读白皮书(2024版)[EB/OL].(2024-10-13).https://www.geekbang.com/number.

[22] 脉脉高聘人才智库.2023人工智能人才洞察报告[EB/OL].(2024-07-20).https://www.sgpjbg.com/baogao/146599.html.

[23] 胡晓萌.AIGC发展趋势报告:迎接人工智能的下一个时代[EB/OL].(2024-05-17).https://www.szaicx.com/page142?article_id=2622.

[24] 甲子光年智库.2024年人工智能开源大模型生态体系研究报告[EB/OL].(2024-07-11).https://www.docin.com/p-4698272414.html.

[25] 湘蓉,孙传爱.高等教育在创新人才培养上亟待解决的五大问题[J].教育家,2024,7(4):5-6.

[26] 极客邦科技双数研究院.中国生成式AI开发者洞察报告2024[EB/OL].(2024-10-13).https://baijiahao.baidu.com/s?id=1805910649004676306&wfr=spider&for=pc.

[27] 月狐数据.2024年5月中国生成式AI行业市场热点月度分析报告[EB/OL].(2024-07-06).https://it.sohu.com/a/793605353_121943349.

[28] 教育部新闻办微言教育.校地企共创！西安交大这样打造新时代西部大开发创新引擎[EB/OL].(2024-08-29).https://baijiahao.baidu.com/s?id=1802403976396744150&wfr=spider&for=pc.

[29] 全国政协委员郭媛媛:构建新质生产力人才培养模式[EB/OL].(2024-06-26).https://baijiahao.baidu.com/s?id=1792936695540190639&wfr=spider&fo.

[30] 祝智庭,戴岭,赵晓伟,等.新质人才培养:数智时代教育的新使命[J].电化教育研究,2024,45(1):52-60.

[31] 叶子.新质人才如何培养？"人工智能+"赋能是关键[EB/OL].(2024-09-13).https://mp.weixin.qq.com/s?__biz=MzA5NDAwMjA2OA==&mid=2674021989&idx=1&sn=eeb7d612acc33e858287829816f8052b&chksm=8bf0432736ca5552743e22f8486f786c9ee9e0c42b5b83a43481aaeeac800512670ffaec66&scene=27.

[32] 卢黎歌.新质生产力对人才培养的新素质要求[N].陕西日报,2024-07-03(10).

[33] 郭轶锋,高珂.新质生产力条件下技术技能人才能力培养的挑战与对策分析[J].中国职业技术教育,2024(10):34-40.

[34] AI大模型引领教育变革:AIGC重塑学习体验[EB/OL].(2024-09-29).https://developer.baidu.com/article/details/3320474.

[35] 袁婧,李艳,吴飞,等.AI+X微专业项目实施效果研究:基于首批学员的调查分析[J].高等工程教育研究,2024(6):68-73.

[36] 王建秀.工科发展瓶颈与基于人工智能新兴技术的发展路径[J].高等工程教育研究,2023(4):27-30.

[37] WU FEI,HE QINMING,WU CHAO.AI+X Micro Program to foster interdisciplinary talents in China[J].Communications of the ACM,2021,11(11):52-54.

[38] 陈静远,吴韬,吴飞.课程、教材、平台三位一体的"人工智能引论"育人基座能力建设[J].计算机教育,2023(11):34-37.

[39] 陈立萌.AI+X微专业:推动长三角产教融合创新性人才培养[EB/OL].(2024-11-20). https://mp. weixin. qq. com/s/7KkPb5TX9KVxLrIz7_sRgQ? scene=25#wechat_redirect.

[40] 教育部最新公布"人工智能+高等教育"应用场景案例,浙江大学再次入选![EB/OL].(2024-11-26).https://mp.weixin.qq.com/s?__biz=MzU1MzcxOTcxMA==&mid=2247504929&idx=1&sn=f9acdf6604e29c1b44597f935a2daebf&chksm=a58ae02f8ff4df5563add7316b3ae2adea4c6df765c611d5ec49cad3b17f2ad4f051e9f5711f&scene=27.

[41] 黄蓓蓓.改革与创新:斯坦福大学人工智能人才培养的特征分析[J].电化教育研究,2020,41(2):122-128.

[42] 2020麻省理工学院"AI+X"BlendedLearning项目申请通知[EB/OL].(2024-11-27).http://www.oir.pku.edu.cn/info/1059/5433.htm.

[43] 吴飞,陈为,孙凌云,等.以知识点为中心建设AI+X微专业[J].科教发展研究,2023,3(1):96-116.

[44] 袁婧,翟雪松,吴飞,等.基于虚拟教研室的高校人工智能专业(AI+X方向)建设:以浙江大学为例[J].现代教育技术,2024,34(5):123-133.

[45] 夏春明,金晓怡,王晓军,等.新工科背景下地方高校微专业建设研究与探索[J].高等工程教育研究,2023(2):14-18.

[46] 李艳,陈琳,朱福根.国内虚拟仿真实训:现状、研究及启示[J].现代远距离教育,2023(6):12-24.

[47] 王永泉,胡改玲,段玉岗,等.产出导向的课程教学:设计、实施与评价[J].高等工程教育研究,2019(3):62-68.

[48] 曹玉东,王冬霞,周城旭,等.基于工程教育认证和OBE理念的教学大纲设计:以数字信号处理课程为例[J].大学教育,2021(3):88-90.

[49] 金枝,詹丹丹,王萍,等.基于OBE理念的新工科专业课程大纲设计:以虚拟与增强现实为例[J].计算机教育,2024(10):143-147.

[50] 胡立坤,李修华,梁微.融入课程思政与工程设计思维的OBE课程大纲设计:以自动化导学与实训为例[J].高教论坛,2021(11):34-40.

[51] 陈全.西安交通大学:开展基于AI Studio平台的大数据技术基础课程实践教学体系构建[EB/OL].(2024-10-10). https://finance.sina.cn/2024-10-10/detail-incsameu52100

63.d.html.

[52] 莫荣,战梦霞,吴加富.人才蓝皮书:中国人工智能人才发展报告(2022)[M]. 北京:社会科学文献出版社,2022.

[53] 华东师范大学.华东师范大学"AI+X"微专业发布![EB/OL].(2024-08-21).https://www.thepaper.cn/newsDetail_forward_27666271.

[54] 国家人工智能产业综合标准化体系建设指南(2024版)[EB/OL].(2024-07-16).https://www.gov.cn/zhengce/zhengceku/202407/P020240702716282797987.pdf.

[55] 人瑞人才,德勤中国.产业数字人才研究与发展报告(2023)[M].北京:社会科学文献出版社,2023.

[56] 张奇,桂韬,郑锐,等.大规模语言模型:从理论到实践[M].北京:电子工业出版社,2024.

[57] 刘阳,林倞.多模态大模型:新一代人工智能技术范式[M].北京:电子工业出版社,2024.

[58] 李鑫,于汉超.人工智能驱动的生命科学研究新范式[J].中国科学院院刊,2024,39(1):50-58.

[59] 第一财经.AI如何改变科研范式?丘成桐、漆远这样说[EB/OL].(2024-12-12).https://baijiahao.baidu.com/s?id=1818139448092712370&wfr=spider&for=pc.

[60] 北京教育科学研究院,北京师范大学,北京智源人工智能研究院.北京市教育领域人工智能应用指南[EB/OL].(2024-11-12). https://jw.beijing.gov.cn/xxgk/2024zcwj/2024qtwj/202410/t20241028_3929498.html.

[61] 成都经信发布公众号.聚焦丨全国首个!成都创新团队发布机器人多模态模型[EB/OL]. (2024-12-06). https://www.chengdu.gov.cn/cdsrmzf/c174133/2024-08/15/content_8e3d4187d46948478f5b04ec3cb6a628.shtml.

[62] 机器人大讲堂.清华大学高阳研究组发布"基于大模型先验知识的强化学习"[EB/OL]. (2024-11-17). https://baijiahao.baidu.com/s?id=1815392599312232065&wfr=spider&for=pc.

[63] 中国互联网络信息中心.生成式人工智能应用发展报告(2024)[EB/OL]. (2024-12-02). https://sjj.sjz.gov.cn/columns/4e0a4754-43fe-43a5-bf8c-6d06ed365d85/202412/11/5942ce7c-ad77-47d3-b558-af367fe9aabe.html.

[64] Eric Hazan, Anu Madgavkar, Michael Chui, et al 等. A new future of work: the race to deploy AI and raise skills in Europe and beyond[EB/OL]. (2024-11-19). https://www.mckinsey.com/mgi/our-research/a-new-future-of-work-the-race-to-deploy-ai-and-raise-skills-in-europe-and-beyond#/.